双高专业的基础课新型教材
技能培训教材

小型电子产品设计与制作

主　编　黎爱琼

副主编　杨　杰

天津大学出版社
TIANJIN UNIVERSITY PRESS

内容简介

本书通过6个项目介绍小型电子产品的设计规则和方法、电路工作原理分析方法、电路调试和故障分析及排除技巧、电子元器件相关理论知识及识别与测试等,并将电子仪器仪表的使用、元器件的焊接与印制电路板布局、微控制技术的应用等融入项目。本书项目设计由简单到复杂,层层深入,旨在加强学生进行工程设计的基础训练,使学生掌握小型电子产品设计的方法及电路调试和故障排除的技巧。本书紧密结合高职高专特点,注重技能训练,突出应用性和针对性。

本书可作为高职高专院校电信类专业的教材,也可作为社会从业人员的业务参考书,还可以作为技能培训教材使用。

图书在版编目(CIP)数据

小型电子产品设计与制作:技能培训教材 / 黎爱琼
主编;杨杰副主编. -- 天津 : 天津大学出版社,
2023.4
双高专业的基础课新型教材
ISBN 978-7-5618-7434-9

Ⅰ.①小… Ⅱ.①黎… ②杨… Ⅲ.①电子产品—产
品设计—教材②电子产品—生产工艺—教材 Ⅳ.
①TN602②TN05

中国国家版本馆CIP数据核字(2023)第052825号

出版发行		天津大学出版社
地	址	天津市卫津路92号天津大学内(邮编:300072)
电	话	发行部:022-27403647
网	址	www.tjupress.com.cn
印	刷	廊坊市海涛印刷有限公司
经	销	全国各地新华书店
开	本	787mm×1092mm 1/16
印	张	18
字	数	427千
版	次	2023年4月第1版
印	次	2023年4月第1次
定	价	49.00元

编委会

主　编　黎爱琼
副主编　杨　杰
参　编　崔群凤　徐雪慧　阮小进

前　　言

随着电子技术的飞速发展,市场对人才的需求和毕业生的双向选择迫切要求学生加强实践环节的锻炼,提高工程素质和综合实践能力。调查表明,高职电子信息类专业的应届毕业生有 60% 从事装配工、质检员、维修工、调试员、电路设计与制作员等职业,因此本书在内容的设计上满足当前社会的需要,旨在培养出动手能力强且有一定的分析能力、创新能力的人才。

目前,电子技术的应用从分立走向集成,构成实际电路的基本元件及其结构特征已经发生根本性变化,但电子产品的设计制作思路及方法还在遵循先确定功能要求并依此设定原理方案,再确定元器件并依次设计原理图、印制电路板和焊接调试,最后整理技术文档的过程。本书的编写是为了更好地培养学生分析电路的能力以及工程实践的能力。

本书是按项目式教学而设计的,首先概述电子电路设计技术的相关知识,再详细介绍 6 个项目,即简易红外电路的设计、定时电路的设计、译码电路的设计、抢答器电路的设计、函数发生器电路的设计、综合电路设计案例。根据项目的实施过程,将知识点和技能训练贯穿其中,根据电子产品设计过程,归纳出典型工作任务:产品方案的设定、原理的设计、元器件的选定、元器件的识别和测试、电路的焊接、硬件电路的调试(仪器设备的应用)、文件的编写。本书中的电路都是一些常用的典型电路,电路设计由简单到复杂,层层深入,旨在加强学生进行工程设计的基础训练,使学生掌握工程电路的设计方法、调试方法,以及如何借助基本的仪器设备测试元器件、调试电路。

本书由武汉职业技术学院黎爱琼担任主编,武汉职业技术学院杨杰担任副主编,参与本书编写的还有武汉职业技术学院的崔群凤、徐雪慧,武汉华工激光工程有限公司阮小进。本书的编写还得到多名企业工程师的指导。配套的微课、微视频由武汉职业技术学院的黎爱琼、崔群凤录制,武汉职业技术学院电子信息工程学院的江子龙、蔡徐娟、李洪印、李永林、杨华、陈明霞、王银杏、李仁强、蔡文腾、魏鑫等同学参与了配套课件的制作。全书由黎爱琼统稿,武汉职业技术学院王川教授主审。

本书在编写过程中,得到很多同行、专家的关心和支持,在此一并表示感谢。

本书配有微课、微视频及相关的电子教学课件,扫码即可观看。

编者
2021 年 12 月

目　　录

3

0　绪论

　　在前期,学生已经学习了基础仪器的原理和应用,学习了许多模拟电子技术、数字电子技术的相关基础项目,在基础理论和实践能力方面有了不少提高。但在基础实验中,重点在某一门课、某个单元电路的原理和应用上,很少涉及综合的、系统的知识和实验。所以,可能导致学生视野还不够开阔,在能力培养上还有一定的局限性。本部分的目的是打破课程的界线,让学生站在一个新的、更高的台阶上,审视和考虑问题,初步了解电子系统设计的方法、步骤、思路、程序和技术文档的整理,进一步提高学生独立解决实际问题的能力。

【教学导航】

教	知识重点	1. 电子电路设计的基本原则及方法、内容 2. 电子电路安装技术及焊接技术 3. 电子电路的调试技术 4. 电子电路技术文档的撰写
	知识难点	1. 电子电路设计的方法 2. 电子电路的调试技术
	推荐教学方式	教 - 学 - 做一体化,通过教师讲解理论知识和实操演示,让学生掌握电子电路设计的基本方法、焊接的相关技巧以及调试的相关步骤,为后续课程做准备
	建议学时	2 学时
学	推荐学习方法	认真听老师讲解,仔细看老师演示,将理论应用与实践相结合,尽快掌握相关的方式方法
	必须掌握的理论知识	1. 焊接的方式方法 2. 调试的步骤及技巧 3. 技术文档的撰写要求
	必须掌握的技能	一般电路的焊接技术与调试技术

【相关知识】

0.1　电子电路的设计

　　电子产品的研制从市场调研到正式批量生产要经过一定的周期,过程比较复杂,考虑的因素也较多。在画出原理图前,必须完成电子电路的制作,因此电子电路的制作是电子产品研制的一个阶段,电子产品的研制过程如图 0-1 所示。

　　电子电路设计的质量对电子产品的性能和经济效益具有举足轻重的作用。设计时所采用的方法和电路不好,选用的元器件太贵或筛选失误等,往往会造成产品性能差、生产困难、

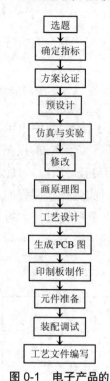

选题
↓
确定指标
↓
方案论证
↓
预设计
↓
仿真与实验
↓
修改
↓
画原理图
↓
工艺设计
↓
生成 PCB 图
↓
印制板制作
↓
元件准备
↓
装配调试
↓
工艺文件编写

图 0-1　电子产品的
研制过程

生产成本高、销路不畅、经济效益低等问题,甚至不得不重新设计。从而导致错失良机,以致整个研制工作的失败。

工艺设计包括印制电路板的布线、编写各部件(例如插件板、面板等)之间的接线表、画出各插头及插座的接线图和机箱加工图等。

样机制作完成后,可根据具体情况试生产若干台,并交付使用单位试用。若发现问题,应及时改进,做出合格的定型产品,再进行鉴定。在确信有令人满意的经济效益的前提下,才能投入批量生产。

0.1.1　电子电路课程设计与电子产品研制的差异

电子电路课程设计是根据教师布置的任务,由学生自己去设计电路,设计并制作印制电路板,焊接和调试电路,以达到设计任务所要求的性能指标。

课程设计的步骤如下:

(1)根据设计指标要求查阅文献资料,大量收集接近指标要求的电路,分析比较这些电路的性能、复杂程度,再从性能、价格、实现难易程度等几方面进行方案论证;

(2)确定电路,并适当地修改电路,确定元器件、组件的型号和数据,根据实验室备料情况进行元器件、组件的代换;

(3)备料,元器件检测,完成某些非标准件的自制;

(4)组装和调试;

(5)技术文档整理。

课程设计只是电子电路设计的一次演习,它重在基础训练,是电子产品研制的原理设计阶段,与研制电子产品的实际情况存在相当大的差距。

对于研制电子产品来说,选题和拟定性能指标十分重要,一般需要经过充分的调查研究才能确定,否则研制出来的产品可能没有实用价值和经济效益。而课程设计题目是由教师指定的,已经给定性能指标,学生不需要进行市场调研。课程设计重在教学练习,课题中所涉及的大部分知识应是学生已经学过的知识或者电子工程技术中的常用知识。

在研制电子产品时,必须首先考虑经济效益,应在保证性能指标的前提下,设法降低成本。因此,凡是从市场上或生产厂家处可以买到的元器件都可以选用。但课程设计必须考虑元器件的通用性和课程设计的时间短促,元器件不可能由学生自己去采购,而是由实验室提供,但实验室备料不可能十分丰富,因此,课程设计对元器件的品种有一定限制,一般只能在规定的范围内选用元器件。另外,电子产品研制还要考虑外形设计、销售等商业性问题。因为产品要转变成商品,其最终目的是产生经济效益。而课程设计不需要考虑外形和销售的问题。

0.1.2　电子电路设计的基本原则

电子电路设计应当遵守的基本原则如下。

（1）满足系统功能和性能的要求。好的设计必须尽量满足设计要求的功能特性和技术指标,这也是电子电路系统设计时必须满足的基本条件。

（2）电路简单,成本低,体积小。在满足功能和性能要求的前提下,简单的电子电路对系统来说不仅是经济的,同时也是可靠的,所以电路应尽量简单。值得注意的是,系统集成技术是简化系统电路的最好方法。

（3）电磁兼容特性好。电磁兼容特性是现代电子电路的基本要求,所以一个电子电路系统应当具有良好的电磁兼容特性。实际设计时,设计的结果必须能满足给定的电磁兼容条件,以确保系统正常工作。

（4）可靠性高。电子电路系统的可靠性要求与系统的实际用途、使用环境等因素有关。任何一种工业系统的可靠性计算都是以概率统计为基础的,因此电子电路系统的可靠性只能是一个定性估计,所得到的结果也只是具有统计意义的数值。实际上,电子电路系统可靠性计算方法和计算结果与设计人员的实际经验有相当大的关系,设计人员应当注意积累经验,以提高可靠性设计的水平。

（5）集成度高。最大限度地提高集成度,是电子电路系统设计过程中应当遵循的一个重要原则。高集成度的电子电路系统,具有电磁兼容性好、可靠性高、制造工艺简单、体积小、质量容易控制以及性价比高等一系列优点。

（6）调试简单方便。电子电路设计者在电路设计的同时,必须考虑调试的问题。如果一个电子电路系统不易调试或调试点过多,这个系统的质量是难以保证的。

（7）生产工艺简单。生产工艺是电子电路系统设计者应当考虑的一个重要问题,无论是批量产品还是样品,简单的生产工艺对电路的制作与调试来说都是相当重要的一个环节。

（8）操作简单方便。操作简便是现代电子电路系统的重要特征,难以操作的系统是没有生命力的。

（9）耗电少。

（10）性能价格比高。

通常希望所设计的电子电路能同时符合以上各项要求,但有时会出现相互矛盾的情况。例如,在设计中有时会遇到这样的情况:要想使耗电最少或体积最小,则成本高,或可靠性差,或操作复杂麻烦。在这种情况下,应当针对实际情况抓住主要矛盾解决问题。

0.1.3　电子电路设计的内容

通常电子电路设计过程中包括以下几个方面的内容。

3

1. 功能和性能指标分析

一般设计题目给出的是系统功能要求和重要技术指标要求。这些是电子电路系统设计的基本出发点。但仅凭设计题目所给的要求还不能进行设计，设计人员必须对各项要求进行分析，整理出系统和具体电路设计所需的更具体、更详细的功能要求和技术性能指标数据，这些数据才是进行电子电路系统设计的原始依据。同时，通过对设计题目的分析，设计人员可以不定期更深入地了解所要设计的系统的特性。

功能和性能指标分析的结果必须与原设计题目的要求进行对照检查，以防遗漏。

2. 系统设计

系统设计包括初步设计、方案比较和实际设计三部分内容。有了功能和性能指标分析的结果，就可以进行初步的方案设计。方案设计的内容主要是选择实现系统的方法、拟采用的系统结构（例如系统功能框图），同时还应考虑实现系统各部分的基本方法。这时应当提出两种以上方案进行初步对比。如果不能确定，则应当对关键电路进行分析，然后再做比较。方案确定后，系统的总体设计就已完成，这时必须与功能和性能指标分析的结果数据和设计题目的要求进行核实，以免疏漏。

一个实用课题的理想设计方案不是轻而易举就能获得的，往往需要设计人员进行广泛、深入的调查研究，翻阅大量参考资料，并进行反复比较和可行性论证，结合实际工程需要，才能最后确定下来。

3. 原理电路设计

系统设计的结果提出了具体设计方案，确定了系统的基本结构。那么，接下来的工作就是进行各部分功能电路以及分电路的具体设计。这时要注意局部电路对全系统的影响，要考虑是否易于实现，是否易于检测，以及性能价格比等问题。因此，设计人员平时要注意电路资料的积累。

4. 可靠性设计

电子电路系统的可靠性指标是根据电子电路系统的使用条件和功能要求提出的，具有极强的针对性和目的性。任何一个电子电路系统的可靠性指标和设计要求都只能针对一定的条件和目的，脱离具体条件谈可靠性是没有任何意义的。而不讲条件和目的，一味地提高系统可靠性，其结果只能是设计出一个难以实现或成本极高的电子电路系统。

可靠性设计包括以下三方面内容：

（1）系统可靠性指标设计；

（2）系统本身可靠性满足设计要求；

（3）系统对错误的容忍程度，即容错能力。

5. 电磁兼容设计

电磁兼容设计实际也体现在系统和电路的设计过程中。系统的各种电磁特性指标是系统电磁兼容设计的基本依据,而电路的工作条件则是电磁兼容设计的基础条件。

电磁兼容设计要解决两方面问题:一是提出合理的系统电磁兼容条件;二是如何使系统满足电磁兼容条件的要求。电子电路电磁兼容设计的任务是对电子电路系统的电磁特性(特别是电磁耦合特性)进行分析、计算,再根据分析、计算的结果来确定系统的电磁兼容结构和特性。

要提高电子电路的电磁兼容特性,在电路设计时应注意以下几方面:

(1)选择电磁兼容特性好的集成电路;

(2)尽量使关键电路数字化;

(3)尽量提高系统集成度;

(4)只要条件允许,尽量降低系统频率;

(5)为系统提供足够功率的电源;

(6)电路布线合理,做到高低频分开、功率电路与信号电路分开、数字电路与模拟电路分开、远距离传输信号采用电气隔离技术等。

6. 调试方案设计

电子电路系统设计的另一个重要内容是设计一个合理的调试方案。调试方案可为调试人员提供一个有序、合理、迅速的系统调试方法,使调试人员在系统实际调试前就对调试的全过程有清楚的认识,明确要调试的项目、目的、应达到的技术指标、可能发生的问题和现象、处理问题的方法、系统各部分调试时所需要的仪器设备等。调试方案设计还应当包括测试结果记录表格的设计,测试结果记录表格必须能明确地反映系统所实现的各项功能特性和达到的各项技术指标。

0.1.4 电子电路设计的一般过程

电子电路设计的一般方法和步骤如图 0-2 所示。由于电子电路种类繁多,千差万别,设计方法和步骤也因情况不同而异,因而图 0-2 所示的设计步骤有时需要交叉进行,有时甚至会出现反复。因此,电子电路设计的方法和步骤不是一成不变的,设计者要根据实际情况灵活掌握。

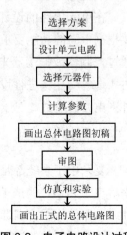

图 0-2 电子电路设计过程

1. 选择方案

设计电路的第一步就是选择总体方案。所谓总体方案,是用具有一定功能的若干单元电路构成一个整体,以满足课题所提出的要求和性能指标,实现各项功能。方案选择就是按照系统总的要求,把电路划分成若干个功能块,画出能表示单元功能的整体原理框图。每个方框即一个单元功能电路,按照系统性能指标要求,规划出各单元功能电路所要完成的任务,确定输出与输入的关系,确定单元电路的基本结构。

由于符合要求的总体方案往往不止一个,所以应当针对系统提出的任务、要求和条件,进行广泛调查研究,大量查阅参考文献和有关资料,广开思路,敢于探索,努力创新,提出若干不同方案,仔细分析每个方案的可行性和优缺点,反复比较,保证最终方案的设计合理、可靠、经济、功能齐全、技术先进。

方案选择必须注意下面两个问题。

(1)要有全局观,从全局出发,抓住主要矛盾。因为有时局部电路方案为最优,但系统方案不一定是最佳的。

(2)在方案选择时要充分开动脑筋,不仅要考虑方案是否可行,还要考虑怎样保证性能可靠,考虑如何降低成本、降低功耗、减小体积等许多实际问题。

2. 设计单元电路

单元电路是整体的一部分,只有把单元电路设计好,才能提高整体设计水平。

设计单元电路的一般方法和步骤如下。

(1)根据设计要求和已选定的整体方案原理框图,确定对各单元电路的设计要求,必要时应详细拟定主要单元电路的性能指标、与前后级之间的关系,分析电路的构成形式等;应注意各单元电路之间的相互配合,注意各部分输入信号、输出信号和控制信号的关系;尽量少用或不用电平转换之类的接口电路,并考虑使各单元电路采用统一的供电电源,以简化电路结构、降低成本等。

(2)拟定好各单元电路的要求后,应全面检查一遍,确定无误后方可按信号流程或从难到易或从易到难的顺序分别设计各单元电路。

(3)选择单元电路的组成形式。一般情况下,应查阅有关资料,以丰富知识、开阔眼界,从已掌握的知识和了解的各种电路中选择一个合适的电路。如确实找不到性能指标完全满足要求的电路,也可选用与设计要求比较接近的电路,然后调整电路参数。

在单元电路的设计中特别要注意保证各功能块之间协调一致地工作。对于模拟系统,要根据不同的功能要求,采用不同耦合方式把它们连接起来。对于数字系统,协调工作主要通过控制器或振荡器来进行,不允许有竞争冒险和过渡干扰脉冲出现,以免发生控制失误。对所选各功能块进行设计时,要根据集成电路的技术要求和功能块应完成的任务,正确计算外围电路的参数。对于数字集成电路,要正确处理各功能输入端。

3. 选择元器件

复杂电子系统都是由大量的电阻器、电容器、继电器、接插件、分立半导体器件及集成电路等电子元器件组成的。系统的可靠性除取决于这些电子元器件的固有可靠性外,还与设计时元器件能否合理选用有关。

一般元器件的选用原则如下:

（1）尽量采用标准的、系列化的元器件；

（2）尽量采用符合国家标准或部标准（GJB、GB、SJ）的通用、技术成熟的元器件；

（3）在选用元器件前，首先要确定可完成所需功能的、规格合适的元器件类型及预期的工作环境、质量或可靠性等级，不要片面地选择高性能，不可盲目地"以高代低"；

（4）重要的关键件应选用"J"（军用）级以上产品；

（5）优先选用国家质量认证合格的企业生产的元器件，慎重选用未经认证合格的企业或地方企业生产的元器件；

（6）优先选用高可靠和供货有保证的元器件；

（7）保证电磁兼容特性，对元器件的电磁敏感门限或电磁效应数据应有所了解；

（8）对新型元器件，应经过实验和试用确认满足要求后，经主持设计师同意方可选用；

（9）新品、重要件、关键件应经质量认定；

（10）对非标准元器件，应经主持设计师同意方可选用；

（11）尽量压缩元器件的品种和规格及厂点数量。

4. 计算参数

为保证单元电路达到功能指标要求，常需计算某些参数。例如，放大器电路中各电阻值、放大倍数，振荡器电路中电阻、电容、振荡频率等参数。只有很好地理解电路的工作原理，计算出的参数才能满足设计要求。

一般来说，计算参数应注意以下几点。

（1）各元器件的工作电压、电流、频率和功耗等应在允许范围内，并留有适当的裕量，以保证电路在规定的条件下能正常工作，达到所要求的性能指标。

（2）对于环境温湿度、交流电网电压等工作条件，计算参数时应按最不利的情况考虑。

（3）涉及元器件的极限参数（例如整流桥的耐压）时，必须留有足够的裕量，一般按 1.5 倍左右考虑。例如，若实际电路中三极管 U_{CE} 最大值为 20 V，那么挑选三极管时应按 $U_{(BR)CEO} \geqslant$ 30 V 考虑。

（4）电阻值尽可能选在 1 MΩ 范围内，最大一般不应超过 10 MΩ，其数值应在常用电阻标称值系列之内，并根据具体情况正确选择电阻的品种。

（5）非电解电容尽可能在 100 pF~0.1 μF 范围内选择，其数值应在常用电容器标称值系列之内，并根据具体情况正确选择电容的品种。

（6）在保证电路性能的前提下，尽可能设法降低成本，减少元器件品种，减小元器件的功耗和体积，为安装调试创造有利条件。

（7）有些参数很难用公式计算确定，需要设计者具备一定的实际经验，如确实无法确定，个别参数可待仿真时再确定。

5. 画出总体电路图初稿

根据用户对性能指标的要求，选好元器件，确定元器件参数后，初步画出总体电路图。

6. 审图

由于在设计过程中有些问题难免考虑不周全,各种参数计算也可能出错,因此在画出总体电路图初稿并计算参数后,进行审图是很有必要的。审图可以发现原理图中的不当或错误之处,能将错误降到最低程度,使仿真阶段少走弯路。尤其是比较复杂的电路,在进行电路仿真之前一定要进行全面审图,必要时还可请经验丰富的同行共同审查,以发现和解决大部分问题。

一般来说,审图时应注意以下几点:

(1)先从全局出发,检查总体方案是否合适,是否有更佳方案;

(2)检查各单元电路是否正确,电路形式是否合适;

(3)检查模拟电路各单元电路之间的耦合方式有无问题,数字电路各单元电路之间的电平、时序等配合有无问题,逻辑关系是否正确,是否存在竞争冒险;

(4)检查电路中有无烦琐之处,是否可以简化;

(5)根据图中所标出的各元器件的型号、参数,验算能否达到性能指标,有无恰当的裕量;

(6)要特别注意检查电路图中各元器件工作是否安全,是否工作在额定值范围内;

(7)解决所发现的全部问题后,若改动较多,应复查一遍。

7. 仿真和实验

电子产品的研制或电子电路的制作都离不开仿真和实验。设计一个具有实用价值的电子电路,需要考虑的因素和问题很多,既要考虑总体方案是否可行,还要考虑各种细节问题。例如,用模拟电路实现,还是用数字电路实现,或者用模拟数字结合的方式实现;各单元电路的组织形式与各单元电路之间的连接方式;采用哪些元器件;各种元器件的性能、参数、价格、体积、封装形式、功耗、货源等。由于电子元器件品种繁多、性能参数各异,仅普通晶体三极管就有几千种类型,要在众多类型中选用合适的元器件着实不易;再加上设计之初往往经验不足,以及一些新的集成电路尤其是大规模或超大规模集成电路的功能较多,内部电路复杂,如果没有实际用过,单凭资料是很难掌握它们的各种用法及使用的具体细节。因此,设计时考虑问题不周、出现差错是很正常的。对于比较复杂的电子电路,单凭纸上谈兵就能使自己设计的原理图正确无误并能获得较高的性价比,往往是不现实的。所以,必须通过仿真和实验来发现问题,解决问题,不断完善电路。

随着计算机的普及和EDA(电子设计自动化)技术的发展,电子电路设计中的实验演变为仿真和实验相结合。电路仿真与传统的电路实验相比较,具有快速、安全、省材等特点,可以大大提高工作效率。

一般来说,电路仿真具有下列优越之处:

(1)对电路中只能依据经验来确定的元器件参数,用电路仿真的方法可很容易确定,而且电路的参数容易调整;

（2）由于设计的电路中可能存在错误，或者在搭接电路时出错，可能损害元器件，或者在调试中损坏仪器，从而造成经济损失，电路仿真中也会损坏仿真软件中的虚拟元器件或虚拟仪器，但不会造成实际的经济损失；

（3）电路仿真不受工作场地、仪器设备、元器件品种、数量的限制；

（4）在 EWB 软件下完成的电路文件，可以直接输出至常见的印制电路板排版软件，如 Protel、OrCAD 和 TANGO 等软件，自动排出印制电路板，加速产品的开发速度。

尽管电路仿真有诸多优点，但其仍然不能完全代替实验。仿真的电路与实际的电路仍有一定差距，尤其是模拟电路部分，仿真系统中元件库的参数与实际器件的参数不可能完全相同，这就会导致仿真时能实现的电路，而实际却不能实现。对于比较成熟的有把握的电路可以只进行仿真，而对于电路中的关键部分或采用新技术、新电路、新器件的部分，除仿真外，还要搭电路进行实验。

仿真和实验要完成以下任务：

（1）检查各元器件的性能、参数、质量能否满足设计；

（2）检查各单元电路的功能和指标是否达到设计要求；

（3）检查各个接口电路是否起到应有的作用；

（4）将各单元电路组合起来，检查总体电路的功能，以及检查性能是否最佳。

8. 画出正式的总体电路图

原理电路设计完成后，应画出总体电路图。总体电路图不仅是印制电路板等工艺设计的主要依据，而且在组装、调试和维修时也必不可少。

绘制总体电路图要注意以下几点。

（1）布局合理，排列均匀，疏密恰当，图面清晰，美观协调，便于看图，便于对图的阅读和理解。

（2）注意信号的流向，一般从输入端或信号源画起，由左至右或由上至下按信号的流向依次画出各单元电路。一般不要把电路图画成很长的窄条，电路图的长度和宽度比例要比较恰当。

（3）绘图时应尽量把总体电路画在一张纸上，如果电路比较复杂，需绘制几张图，则应把主电路画在一张图纸上，而把一些比较独立或次要的部分（例如直流稳压电源）画在另外的图纸上，并在图的端口做上标记，标出信号从一张图到另一张图的引出点和引入点，以说明各图纸在连续电路之间的位置关系。

（4）每一个功能单元电路的组件应集中布置在一起，便于看清各单元电路的功能关系。

（5）连接线应为直线，连线通常画成水平线或竖线，一般不画斜线；十字连通的交叉线，应在交叉处用圆点标出；连线要尽量短，少折弯。有的连线可用符号表示，如果把各元器件的每一根连线都画出来，容易使人眼花缭乱，用符号表示简洁明了。例如，元器件的电源一般只标出电源电压的数值（例如 +5 V、+15 V、−12 V 等），地线用符号"⊥"表示。

（6）图形符号要标准，图中应加适当的标注。图形符号表示器件的项目或概念。电路图上的中、大规模集成电路元器件,一般用方框表示,并在方框中标出其型号,在方框的边线两侧标出每根线的功能名称和管脚号。除中、大规模元器件外,其余元器件符号应当标准化。

(7)数字电路中的门电路、触发器在总体电路图中建议用门电路符号、触发器符号来画,而不按接线图形式画。例如,一个 CMOS 振荡器经四分频后输出的电路如图 0-3(a)所示,如果画成图 0-3(b)所示的形式,则不利于看懂其工作原理,不便与他人进行交流。由于 CMOS 集成电路个别的输入端不能悬空,因此要对图 0-3(b)CC4069 和 CC4013 中不用的输入端进行处理,否则该图是不正确的。

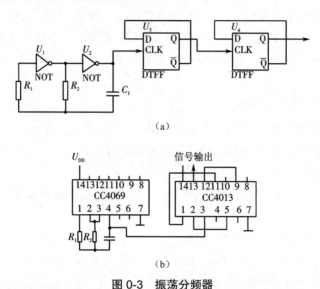

(a)

(b)

图 0-3 振荡分频器

以上只是总体电路图的一般画法,实际情况千差万别,应根据具体情况灵活掌握。

0.1.5 电子电路设计的方法

1. 模拟电路设计的基本方法

无论是民用的还是工程应用的电子产品,大多数是由模拟电路或模/数混合电路组合而成的。模拟装置(设备)一般是由低频电子电路或高频电子电路组合而成的模拟电子系统,如音频功率放大器、模拟示波器等。虽然它们的性能、用途各不相同,但其电路都是由基本单元电路组成的,电路的基本结构也有共同的特点。一般来说,模拟装置(设备)都由传感器件、信号放大和变换电路以及驱动和执行机构三部分组成,结构框图如图 0-4 所示。

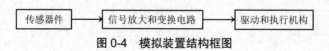

图 0-4 模拟装置结构框图

传感器件部分主要是将非电信号转换为电信号。信号放大和变换电路则是对得到的微弱电信号进行放大和变换,再传送到相应的驱动和执行机构。其基本的功能电路有放大器、振荡器、整流器及各种波形产生、变换电路等。驱动和执行机构可输出足够的能量,并根据课题或工程要求,将电能转换成其他形式的能量,完成所需的功能。

对于模拟电子电路的设计方法,从整个系统设计的角度来说,应先根据任务要求,在经过可行性分析、研究后,拿出系统的总体设计方案,画出总体设计结构框图。

在确定总体方案后,根据设计的技术要求,选择合适的功能单元电路,然后确定所需要的具体元器件(型号及参数),最后将元器件及单元电路组合起来,设计出完整的系统电路。需要说明的是,随着科技的进步,集成电路正在迅速发展,线性集成电路(如集成运算放大器)日渐增多,采用模拟线性集成电路组建电路日趋广泛。这方面的训练对于初学的设计者来说十分重要。

2. 数字逻辑电路设计的基本方法

近年来,随着数字电子技术的发展,由数字逻辑电路组成的数字测量系统、数字控制系统、数字通信系统及计算机系统等已广泛应用于各个领域。随着电子电路的数字化程度越来越高,数字逻辑电路的设计显得越来越重要,它已成为高等教育中相关专业的学生及工程技术人员必须掌握的基本技能。

数字逻辑电路的设计包括两个方面:基本逻辑功能电路设计和逻辑电路系统设计。基本逻辑功能电路设计在数字电路相关教材中已经做了较详细的介绍,这里主要介绍数字逻辑电路系统设计,即根据设计的要求和指标,将基本逻辑电路组合成逻辑电路系统。

数字逻辑电路通常由四部分组成:输入电路、控制运算电路、输出电路、电源电路,如图0-5所示。

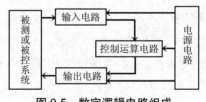

图0-5　数字逻辑电路组成

(1)输入电路接收被测或被控系统的有关信息,并进行必要的变换或处理,以适应控制运算电路的需要。

(2)控制运算电路则把接收的信息进行逻辑判断和运算,并将结果输送给输出电路。

(3)输出电路将得到的结果再做相应的处理即可驱动被测或被控系统。

(4)电源电路的作用是为数字系统各部分提供工作电压或电流。

近年来,中、大规模集成电路的迅速发展,使得数字逻辑电路的设计发生了根本性的变化。现在设计中考虑更多的是如何利用各种常用的标准集成电路设计出完整的数字逻辑电路系统。在设计中使用中、大规模集成电路,不仅可以减少电路组件的数目,使电路简化,而且能提高电路的可靠性,降低成本。因此,在数字电路设计中,应充分考虑这一问题。

数字逻辑电路总体方案设计的基本方法如下:

(1)根据总的功能和技术要求,把复杂的逻辑系统分解成若干个单元系统,单元的数目

不宜太多,每个单元也不能太复杂,以方便检修;

(2)每个单元电路尽量选用标准集成电路来组成,选择合适的集成电路及器件,构成单元电路;

(3)考虑各个单元电路间的连接,所有单元电路在时序上应协调一致,满足工作要求,相互间电气特性应匹配,保证电路能正常、协调工作。

0.2　电子电路的安装与焊接

电子电路要从图纸变为产品需要进行电路的组装和调试,这两步工序在电子工程技术和电子电路实践训练中都是十分重要的环节,占有重要位置。电路的组装和调试是把理论付诸实践的阶段,也是将理论电路转变为实际电路和电子设备的过程。这一过程的实现,为电子技术在人类的社会生活和生产实践中发挥巨大作用提供了现实性和可能性。

电子电路课程设计中电路组装可在面包板或点阵板上接插电路,也可制作印制电路板(PCB)组装。在电路尚不成熟的情况下,直接制作印制电路板可能是不利的,因为调试中变动较大,不仅要多次更换元器件,甚至电路也要改变,而印制电路板经多次焊接容易损坏,在电路更改时印制电路板可能不适用。因此,可靠的方案是先在面包板或点阵板上进行接插实验,待调试成功、电路基本定型后,再制作印制电路板。

0.2.1　元器件接插

点阵板(也称万能板、洞洞板)是一种按照标准集成电路(IC)间距(2.54 mm)布满焊盘,可按自己的意愿插装元器件及连线的印制电路板,如图0-6所示。相比专业的PCB制板,点阵板具有以下优势:使用门槛低,成本低廉,使用方便,扩展灵活。例如,在学生电子设计竞赛中,作品通常需要在几天时间内争分夺秒完成,所以大多使用点阵板。

图 0-6　点阵板和导线

目前市场上出售的点阵板主要有两种:一种焊盘各自独立(图0-7),以下简称单孔板,单孔板又分为单面板和双面板两种;另一种是多个焊盘连在一起(图0-8),以下简称连孔板。

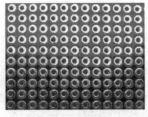

图 0-7 单孔板

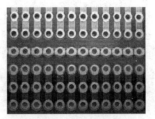

图 0-8 连孔板

根据经验,单孔板较适合数字电路和单片机电路,连孔板则更适合模拟电路和分立电路。这是因为数字电路和单片机电路以芯片为主,电路较规则;而模拟电路和分立电路往往较不规则,分立元件的引脚常常需要连接多根线,这时如果有多个焊盘连在一起就要方便一些。

当然这并不绝对,每个人的喜好不一样,选择自己用起来比较顺手的即可。

另外,大家需要区分两种不同材质的点阵板:铜板和锡板。铜板的焊盘是裸露的铜,呈现金黄色,平时应该用报纸包好保存以防止焊盘氧化,万一焊盘氧化(焊盘失去光泽、不好上锡),可以用棉棒蘸酒精清洗或用橡皮擦拭。焊盘表面镀了一层锡的是锡板,焊盘呈现银白色,锡板的基板材质要比铜板坚硬,不易变形。它们的价格也有区别,以大小为 100 cm²(10 cm×10 cm)的单面板为例,铜板价格为 3~4 元,锡板价格为 7~8 元,一般每平方厘米不超过 8 分钱。

0.2.2 电子元器件的检验与筛选

为了保证电子电路能够稳定、可靠地长期工作,必须在装配之前对所选用的电子元器件进行使用筛选。

1. 外观质量检验的一般标准

外形尺寸、电极引线的位置及直径应符合产品外形图的规定。外形应完好无损,除光电元器件外,凡用玻璃或塑料封装的,一般应是不透光的。电极引出线,不应有影响焊接的氧化层和伤痕。各种型号、规格标志应该清晰,对于有分挡和极性符号标志的元器件,其标志不能模糊不清或脱落。对于电位器、可变电容器等可调元器件,在其调节范围内应该活动平滑、灵活,松紧适当,无机械杂音。开关类元器件应保证接触良好,动作迅速。

2. 参数性能测试

经过外观检查后,应该对元器件进行电气参数测量。要根据元器件的质量标准或实际使用的要求,选用合适的仪器,使用正确的测量方法进行测量。测量结果应该符合元器件的有关指标,并处于标称值允许的偏差范围内。

绝不能因为购买的元器件是正品而忽略测试。一定要避免由于测量方法不当而引起的不良后果。例如,用晶体管特性测试仪测量三极管或二极管时,要选择合适的功耗电阻;用万用表测量电阻时,使指针在欧姆表的中值附近为宜。

0.2.3　元器件的接插技术

（1）先插集成块，后插阻容元器件。安装的分立元器件应便于看到其极性和标志。为了防止裸露的引线短路，必须使用套管。一般不采用剪断引脚的方法，因为这样做不利于重复利用。

（2）对多次使用的集成电路的引脚，必须修理整齐，引脚不能弯曲。所有的引脚应稍向外偏，这样才能使引脚与插孔接触良好。为了走线方便，要根据电路图确定元器件在点阵板的排列位置。为了能够正确布线并便于查线，所有集成电路的插入方向要保持一致，不能为了临时走线方便或缩短导线长度而把集成电路倒插。

（3）安装元器件之后，先连接电源线和地线，再连接其他导线。最外边的两排插孔一般用作公共的电源线、地线和信号线，通常电源线在上面，地线在下面。为便于查线，导线最好采用不同的颜色，通常正极用红线，负极用蓝线，信号线用黄线，地线用黑线。

（4）导线要拉直到紧贴点阵板板面，长短可根据插孔位置确定，两头留 6 mm 的裸露部分，以便折成直角后插入孔内，可用剥线钳或斜口钳剥除塑料层。用斜口钳剥除塑料层时注意不要太用力，以免将内导体剪断或剪伤。布线应尽可能横平竖直，这样不仅美观，也便于查线并更换器件。导线插入和拔出时要用镊子而不要直接用手拔插，以免污染导线裸露部分。

（5）在电源线与地线之间最好再跨接一个去耦电容，这样可避免各级电路通过电源引线而寄生耦合。电容量应随工作频率的不同而异，如果为音频频率，电容量在几微法，如果为高频信号，电容量取 0.01~0.047 μF。

（6）为了使电路能够正常工作，所有的地线必须连接在一起，形成一个公共参考点。

（7）布线过程中，应把各元器件在面包板上的相应位置及所用的引脚号标在电路图上，以保证调试和故障查找的顺利进行。

0.2.4　元器件的焊接

焊接是使金属连接的一种方法。焊接利用加热等手段，在两种金属的接触面，通过焊接材料的原子或分子的相互扩散作用，使两种金属间形成一种永久的牢固结合。利用焊接的方法进行连接而形成的接点称为焊点。

在焊接点阵板之前，需要准备足够的细导线（图 0-9）用于走线。细导线分为单股的和多股的（图 0-10）。单股细导线可弯折成固定形状，剥皮之后还可以当作跳线使用；多股细导线质地柔软，焊接后显得较为杂乱。

图 0-9　细导线

图 0-10　多股和单股细导线

点阵板具有焊盘紧密等特点,这就要求我们的烙铁头有较高的精度,建议使用功率为30 W 左右的尖头电烙铁。同样,焊锡丝也不能太粗,建议选择线径为 0.5~0.6 mm 的焊锡丝。

0.2.5　印制电路板的组装

印制电路板的组装是指根据设计文件和工艺规程的要求,将电子元器件按一定的方向和次序插装到印制基板上,并用紧固件或锡焊等方法将其固定的过程,它是整机组装的关键环节。

通常把没有装载元器件的印制电路板叫作印制基板,它的主要作用是作为元器件的支撑体,并利用基板上的印制电路,通过焊接把元器件连接起来。同时,它还有利于元器件的散热。

1. 元器件加工

电子元器件种类繁多,外形不同,引出线也多种多样。所以,印制电路板的组装方法也就有差异,必须根据产品结构的特点、装配密度、产品的使用方法和要求来决定。元器件装配到印制基板上之前,一般都要进行加工处理,然后进行插装。良好的成型及插装工艺,不但能使电子设备性能稳定、防震、减少损坏,而且还能使机内整齐美观。

1)预加工处理

元器件引线在成型前必须进行加工处理。虽然在元器件制造时对其引线的可焊性就已有技术要求,但因生产工艺的限制,加上包装、储存和运输等中间环节的时间较长,在引线表面会产生氧化膜,使引线的可焊性严重下降。引线的再处理主要包括引线的校直、表面清洁及搪锡三个步骤。通常要求引线再处理后,不允许有伤痕,镀锡层均匀,表面光滑,无毛刺和焊剂残留物。

2)引线成型的基本要求

引线成型工艺就是根据焊点之间的距离,将引线做成需要的形状,目的是使引线能迅速而准确地插入孔内。

引线成型的基本要求如下:

(1)元器件引线开始弯曲处,离元器件端面的最小距离应不小于 2 mm;

(2)弯曲半径不应小于引线直径的 2 倍;

(3)怕热元器件要求引线增长,成型时应绕环;

（4）元器件标称值应处在便于查看的位置；

（5）成型后不允许有机械损伤。

元器件引线折弯形状如图 0-11 所示。

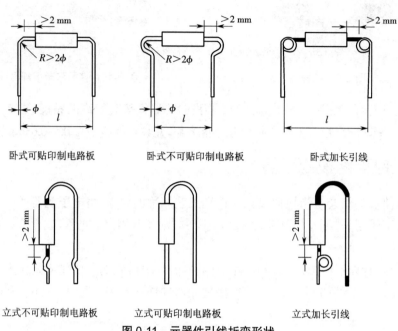

卧式可贴印制电路板　　　　卧式不可贴印制电路板　　　　卧式加长引线

立式不可贴印制电路板　　　立式可贴印制电路板　　　　立式加长引线

图 0-11　元器件引线折弯形状

3）成型方法

为保证引线成型的质量和一致性，应尽量使用专用工具和成型模具。成型工序因生产方式不同而异。在自动化程度高的工厂，成型工序是在流水线上自动完成的，如采用电动、气动等专用引线成型机，可以大大提高加工效率和一致性。在没有专用工具或加工少量元器件时，可采用手工成型，使用尖嘴钳或镊子等一般工具。为保证成型工艺，可自制一些成型机械，以提高手工操作效率。

2. 印制电路板组装工艺的基本要求

印制电路板组装质量的好坏，会直接影响产品的电路性能和安全性能。因此，印制电路板的组装工艺必须遵循下列要求。

（1）各插件工序必须严格执行设计文件规定，认真按工艺作业指导卡操作。

（2）组装前应做好元器件引线成型、表面清洁、浸锡、装散热片等准备加工工作。

（3）做好印制基板的准备加工工作。

①印制基板铆孔。对于体积、重量较大的元器件，要用铜铆钉对其基板上的插孔进行加固，防止元器件插装、焊接后因运输、振动等原因而发生焊盘剥离损坏现象。

②印制基板贴胶带纸。机器焊接时，为了防止波峰焊将暂不焊接的元器件焊盘孔堵塞，在元器件插装前，应先用胶带纸将这些焊盘孔贴住。波峰焊接后，再撕下胶带纸，插装元器件，进行手工焊接。目前采用先进的免焊工艺槽，可代替贴胶带纸的烦琐方法。

（4）严格执行元器件安装的技术要求。

①元器件安装应遵循先小后大、先低后高、先里后外、先易后难、先一般元器件后特殊元器件的基本原则。

②对于电容器、三极管等立式插装元器件，应保留适当长的引线。引线太短会造成元器件焊接时因过热而损坏；太长会降低元器件的稳定性或者引起短路。一般要求离电路板面 2 mm 左右。插装过程中，应注意元器件的电极极性，有时还需要在同电极引脚套上套管。

③元器件引线穿过焊盘后应保留 2~3 mm 的长度，以便沿着印制导线方向将其打弯固定。为使元器件在焊接过程中不浮起或脱落，同时又便于拆焊，引线的弯折角度最好为 45°~60°，如图 0-12 所示。

④安装水平插装的元器件时，标记号应向上，且方向一致，以便观察。功率小于 1 W 的元器件可贴近印制电路板平面插装，功率较大的元器件要求距离印制电路板表面 2 mm，以便于元器件散热。

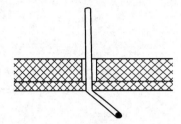
图 0-12　引线穿越焊盘后成型

⑤插装体积、重量较大的大容量电解电容器时，应采用胶黏剂将其底部粘在印制电路板上或采用加橡胶衬垫的方法，以防止其歪斜、引线折断或焊点焊盘损坏。

⑥插装 CMOS 集成电路、场效应管时，操作人员需戴防静电腕套进行操作。对于已经插装好这类元器件的印制电路板，应在接地良好的流水线上传递，以防元器件被静电击穿。

⑦元器件的引线直径与印制电路板焊盘孔径应有 0.2~0.3 mm 的间隙。若太大，焊接不牢，机械强度差；若太小，元器件难以插装。对于多引线的集成电路，可将两边的焊盘孔径间隙做成 0.2 mm，中间的做成 0.3 mm，这样既便于插装，又有一定的机械强度。

3. 元器件在印制电路板上的插装

电子元器件种类繁多，结构不同，引出线也多种多样，因而元器件的插装形式也有差异。必须根据产品的要求、结构特点、装配密度及使用方法来决定元器件的插装形式。

元器件在印制电路板上的插装一般有以下几种形式。

1）贴板插装

贴板插装形式如图 0-13 所示，元器件紧贴印制基板面，插装间隙小于 1 mm。当元器件为金属外壳，而且插装面又有印制导线时，应加绝缘衬垫或套绝缘套管，以防止短路。它适用于有防震要求的产品。

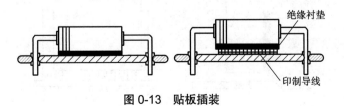

绝缘衬垫

印制导线

图 0-13　贴板插装

17

2）悬空插装

悬空插装形式如图 0-14（a）所示,元器件距印制基板面要有一定的高度,以便于散热,安装距离一般为 3~8 mm。它适用于发热元器件的插装。

3）垂直插装

垂直插装（也称立式插装）形式如图 0-14（b）所示。它适用于插装密度较高的场合,电容器、二极管、三极管常采用这种形式。

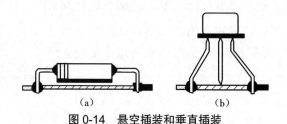

图 0-14　悬空插装和垂直插装

4）嵌入式插装

嵌入式插装是将元器件的壳体埋于印制基板的嵌入孔内,为提高元器件安装的可靠性,常在元器件与嵌入孔间涂上黏合剂,如图 0-15 所示。这种方式可提高元器件的防震能力,降低插装高度。

5）有高度限制时的插装

在元器件插装中,有一些元器件有一定的高度限制。因此,在插装时应先将其垂直插入,然后再沿水平方向弯曲。对于大型元器件要采用胶粘、捆扎等措施,以保证有足够的机械强度能经得住振动和冲击,如图 0-16 所示。

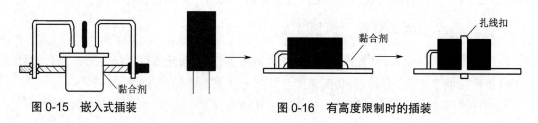

图 0-15　嵌入式插装　　　　　图 0-16　有高度限制时的插装

6）支架固定插装

支架固定插装形式如图 0-17 所示。这种方式适用于小型继电器、功放集成电路等质量较大的元器件。一般是先用金属支架将它们固定在印制基板上,然后再焊接。

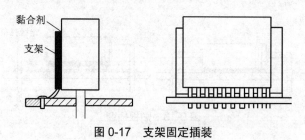

图 0-17　支架固定插装

4.元器件安装的注意事项

(1)元器件插好后,对其引线的外形处理有弯头或切断成型等方法,所有弯脚的弯折方向都应与铜箔的走线方向相同。

(2)安装二极管时,除应注意极性外,还要注意外壳封装。特别是玻璃壳体易碎,引线弯曲时易爆裂,在安装时可将引线先绕1~2圈再装。对于大电流二极管,有时将引线体当作散热器,故必须根据二极管规格中的要求留有一定的引线长度,此时不宜把引线套上绝缘套管。

(3)为了区别晶体管的电极和电解电容的正负端,一般在安装时加带有颜色的套管以示区别。

(4)大功率三极管一般不宜装在印制电路板上,因为它发热量大,易使印制电路板受热变形。

0.2.6 点阵板的焊接方法

对于元器件在点阵板上的布局,大多数人习惯"顺藤摸瓜",就是以芯片等关键器件为中心,其他元器件见缝插针插装的方法。这种方法是边焊接边规划,无序中体现着有序,效率较高。但由于初学者缺乏经验,所以不太适合采用这种方法,初学者可以先在纸上画好初步的布局,然后用铅笔画到点阵板正面(元件面),继而也可以将走线规划出来,方便焊接。

对于点阵板的焊接方法,一般是利用细导线进行飞线连接,如图0-18(a)所示。飞线连接没有太大的技巧,但尽量做到水平和竖直走线,整洁清晰。现在流行一种锡接走线法,工艺不错,如图0-18(b)所示。这种走线方法性能稳定,但比较浪费锡。纯粹的锡接走线难度较高,受到锡丝、个人焊接工艺等各方面的影响。如果先拉一根细铜丝,再随着细铜丝进行拖焊,则简单许多。点阵板的焊接方法是很灵活的,可因人而异,找到适合自己的方法即可。

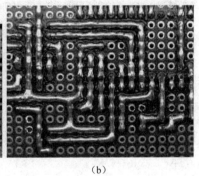

(a)   (b)

图0-18 飞线连接法和锡接走线法

很多初学者焊的板子很不稳定,容易短路或断路。除了布局不够合理和焊接手艺不良等因素外,缺乏技巧是造成这些问题的重要原因之一。掌握一些技巧可以使电路反映到实物硬件的复杂程度大大降低,减少飞线的数量,使电路更加稳定。下面介绍一些点阵板的焊接技巧。

1. 初步确定电源、地线的布局

电源贯穿电路始终,合理的电源布局对简化电路起到十分关键的作用。某些点阵板布置有贯穿整块板子的铜箔,应将其用作电源线和地线;如果无此类铜箔,需要对电源线、地线的布局有初步的规划。

2. 善于利用元器件的引脚

点阵板的焊接需要大量的跨接、跳线等,不要急于剪断元器件多余的引脚,有时候直接跨接到周围待连接的元器件引脚上会事半功倍。另外,本着节约材料的目的,可以把剪断的元器件引脚收集起来作为跳线材料。

3. 善于设置跳线

特别需要强调的是,多设置跳线不仅可以简化连线,而且要美观得多,如图 0-19 所示。

图 0-19 善于设置跳线

4. 善于利用元器件自身的结构

如图 0-20 所示,焊接的矩阵键盘是一个利用了元器件自身结构的典型例子,图中的轻触式按键有四只脚,其中两两相通,可以利用这一特点来简化连线,电气相通的两只脚充当了跳线。

5. 善于利用排针

要善于利用排针,因为排针有许多灵活的用法。例如,两块板子相连,就可以采用排针和排座,排针既起到两块板子间的机械连接作用,又起到电气连接作用。这一点借鉴了电脑板卡的连接方法。

6. 在需要的时候隔断铜箔

在使用连孔板的时候,为了充分利用空间,必要时可用小刀或者打磨机割断某处铜箔,这样就可以在有限的空间放置更多的元器件。

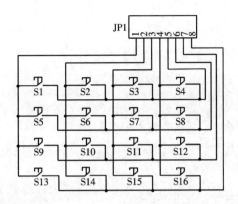

图 0-20 矩阵键盘电路和焊接的点阵板

7. 充分利用双面板

双面板比较昂贵,既然选择它就应该充分利用它。双面板的每一个焊盘都可以当作过孔,灵活实现正反面的电气连接。

8. 充分利用板上的空间

要充分利用板上的空间,可在芯片座里面隐藏元件,既美观又能保护元件,如图 0-21 所示。

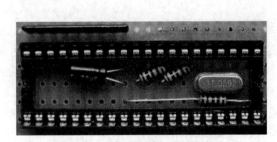

图 0-21 在芯片座里的隐藏元件

21

0.2.7 手工焊接

1. 手工焊接的分类

手工焊接一般分为熔焊、钎焊和接触焊三大类。

（1）熔焊是指加热被焊件，使其熔化产生合金，而完成焊接的方法，如电弧焊、气焊、超声波焊等属于熔焊。

（2）钎焊是指利用加热熔化成液态的金属，把固体金属连接在一起的焊接方法。在钎焊中起连接作用的金属材料称为焊料，作为焊料的金属的熔点低于被焊接的金属材料的熔点。

（3）接触焊是指一种不用焊料与焊剂即可获得可靠连接的焊接技术，如点焊、碰焊等。

2. 锡焊的特点

采用锡铅焊料进行的焊接称为锡焊，它属于软焊。锡焊是最早得到广泛应用的一种电子产品的连接方法。当前，虽然焊接技术发展很快，但锡焊在电子产品装配中仍占连接技术的主导地位。锡焊与其他焊接方法相比具有如下特点。

（1）焊接方法简便，易形成焊点。锡焊焊点是利用熔融的液态焊料的浸润作用而形成的，因而对加热量和焊料都无须精确的要求。例如，使用手工焊接工具电烙铁进行焊接就非常方便，且焊点大小允许有一定的自由度，可以一次形成焊点。若用机器进行焊接，还可以成批形成焊点。

（2）焊接设备比较简单，容易实现焊接自动化。由于锡焊焊料熔点低，有利于浸焊、波峰焊和再流焊的实现，便于生产流水线配置，实现焊接自动化。

（3）焊料熔点低，适用范围广。锡焊属于软焊，焊料熔化温度在 180~320 ℃。除含有大量铬和铝等合金的金属材料不宜采用锡焊外，其他金属材料大都可以采用锡焊，适用范围很广。

（4）成本低廉，操作方便。锡焊比其他焊接方法成本低，焊料也便宜，焊接工具（电烙铁）简单，操作方便，而且整修焊点、拆换元器件以及重新焊接都很方便。

3. 焊接的方法

随着焊接技术的不断发展，焊接方法也在手工焊接的基础上发展出了自动焊接，即机器焊接，同时无锡焊接（如压接、绕接等）也开始在电子产品装配中使用。

1）手工焊接

手工焊接是采用手工操作的传统焊接方法，根据焊接前接点的连接方式不同，手工焊接有绕焊、搭焊、钩焊、插焊等不同方式。

2）机器焊接

根据工艺方法的不同，机器焊接可分为波峰焊、浸焊和再流焊。

（1）波峰焊是采用波峰焊机一次完成印制板上全部焊接点的焊接。波峰焊目前已成为印制板焊接的主要方法。

（2）浸焊是将装好元器件的印制板在熔化的锡锅内浸锡，一次性完成印制板上全部焊接点的焊接。浸焊主要用于小型印制板电路的焊接。

（3）再流焊是利用焊膏将元器件粘在印制板上，加热印制板后使焊膏中的焊料熔化，一次完成全部焊接点的焊接。再流焊目前主要用于表面安装的片状元器件焊接。

4. 手工焊接技术

手工焊接是利用电烙铁加热被焊金属件和锡铅焊料，使熔融的焊料润湿已加热的金属表面从而形成合金，焊料凝固后把被焊金属件连接起来的一种焊接工艺，即通常所称的锡焊。

手工焊接是焊接技术的基础，也是电子产品组装中的一项基本操作技能。手工焊接适用于小批量生产的小型化产品、一般结构的电子整机产品、具有特殊要求的高可靠产品、某些不便于机器焊接的场合以及调试和维修过程中修复焊点和更换元器件等。下面主要介绍手工焊接的工具、手工焊接的操作方法及注意事项。

1）手工焊接的工具

电烙铁是手工焊接的基本工具，其作用是加热焊料和被焊金属，使熔融的焊料润湿被焊金属表面并生成合金。随着焊接技术的发展，电烙铁的种类也不断增多。常用的电烙铁有外热式电烙铁、内热式电烙铁、恒温电烙铁、吸锡电烙铁等多种类型。这里简单介绍外热式电烙铁、内热式电烙铁和可调恒温电烙铁。

Ⅰ. 外热式电烙铁

外热式电烙铁一般由烙铁头、发热元件（烙铁芯）、外壳、手柄、插头等部分组成，如图 0-22（a）所示。烙铁头采用热传导性好的以铜为基体的铜 - 锑、铜 - 铍、铜 - 铬 - 锰及铜 - 镍 - 铬等铜合金材料制成。烙铁头在连续使用后，其作业面会变得凹凸不平，需用锉刀锉平。即使新烙铁头在使用前也要用锉刀去掉烙铁头表面的氧化物，然后接通电源，待烙铁头加热到颜色发紫时，再用含松香的焊锡丝摩擦烙铁头，使烙铁头挂上一层薄锡，方便后期使用。

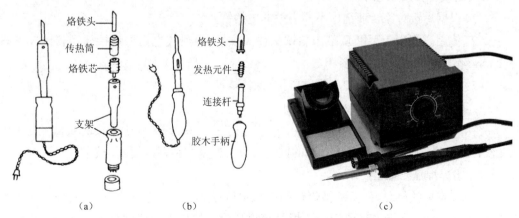

（a）　　　　　　　　（b）　　　　　　　　（c）

图 0-22　常用电烙铁

这种电烙铁烙铁芯安装在烙铁头外面,故称外热式电烙铁。烙铁头的长短可以调整(烙铁头越短,烙铁头的温度就越高)。烙铁芯是用镍铬电阻丝绕在薄云母片绝缘的筒上(或绕在一组瓷管上)而成的,它置于外壳之内。

Ⅱ. 内热式电烙铁

内热式电烙铁由连接杆、手柄、弹簧夹、烙铁芯、烙铁头(也称铜头)等组成,如图0-22(b)所示。烙铁芯安装在烙铁头的里面(发热快,热效率高达85%~90%或以上),故称为内热式电烙铁。烙铁芯采用镍铬电阻丝绕在瓷管上制成,一般20 W电烙铁的电阻为2.4 kΩ左右,35 W电烙铁的电阻为1.6 kΩ左右。

可用万用表检查烙铁芯中的镍铬丝是否断开。烙铁芯可更换,更换时应注意不要将引线接错。一般电烙铁有三个接线柱,中间一个为地线,另外两个接烙铁芯的引线。接线柱外接电源线可接220 V交流电压。

Ⅲ. 可调恒温电烙铁

可调恒温电烙铁的温度能手动设置,并保持恒定,如图0-22(c)所示。根据控制方式不同,其可分为电控恒温电烙铁和磁控恒温电烙铁两种。

电控恒温电烙铁采用热电偶来检测和控制烙铁头的温度恒定。当烙铁头的温度低于设定值时,温控装置内的电子电路控制半导体开关元器件或继电器接通,给电烙铁供电,使温度上升;当温度达到预定值时,控制电路就构成反动作,停止向电烙铁供电。如此循环往复,使烙铁头的温度基本保持恒定值。电控恒温电烙铁是较好的焊接工具,但这种电烙铁价格较为昂贵。

目前,采用较多的是磁控恒温电烙铁。它在烙铁头上装有一个强磁性传感器,用以吸附磁性开关中的永久磁铁来控制温度。

由于恒温电烙铁采用断续加热,因此比普通电烙铁节电1/2左右,并且升温速度快。由于其烙铁头始终保持恒温,在焊接过程中焊锡不易氧化,可减少虚焊,提高焊接质量,烙铁头也不会产生过热现象而氧化损坏,使用寿命较长。

其他电烙铁还有超声波电烙铁、弧焊电烙铁和吸锡电烙铁等。

Ⅳ. 电烙铁使用注意事项

(1)根据焊接对象合理选用不同类型的电烙铁。

(2)使用过程中不要随意敲击烙铁头以免损坏,内热式电烙铁连接杆钢管壁厚度只有0.2 mm,不能用钳子夹,以免损坏。

(3)在电烙铁使用过程中应经常维护,保证烙铁头镀上一层薄锡。

2)手工焊接的操作方法及注意事项

在电子产品组装中,要保证焊接的高质量相当不容易,因为手工焊接的质量受很多因素的影响。因此,在掌握焊接理论知识的同时,还应熟练掌握焊接的操作技术。

Ⅰ. 锡焊焊点的基本要求

(1)焊点应接触良好,保证被焊件间能稳定可靠地通过一定的电流,尤其要避免虚焊的产生。所谓虚焊,是指未形成合金的焊料简单依附在焊件表面或部分形成合金的锡焊。虚焊的焊点在短期内可能会稳定可靠地通过额定电流,用仪器测量也可能发现不了什么问题,但时间一长,未形成合金的表面经过氧化就会出现电流变小或时断时续现象。造成虚焊的原因有:被焊件表面不清洁;焊接时夹持工具晃动;烙铁头温度过高或过低;焊剂不符合要求;焊点的焊料太少或太多等。

(2)焊点要有足够的机械强度,以保证被焊件不致脱落;焊点的焊料太少会造成强度不够。

(3)焊点表面应美观、有光泽,不应出现棱角或拉尖等现象。焊接温度过高、电烙铁撤离的方向错误、速度拿捏不好或焊剂使用不当等,都可能产生拉尖现象。

Ⅱ. 锡焊的条件

(1)被焊件必须具备可焊性。被焊件表面要能被焊料润湿,即能沾锡。因此,在进行焊接前必须清除被焊件表面的油污、灰尘、杂质、氧化层、绝缘层等。

(2)必须根据被焊件的材料来选择合适的焊剂,锡焊完成后应对其生成的残渣进行清洗。

(3)保证适当的焊接温度。表 0-1 列出了决定焊接温度的主要条件。由表可知,一般锡焊的温度以 260 ℃ 左右为宜。在焊接厚而大的元器件时要进行充分的加热才能形成良好的焊接,此时把锡焊的温度控制在 280~320 ℃ 为好。

表 0-1　决定焊接温度的主要条件

名称	温度 /℃	状态	名称	温度 /℃	状态
焊料	< 200	扩散不足,焊不上,易产生虚焊	助焊剂(松香)	> 210	开始分解
	200~280	抗拉强度大	印制电路板	> 280	焊盘有剥离的危险
	> 280	生成金属间化合物			

(4)保证合适的焊接时间。原则上被焊件应完全润湿,经过清洁的小面积上锡时间一般为 1.5~4 s,对已上锡的元器件引线焊接时间一般为 2~4 s。焊接时间太短,锡焊不能完全润湿被焊金属;时间太长,又可能损伤元器件和电路板。对同一焊盘上的几个焊点应断续焊接,而不能连续焊接,以免造成焊盘从基板上脱落。

Ⅲ. 手工焊接的操作方法

Ⅰ)电烙铁及焊件的搪锡

(1)烙铁头的搪锡。新烙铁、已氧化不沾锡或使用过久而出现凹坑的烙铁头,可先用砂纸或细锉刀打磨,使其露出紫铜光泽,而后将电烙铁通电 2~3 min,加热后使烙铁头吸锡,再在放松香颗粒的细砂纸上反复摩擦,直到烙铁头挂上一层薄锡,这就是烙铁头的搪锡。

(2)导线及元器件引线的搪锡。先用小刀或细砂纸清除导线或元器件引线表面的氧化层,元器件引脚根部留出一小段不刮,以防止引线根部被刮断。对于多股引线也应逐根刮净,之后将多股引线拧成绳状进行搪锡。具体搪锡过程如下:电烙铁通电 2~3 min 后,使烙铁头接触松香,若松香发出"吱吱"响声,并且冒出白烟,则说明烙铁头温度适当;然后将刮好的焊件引线放在松香上,用烙铁头轻压引线,边往复摩擦边转动引线,务必使引线各部分均镀上一层锡。

Ⅱ)电烙铁的握法

根据电烙铁的大小、形状和被焊件的要求等不同情况,握电烙铁的方法通常有三种。图0-23(a)所示为反握法,即用五指把电烙铁手柄握在手掌内。这种握法焊接时动作稳定,长时间操作手不会疲劳,适用于大功率的电烙铁和热容量大的被焊件。图0-23(b)所示为正握法,适用于弯烙铁头操作或直烙铁头在机架上焊接互连导线时操作。图0-23(c)所示为握笔法,就像写字时拿笔一样。这种方法长时间操作手容易疲劳,适用于小功率电烙铁和热容量小的被焊件。

Ⅲ)焊锡丝的拿法

焊锡丝的拿法分为两种。一种拿法是连续工作时的拿法,如图0-24(a)所示,即用左手的拇指、食指和小指夹住焊锡丝,用另外两个手指配合将焊锡丝连续向前送进。另一种拿法如图0-24(b)所示,即焊锡丝通过左手的虎口,并用拇指和食指夹住。这种拿焊锡丝的方法不能连续向前送进焊锡丝。

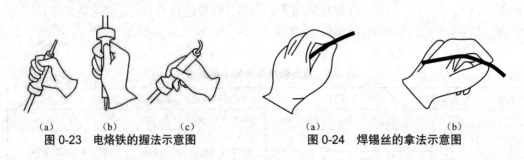

| (a) | (b) | (c) | | (a) | (b) |
图 0-23　电烙铁的握法示意图　　　　　图 0-24　焊锡丝的拿法示意图

Ⅳ)手工焊接的具体操作方法

手工焊接的具体操作方法可分为五工序法和三工序法。

五工序法的操作步骤如图0-25所示。图0-25(a)所示为准备阶段,烙铁头和焊锡丝同时移向焊接点。图0-25(b)所示为把烙铁头放在被焊部位上进行加热。图0-25(c)所示为放上焊锡丝,被焊部位加热到一定温度,立即将左手中的焊锡丝放到焊接部位,熔化焊锡丝。图0-25(d)所示为移开焊锡丝,当焊锡丝熔化到一定量后,迅速撤离焊锡丝。图0-25(e)所示为当焊料扩散到一定范围后,移开电烙铁。

对于热容量小的焊件,例如印制板上较细导线的连接,可以简化为三步操作,即三工序法,具体如下。

(1)准备:同图0-25(a)所示步骤一。

(2)加热与送丝:烙铁头放在焊件上后即放入焊丝。

(3)去焊丝、移烙铁:焊锡在焊接面上浸润扩散达到预期范围后,立即拿开焊丝、移开烙铁,并应注意拿开焊丝的时间不得滞后于移开烙铁的时间。

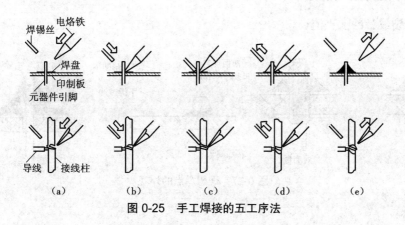

图 0-25 手工焊接的五工序法

对于吸收低热量的焊件而言,上述整个过程的时间不过 2~4 s,各步骤的节奏控制,顺序的准确掌握,动作的熟练协调,都要通过大量练习并用心体会才能融会贯通。有人总结出了在五工序法中用数秒控制时间的方法:烙铁接触焊点后数 1、2(约 2 s),送入焊丝后数 3、4,再移开烙铁。焊丝熔化量要靠观察决定。此方法可以参考,由于烙铁功率、焊点热容量的差别等因素,实际掌握焊接火候并无定律可循,必须具体条件具体对待。试想,对于一个热容量较大的焊点,若使用功率较小的烙铁焊接,在上述时间内,可能加热温度还不能使焊锡熔化,焊接就无从谈起。

Ⅴ)烙铁头撤离方向与焊料量的关系

烙铁头撤离的方向能控制焊点焊料量的多少。图 0-26(a)所示为烙铁头以 45°(烙铁头的轴线与工件表面间的夹角)的方向撤离,此时焊点圆滑,烙铁头只带走少量焊料。图 0-26(b)所示为烙铁头向上方撤离,此时焊点容易出现拉尖,烙铁头只带走少量焊料。图 0-26(c)所示为烙铁头以水平方向撤离,此时烙铁头带走大部分焊料。图 0-26(d)所示为烙铁头垂直向下撤离,此时烙铁头把绝大部分焊料带走。图 0-26(e)所示为烙铁头垂直向上撤离,烙铁头只带走少量焊料。

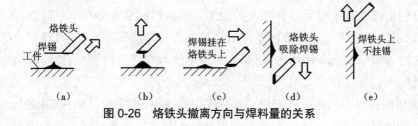

图 0-26 烙铁头撤离方向与焊料量的关系

Ⅵ)理想焊点的外观(图 0-27)

(1)形状为近似圆锥,而表面稍微凹陷,呈慢坡状,以焊接导线为中心,对称成裙形展开。虚焊点的表面往往向外凸出,可以简单地鉴别出来。

(2)焊点上焊料的连接面呈凹形自然过渡,焊锡和焊件的交界处平滑,接触角尽可能小。

(3)表面平滑,有金属光泽。

（4）无裂纹、针孔、夹渣。

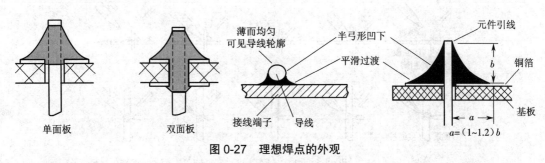

图 0-27　理想焊点的外观

Ⅶ）拆焊

在电子产品的调试、维修工作中，常需要更换一些元器件。更换元器件时，首先应将需更换的元器件拆焊下来。若拆焊的方法不当，就会造成印制电路板或元器件的损坏。

对于一般电阻、电容、晶体管等引脚不多的元器件，可采用电烙铁直接进行分点拆焊。其方法是一边用电烙铁（烙铁头一般不需蘸锡）加热元器件的焊点，一边用镊子或尖嘴钳夹住元器件的引线，轻轻地将其拉出来，再对原焊点的位置进行清理，认真检查是否因拆焊而造成相邻电路短接或开路。拆焊时要严格控制加热温度和时间，温度太高或时间太长会烫坏元器件，使印制电路板的焊盘起翘、剥离。拔元器件时也不要用力过猛，以免拉断或损坏元器件引线。这种方法不宜在一个焊点上多次使用，因为印制导线和焊盘经过反复加热后很容易脱落，而造成印制电路板的损坏。

当需要拆下多个焊点且引线较硬的元器件时，采用分点拆焊就比较困难。在拆卸多个引脚的集成电路或中周等元器件时，一般有以下几种方法。

（1）采用专用工具。采用专用烙铁头或拆焊专用的热风枪（图 0-28（a）），可将所有焊点同时加热熔化后取出插孔。对于表面安装的元器件，热风枪拆焊更有效。专用工具拆焊的优点是速度快，使用方便，不易损伤元器件和印制电路板的铜箔。

（2）采用吸锡烙铁或吸锡器。吸锡烙铁或吸锡器（图 0-28（b））对于拆焊元器件是很实用的，并且使用该工具不受元器件种类的限制。但拆焊时必须逐个焊点除锡，效率不高，而且还要及时消除吸入的锡渣。吸锡器与吸锡烙铁的拆焊原理相似，但吸锡器自身不具备加热功能，它需与电烙铁配合使用，拆焊时先用电烙铁对焊点进行加热，待焊锡熔化后再使用吸锡器除锡。

（3）采用吸锡材料。在没有专用工具和吸锡烙铁时，可采用屏蔽线编织层、细铜网以及多股导线等吸锡材料（图 0-28（c））进行拆焊。其操作方法是将吸锡材料浸上松香水贴到待拆焊点上，用烙铁头加热吸锡材料，经吸锡材料传热使焊点熔化；熔化的焊锡被吸附在吸锡材料上，取走吸锡材料后焊点即被拆开。该方法简便易行，且不易损坏印制电路板；其缺点是拆焊后的板面较脏，需要用酒精等溶剂擦拭干净。

<table>
<tr><td>（a）</td><td>（b）</td><td>（c）</td></tr>
</table>

图 0-28　常用拆焊、吸锡器材

Ⅷ）组装与焊接质量的检验

对于组装与焊接质量的检验,主要采用目测检验法和指触检验法。目测检验法主要是检查元器件安装是否与装配图或样机相同、元器件有无装错;焊点有无虚焊、假焊、搭焊、拉尖、沙眼、气泡;焊点是否均匀光亮、焊料是否适当等。对目测检验中存疑的焊点,可采用指触检验法,即用适当的力拉拔,检查是否有松动、拔出及电路板铜箔起翘等现象,还可利用仪器仪表进一步检查电路的性能。

0.3　焊接布线举例

下面以法拉蓄能引擎的控制电路为例,介绍如何以"锡接走线"的方式手工焊接点阵板。

法拉蓄能引擎是专门针对蓄能系列机器人的引擎,其采用 USB 接口(标准电压为 5 V)对法拉电容(超级电容)进行短时充电,然后再对驱动机器人的马达进行放电,让机器人能够跑上一段时间,电路原理如图 0-29 所示。

当前的法拉蓄能引擎的控制电路,主要是针对采用耐压为 5 V 的法拉电容作为充电的电能存储器件的机器人,相对简单一些。

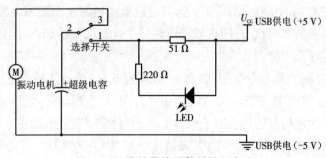

图 0-29　法拉蓄能引擎的控制电路

0.3.1　布局规划

本电路涉及焊接的主要元件包括:法拉超级电容一个,LED 发光二极管一个,PH 插座一个,220 Ω、51 Ω 电阻各一个,拨动开关一个,振动电机一个,如图 0-30 所示。

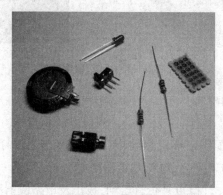

图 0-30　法拉蓄能引擎电路所需元器件

根据电路规划的实际需要,这里从整版大块的点阵板上裁切包含 3×6 个焊孔(纵向 3 孔,横向 6 孔)的一小块点阵板来进行电路焊接。

根据电路原理图,结合各元件外形特性,在点阵板上规划各元件的布局。

在点阵板上布局元件需要一定经验积累,既要熟悉电路原理,也要了解各种电子元器件,对此不展开讨论。直接对具体已经规划好的布局方案进行介绍,即讲解如何按照已有的布局方案在点阵板上进行电路焊接。

特别提醒:以下的元件布局图是为了方便大家清晰了解当前电路的焊接布局规划而专门设计绘制的,通常在实际应用中未必有这么详细的图示,一般只提供电路原理图,具体的规划需要大家自己根据实际情况进行设计。

1. 正视图

下面介绍元件布局的正视图,即自上向下俯视电路板的正面图示。通过正视图可以了解各元件在点阵板上的布局状态,即可以弄清楚每个元件放置的朝向是怎样的,每个元件的各引脚是插到哪些焊孔中的。

图 0-31 展示的是在 3×6 个焊孔(纵向 3 孔,横向 6 孔)的点阵板上进行的元件布局。

(1)选择开关。采用普通的单刀双掷的拨动开关,左右拨动开关的小柄,可以控制开关中间的引脚 2 选择性地与左边的引脚 1 或者右边的引脚 3 相连接,如图 0-32 所示。

(2)LED 发光二极管(图 0-33)的引脚是区分极性(正 / 负)的,其外形是圆柱形的,区别引脚的方法包括以下几种:

①如果是全新元件没有剪过引脚,则默认长的那个引脚是正极;

②看圆柱形外壳底边上的圆盘,有缺口的一侧对应的引脚是负极;

③直接透过外壳观察内部结构,连接内部小电极片的引脚是正极,连接内部大三角形电极片的引脚是负极。

(3)电阻的引脚是不区分极性的。

(4)超级电容选用的是单个 1 F 的。一般其外皮上标注"－"号所对应的是负极引脚,但也有些超级电容外皮上没有标明负极,而是有一排连续的箭头,箭头出发的一侧为正极,箭头指向的一侧为负极,如图 0-34 所示。

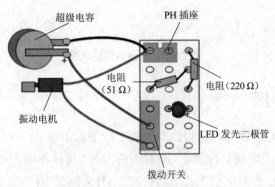

图 0-31 元件布局正视图

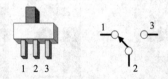

图 0-32 单刀双掷的拨动开关实物图和电气图

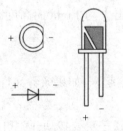

图 0-33 发光二极管电气图和实物图

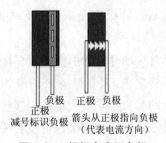

图 0-34 超级电容正负极

2. 底视图

下面介绍元件布局的底视图,即面对电路板的底面的视图,如图 0-35 所示。通过底视图可以了解各元件在点阵板上的走线情况,即可以弄清楚每个元件的各引脚是如何互相连接的。

PH 插座　　　　　超级电容

焊点

电阻（220 Ω）

　　　　　电阻（51 Ω）

焊接连线

　　　　　　　　振动电机

LED 发光二极管

拨动开关

图 0-35　元件布局底视图

0.3.2　元件的焊接

把各元件按照规划好的布局定位到点阵板上。下面以拨动开关（图 0-36）的焊接为例。

首先把拨动开关固定到点阵板上，即对照前面的"元件布局正视图"，把拨动开关的三个引脚依次插入点阵板上对应的焊孔中，并让拨动开关贴紧点阵板，如图 0-37 所示。

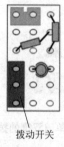

拨动开关

图 0-36　拨动开关　　　　　　图 0-37　拨动开关安装位置

然后从点阵板底面把拨动开关的引脚剪短，只露出大约 1 mm 的高度即可，如图 0-38 所示。

最后对拨动开关的引脚进行焊接。

在焊接之前，需要把插接了拨动开关的点阵板固定起来，如果条件允许可以使用如图 0-39 所示的带夹子和放大镜的焊接台。

如果没有这样的焊接台也没有关系，可以直接利用镊子夹住拨动开关和点阵板，即可把要焊接的点阵板和元件固定起来，如图 0-40 所示。

下面开始正式焊接，一只手拿着焊锡丝，另一只手拿着电烙铁，把焊锡丝挨着要焊接的地方——引脚与铜箔焊盘的交界点，再把烙铁头凑过去，把焊锡丝前端熔化掉，如图 0-41 所示。

特别说明：除了这种"一手拿焊锡丝、一手拿电烙铁，凑到固定好的点阵板上焊接"的焊接方式之外，也可以考虑另外的方式。

图 0-38　剪掉引脚的拨动开关

图 0-39　带夹子和放大镜的焊接台

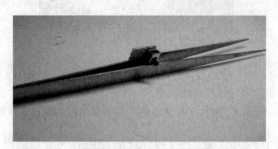

图 0-40　利用镊子把点阵板和元件固定起来

图 0-41　"一手拿焊锡丝、一手拿电烙铁,凑到固定好的点阵板上焊接"焊接拨动开关引脚

33

具体做法如下:

(1)让焊锡丝的卷盘着地,把焊锡丝竖立起来,手拿着点阵板,并注意同时握住上面的拨动开关,不让其松动,如图 0-42 所示;

(2)一手握住插上了拨动开关的点阵板,让点阵板上要焊接的地方靠近竖立起来的焊锡丝,另一手拿着电烙铁靠近焊锡丝,让焊锡丝熔化到焊点上,如图 0-43 和图 0-44 所示。

图 0-42　准备焊接

图 0-43　手拿点阵板靠近加热的焊锡丝焊接

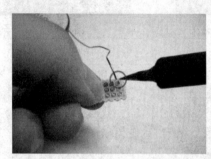

图 0-44　"一手拿点阵板、一手拿电烙铁,靠近竖立的焊锡丝去焊接"焊接手法

特别注意:这种手法动作一定要快,对焊锡的加热时间要尽可能短,否则会很容易烫到按住要焊接元件的手。对于新手,假如一下子无法焊接成功,建议在元件加热到非常热的情况下停一下,等焊锡冷却了再重新焊接,这样虽然可能要重复几次,但却不容易被烫到。

以上不管是"一手拿焊锡丝、一手拿电烙铁,凑到固定好的点阵板上焊接",还是"一手拿点阵板、一手拿电烙铁,靠近竖立的焊锡丝去焊接",其实都是类似的,建议可以多锻炼,熟能生巧。

焊锡丝在熔化后会流下环绕引脚,填满焊盘周围。由于焊锡丝本身是含有助焊剂(松香)的,所以熔化后的焊锡丝会自动粘住引脚和焊盘。控制熔化的焊锡量就可以控制最后焊盘上的焊点形状,一般控制成半圆球形即可。最后把焊锡丝和烙铁头拿开,等待焊点上的焊锡冷却,即可完成焊点的焊接。

焊接完拨动开关的其中一个引脚,再焊接另一个引脚,这样焊好后就可以把整个拨动开关固定起来了,如图 0-45 所示。

图 0-45 拨动开关焊接好后的效果

插座、电阻、发光二极管的焊接基本类似。

0.3.3 锡接走线

完成各元件在点阵板上的定位和固定之后（图 0-46），就可以开始对各元件引脚进行焊接连线。之前各元件长出的引脚剪下之后不要丢弃，可以收集起来用于以后走线，如图 0-47 所示。

图 0-46 焊接点上锡

图 0-47 剪下的多余引脚

对照"元件布局底视图"，用之前剪掉的各元件引脚多余的金属线作为连线，把应该相连的焊点连接起来。一手拿着一段长出的元件引脚，然后贴近要焊接的焊点，把焊点已有的焊锡用烙铁头熔化，看准时机把金属线插入熔化的焊锡中，并保持好位置，拿开烙铁头，等待焊锡冷却后就可以实现把金属线焊接到焊点上，如图 0-48 所示。

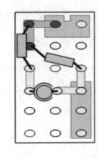 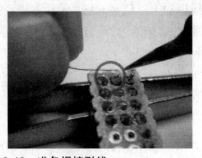

图 0-48 准备焊接引线

　　特别注意:整个过程动作要快一点,让时间尽可能短,一方面是防止元件过热时间长而损坏,另一方面也是防止烫到拿着金属线的手,当然也可以用镊子夹住金属线。

　　焊接好一段引线后(图 0-49),按照走线规划,把金属线折弯,如图 0-50 所示;然后剪掉多余的引脚,焊接好弯折部分的走线,如图 0-51 和图 0-52 所示。从而完成第一条走线的焊接,如图 0-53 所示。

图 0-49　焊接好一段引线效果图

图 0-50　引线折弯

图 0-51　准备焊接金属线另一端

图 0-52　焊接手法

图 0-53　引线完全焊接好的效果图

　　再把第二条走线也加上。依然对照"元件布局底视图",用之前剪掉的各元件引脚多余的金属线作为连线,把应该相连的焊点连接起来,如图 0-54 所示。

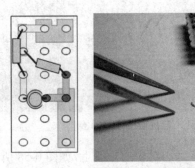

图 0-54 准备引线

　　第二条走线有点复杂,由于布局的空间有限,必须借助镊子夹住事先剪好用于连线的引脚,把引脚与对应的焊点焊接起来,如图 0-55 所示。

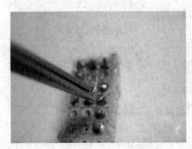

图 0-55 引线的放置和焊接效果

　　具体焊接流程需要多锻炼,多摸索,这样焊接者才能成为高效的熟手。

0.3.4 总装调试

　　(1)对照"元件布局底视图",把连接超级电容的红、黑两导线焊接到点阵板上,如图 0-56 所示。

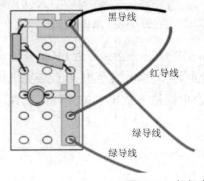

黑导线

红导线

绿导线

绿导线

图 0-56 超级电容连接线的放置和焊接

　　(2)把连接电机的两根绿导线焊接到点阵板上,如图 0-57 所示。

37

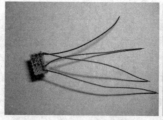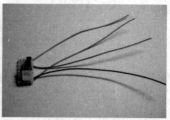

图 0-57　电机连接线的焊接

（3）把超级电容和振动马达都焊接到相对应的导线上，如图 0-58 所示。

注意：超级电容的引脚是区分正负极的（红正、黑负），而振动马达的引脚是不区分正负极的。

图 0-58　超级电容和振动马达的焊接

（4）全部电路焊接完工，可以整体测试和调试电路，如图 0-59 和图 0-60 所示。

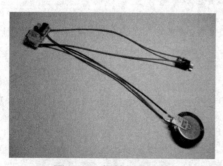

图 0-59　焊接好的成品　　　　　图 0-60　准备进行总调

（5）把蓄能 USB 线插接到电路的 PH 插座上，把拨动开关拨到靠近 PH 插座的位置，整个电路进入充电状态，可以看到发光二极管从最亮到逐步变暗，直至熄灭，代表充电结束，这个时候把拨动开关拨到远离 PH 插座的一侧，整个电路进入放电状态，即将驱动振动马达振动。

0.4　电子电路的调试

把测试和调整电子电路的一些操作技巧称为电子电路的调试技术。电子电路的调试，也就是依据设计技术指标的要求对电路进行"测量—分析、判断—调整—再测量"的一系列操作过程,"测量"是发现问题的过程,而"调整"是解决问题、排除故障的过程。通过调试,应使电子电路达到预期的技术指标。

调试工作的主要内容包括:明确调试的目的和要求;正确合理地使用测量仪器仪表;按照调试工艺对电路进行调整和测试;分析和排除调试中出现的故障;调试时做好调试记录,记录电路各部分的测试数据和波形,以便于分析和运行时参考;编写调试总结,提出改进意见。

0.4.1　调试前的准备

电子电路调试之前,应将必要的工具、技术文件等准备好。

1. 技术文件的准备

通常需要准备的技术文件有电路原理图、电路元器件布置图、技术说明书(包含各测试点的参考电位值、相应的波形图以及其他主要数据)、调试工艺等。调试人员要熟悉各技术文件的内容,重点了解电子电路(或者整机产品)的基本工作原理、主要技术指标和各参数的调试方法。

2. 被测电子电路的准备

对于新设计的电子电路,在通电前应先认真检查电源、地线、信号线、元器件的引脚之间有无短路;连接处有无接触不良;二极管、三极管、电解电容等引脚有无错接等。对在印制电路板上组装的电子电路,应将组装完的电子电路各焊点用毛刷及酒精擦净,不应留有松香等物,铜箔不允许有脱起现象;应检查是否有虚焊、漏焊,焊点之间是否短接。对安装在点阵板上的电路还要认真检查电路接线是否正确,包括错线(连线一端正确,另一端错误)、少线(安装时完全漏掉的线)和多线(连线的两端在电路图上都是不存在的)。多线在实验中时常发生,而查线时又不易被发现,调试中往往会给人造成错觉,以为问题是元器件故障造成的。

通常采用两种查线方法:一种是按照设计的电路图检查安装好的线路,根据电路图按一定顺序逐一检查安装好的线路,这种方法比较容易找出错线和少线;另一种是按照实际线路对照电路原理图进行查找,把每个元器件引脚连线的去向一次查清,检查每个去处在电路图上是否都存在,这种方法不但可以查出错线和少线,还很容易查到是否多线。不论用什么方法查线,一定要在电路图上对查过的线做出标记,并且还要检查每个元器件引脚的使用端数是否与图纸相符。

查线时最好用指针式万用表的欧姆挡或数字万用表的"二极管"挡的蜂鸣器来测量,而且要尽可能直接测量元器件引脚,这样同时可以发现接触不良的地方。

3. 测试设备及仪表的准备

常用的测试设备及仪表有稳压电源、数字万用表(或指针式万用表)、示波器、信号发生器。根据被测电路的需要,还可选择其他仪器,如逻辑分析仪、失真度仪、扫频仪等。

调试中使用的仪器仪表应是经过计量并在有效期之内的,其测试精度应符合技术文件规定的要求,但在使用前仍需进行检查,以保证能正常工作。使用的仪器仪表应整齐地放置在工作台或小车上,较重的放在下部,较轻或小型的放在上部。用来监视电路信号的仪器仪表应放置在便于观察的位置上。所用仪器应接成统一的地线,并与被测电路的地线接好。根据测试指标的要求,各仪器应选好量程、校准零点;需预热的仪器必须按规定时间预热。如果调试环境窄小、有高压或者强电磁干扰等,调试人员还要事先考虑是否需要屏蔽、测试设备与仪表如何放置等问题。

4. 测试的安全措施

从人身安全及保护仪器设备的角度出发,必须认真对待调试的安全措施。

(1)仪器设备的金属外壳都应接地,特别是带有 CMOS 电路的仪器更需良好接地。一般设备的外壳可通过三芯插头与交流电网零线进行良好连接。

(2)不允许带电操作。如有必要和带电部分接触,必须使用带有绝缘保护的工具进行操作。

(3)使用调压器时必须注意,由于其输入端与输出端不隔离,因此接入电网时必须使公共端接零线,以确保后面所接电路不带电。

(4)大容量滤波电容器、延时用电容器有时储存有大量电荷,因此在调试或变换它们所在电路的元器件时,应先将其储存的电荷释放完毕,再进行操作。

5. 工具的准备

常用的调试工具有电烙铁、尖嘴钳、斜口钳、剪刀、镊子、起子、无感旋具等。

6. 器件的准备

调试过程中难免会发现某些设计参数不合适的情况,这时就要对设计进行一些修正,更换个别元器件。这些可能要用到的元器件应在调试前准备好,以免影响调试。

0.4.2 调试的一般方法及步骤

电子电路调试的一般程序是先分调后总调、先静态后动态。

1. 调试电子电路的一般方法

调试电子电路一般有以下两种方法。

(1)分调 - 总调法,即采用边安装边调试的方法。这种方法是把复杂的电路按功能分块进行安装和调试,在分块调试的基础上逐步扩大安装和调试的范围,最后完成整机的综合调试。对于新设计的电子电路,一般会采用这种方法,以便及时发现问题并加以解决。

(2)总调法,即在整个电路安装完成之后,进行一次性的统一调试。这种方法一般适用于简单电路或已定型的产品及需要相互配合才能运行的电路。

一个复杂的整机电路,如果电路中包括模拟电路、数字电路、微机系统,由于它们的输出幅度和波形各异,对输入信号的要求各不相同,如果盲目地连在一起调试,可能会出现不应有的故障,甚至造成元器件损坏。因此,应先将各部分分别调好,经信号和电平转换电路,再将整个电路连在一起统调。

2. 调试电子电路的一般步骤

对于大多数电子电路,不论采用何种调试方法,其过程一般包含下面几个步骤。

1)电源调试与通电观察

如果被测电子电路没有自带电源部分,则在通电前要对所使用的外接电源电压进行测量和调整,调至被测电子电路工作需要的电压后,方可加到电路上。

注意:这时要先关掉电源开关,接好电源连线后,再打开电源开关。

如果被测电子电路有自带电源,应先进行电源部分的调试。电源调试通常分为以下三个步骤。

(1)电源的空载初调。电源的空载初调是指在切断该电源的一切负载的情况下的初调。存在故障而未经调试的电源电路,如果加上负载,会使故障扩大,甚至损坏元器件,故应先对电源进行空载初调。

(2)等效负载下的细调。经过空载初调的电源,还要进一步进行满足整机电路供电的各项技术指标的细调。为了避免对负载电路的意外冲击,确保负载电路的安全,通常采用等效负载(如接入等效电阻)代替真实负载对电源电路进行细调。

(3)真实负载下的精调。经过等效负载下细调的电源,其各项技术指标已基本符合负载电路的要求,这时就可接上真实负载电路进行电源电路的精调,使电源电路的各项技术指标完全符合要求并调到最佳状态,此时可锁定有关调整元器件(如调整专用电位器),使电源电路可稳定工作。

被测电子电路通电之后不要急于测量数据和观察结果,首先要观察有无异常现象,包括有无冒烟,是否闻到异常气味,手摸元器件是否发烫,电源是否有短路现象等。如果出现异常现象,应该立即关掉电源,待排除故障后方可重新通电。然后测量各路电源电压和各元器件的引脚电压,以保证元器件正常工作。通过通电观察,认为电路初步工作正常,方可转入后面的正常调试。

2)静态调试

电子电路的调试有静态调试和动态调试之分。静态调试是在没有外加信号的条件下所进行的直流测试和调整过程。通过静态测试模拟电路的静态工作点、数字电路的各输入端和输出端的高低电位及逻辑关系等,可以及时发现已经损坏的元器件,判断电路工作情况,并及时调整电路参数,使电路工作状态基本符合设计要求。

对于运算放大器,静态检查除测量正、负电源是否接上外,还要检查在输入为零时,输出是否接近零电位,调零电路起不起作用。如果运算放大器输出直流电位始终接近正电源电压值或者负电源电压值,说明运算放大器处于阻塞状态,可能是运算放大器的外围电路没有接好,也可能是运算放大器已经损坏。如果通过调零电位器不能使输出为零,说明除运算放大器内部对称性差外,也可能是运算放大器处于振荡状态,所以进行直流工作状态的调试时最好接上示波器进行监视。

3)动态调试

动态调试是在静态调试的基础上进行的,动态调试的方法是在电路的输入端加入合适的信号或使振荡电路工作,再沿着信号的流向逐级检测各有关点的波形、参数和性能指标。如果发现故障,应采取不同的方法缩小故障范围,最后设法排除故障。

测试过程中不能仅凭感觉和印象,还要借助仪器进行观察。使用示波器时,最好把示波器的信号输入方式置于"DC"挡,通过直流耦合方式,可同时观察被测信号的交、直流成分。

通过调试,最后检查功能块和整机的各项指标(如信号的幅值、波形形状、相位关系、增益、输入阻抗和输出阻抗等)是否满足设计要求,如有必要,再进一步对电路参数提出合理的修正。

在已定型的整机调试中,除电路的静态、动态调试外,还有温度环境实验、整机参数复调等。

3. 电子电路调试过程中的注意事项

调试结果是否正确,在很大程度上受测量正确与否和测量精度的影响。为了保证调试的效果,必须减小测量误差,提高测量精度。为此,电子电路的调试过程中需要注意以下几点。

(1)正确使用测量仪器的接地端。测量仪器的接地端应和放大器的接地端连接在一起,否则机壳引入的电磁干扰不仅会使电路(如放大电路)的工作状态发生变化,而且会使测量结果出现误差。例如,在调试发射极偏置电路时,若需测量 U_{CE},不应把仪器的两测试端直接连在集电极和发射极上,而应分别测出 U_C 与 U_E,然后将二者相减得出 U_{CE};若使用由干电池供电的万用表进行测量,由于万用表的两个输入端是浮动的(没有接地端),此时允许直接接到测量点之间进行测量。

(2)在信号比较弱的输入端,尽可能采用屏蔽线,屏蔽线的外屏蔽层要接到公共地线上。当频率比较高时,要设法隔离连接线分布参数的影响。例如,用示波器测量时,应该使用有探头的测量线,以减少分布电容的影响。

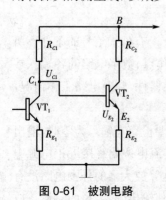

图 0-61　被测电路

(3)要注意测量仪器的输入阻抗与测量仪器的带宽。测量仪器的输入阻抗必须远大于被测量电路的等效阻抗,测量仪器的带宽必须大于被测电路的带宽。

(4)要正确选择测量点。用同一台测量仪器进行测量时,测量点不同,仪器内阻引进的误差大小将不同,故要正确选择测量点。

例如,对于图 0-61 所示的被测电路,测 C_1 点电压 U_{C_1} 时,若选择 E_2 点为测量点,测得 U_{E_2},根据 $U_{C_1}=U_{E_2}+U_{BE_2}$ 求得的结果,可能比直接测 C_1 点得到的 U_{C_1} 的误差要小得多。之所以出现这种情况,是因为 R_{BE_2} 较小,仪器内阻引进的测量误差小。

(5)测量方法要方便可行。如需要测量某电路的电流,一般尽可能测电压而不测电流,因为测电压无须改动被测电路,测量方便。若需测量某一支路的电流大小,可以通过测量该支路上电阻两端的电压,经过换算而得到。

(6)调试过程中,不但要认真观察和测量,还要善于记录。记录的内容包括实验条件、观察到的现象、测量的数据、波形和相位关系等。只有保留大量实验记录,并与理论结果加以比较,才能发现电路设计上的问题,完善设计方案。

(7)调试时一旦发现故障,要认真查找故障原因。切不可一遇到故障就拆掉线路重新安装,因为重新安装的线路仍可能存在各种问题。如果是原理上的问题,即使重新安装线路也解决不了。应当把查找故障并分析故障原因看成一次好的学习机会,通过它来不断提高自己分析问题和解决问题的能力。

0.5　电子电路故障的分析与排除

0.5.1　模拟电路故障的分析

模拟电路类型很多,出现的故障也不尽相同。若要迅速准确地查出故障并排除,就要有一定的基本知识和技能,如模拟电路基本知识、元器件及单元电路的测试技术、电路的安装等。此外,还需要掌握检修电子电路的基本方法和步骤。

1. 检修前的准备

在检查、排除故障前,应做好以下准备工作:
(1)准备好检修工具,包括各种测量仪器;
(2)准备好检修用的器材和材料,包括元器件、导线等;
(3)准备好维修资料,包括电路原理图、安装图等。

2. 检查故障的基本方法

为了迅速查出故障,提高效率,防止故障扩大,检查工作要有目的、有计划地进行,同时还应掌握一些检查故障的基本方法。

1)测试电阻法

测试电阻法分为通断法和阻值法两类。

通断法用于检查电路中连线、保险丝、焊点有无短路、虚焊等故障,也可以检查电路中不应连接的点、线之间有无短路故障。实验中使用插件实验板或一些接插件时,常出现接触不良或短路等故障,使用通断法直接测试应连接的元器件引线之间的通断情况,可以很快查出故障。实验前,可用通断法检查所用导线有无短路现象。

阻值法用于测试电路中元器件间的电阻值,判断元器件是否正常。例如,电阻器有无变

小型电子产品设计与制作

值、失效、开路;电容器是否击穿或漏电;变压器及其他线圈各绕组间绝缘电阻是否正常,各绕组的直流电阻是否正常;各半导体器件或集成组件的引线间有无击穿,各 PN 结正向电阻是否正常等。

测试电阻法还可用于对电路的检查。例如,用电阻法直接测量放大器的输入、输出电阻,判断电路有无短路、断路等故障。在接入电源 U_{CC} 前,要测试一下 U_{CC} 的负载,看有无短路或断路,防止盲目接入电源造成电源或电路的损坏。

应用测试电阻法测试电路中的元器件或两点间的电阻值,应在电路无电状态下进行,电路中有关电解电容要先放掉存储的电荷。测试电路中某一器件的阻值时,元器件的一个被测引线应从电路中脱开,以避免电路中与其并联的其他元件的影响。

2)测试电压法

检修电路时,在电路内无短路、通电后无冒烟、电流过大、元器件过热等恶性故障的情况下,可接入电源,用测试电压法寻找故障。

测试电压法一般是用电压表测试各有关测试点的电压值,并将实测值与有关技术资料上标定的正常电压值加以比较,再进行故障判断。有时正常电压既无标定又不易估算,在条件允许的情况下,可对照正常的相同电路,从正常电路中测得有关各测试点的电压值。

注意:使用测试电压法时,应在规定的状态下进行测试,应按要求使用合适的万用表,以减小测试误差,避免影响被测电路的工作状态。

3)波形显示法

在电路静态工作点正常的情况下,将信号加入电路,用示波器观察电路各测试点的波形,根据所观察到的波形,判断电路故障。这是检查电路故障最有效、最方便的方法,它不仅可以观察波形有无,还可以根据波形的频率、幅度、形状等,判断故障原因。

在模拟电路中,波形显示法最适用于振荡电路和放大电路的故障分析。对于振荡电路,使用示波器可以直接测试输出有无波形以及波形的形变和幅度、频率等是否符合要求。对于放大电路,特别是多级放大电路,使用示波器可分别观察各级放大电路的输入、输出波形,根据有无波形、波形幅度、波形失真等现象,判断各级放大电路是否正常,判断级间的耦合是否正常。

4)部件替代法

在判断基本准确的情况下,对个别存在故障的元件或组件,可用一个好的元件或组件替代,替代后若能使电路恢复正常,则说明原来的元件或组件存在故障,是电路产生故障的原因。可进一步对替下的元件或组件进行测试、检查。这种方法多用于不易直接测试判断其有无故障的部件。例如,无法测试电容是否正常、晶体管是否击穿、专用集成组件质量好坏时,均可采用替代法。

使用替代法找出故障部件,在安装新部件时应分析产生故障的原因,即分析与此部件相连的外围元器件有无损坏,若有,应先予以排除,以消除故障隐患,防止再次损坏部件。

44

3. 排除故障的基本步骤

模拟电路故障的检查与排除一般应遵循以下步骤。

1）初步检查

初步检查多采用直观检查法,主要检查元器件有无损坏迹象,电源部分是否正常。

若初步检查未发现故障原因,或排除了某些故障电路仍然不正常,则按下述方法进一步检查。

2）判断故障部分

首先查阅电路原理图,按其功能将电路分解成几个部分,明确信号的产生和传递关系及各部分电路间的联系和作用原理,根据所观察到的故障现象分析可能出现故障的部分。然后查对安装图,找到各测试点的位置,为测试、分析故障做好准备。正确判断出故障部位是能否迅速排除故障的关键。

3）寻找故障所在级

根据以上判断,在可能出现故障的部分中,对各级电路进行检查。检查时用波形显示法对电路进行动态检查。例如,检查振荡电路有无起振;输出波形是否正常;放大电路是否放大信号;输出波形有无失真等。检查可以由后向前,也可以由前向后逐级推进。

4）寻找故障点

故障确定后,可进一步寻找故障点,即判断具体的故障元器件。一般采用测试电压法,即测试电路中各点的静态电压值,根据所测数据,确定这部分电路是否确有故障并确定故障元件。

确定故障后,切断电源,将损坏元件或可能有故障的元件取下,用电阻法检查。对于不易测试的元件,采用替代法进行判断。这样可以确定故障,并排除故障。

5）修复电路

找出故障元件后,要进一步分析其损坏的原因,检查与其相关元件或连线等有无故障。在确定其无其他故障后,可更换故障元器件,修复电路。最后进行通电实验,观察电路能否正常工作。

0.5.2　数字电路的故障分析

在实验中,当数字电路不能完成预期的逻辑功能时,该电路可能就存在故障。数字电路产生故障的原因大致有:电路设计不妥;安装、布线时出现错误;集成组件功能不正常或使用不当;实验仪器或实验板不正常。要迅速排除电路故障,应掌握排除故障的基本方法和步骤。模拟电路故障的检查方法(如测试电阻法、测试电压法、波形显示法)也适用于数字电路。针对数字电路系统中相同基本单元较多、功能特性基本相同这一特点,在检查故障的各种方法中,替代法和逻辑对比法是较常用的方法。

1. 排除故障的常用方法

1）查线法

在数字电路实验中,大多数故障是由于布线错误引起的,对于故障电路复查布线,可以检查出部分或全部由布线错误引起的故障。这种方法对于不很复杂的小型电路和布线很有章法的电路是有效的,但对较为复杂的电路系统,排除故障是困难的。另外,查线法也只能查出漏接或错接的导线,许多故障用查线法不易被发现。例如,由于导线插入插孔太深,而造成导线上绝缘层使导线与插孔相互绝缘等。所以,检查布线不能作为排除故障的主要手段。

2）替代法

将已调好的单元组件(或正常的集成组件)替代有故障或有故障嫌疑的相同单元组件,将其接入电路,可以很快判断出故障是否由原单元组件故障所致。

在数字电路中,相同的单元组件和集成电路很多,而且集成电路多采用插接式连接,故检查故障时,替代法是很方便有效的方法。

使用替代法时,用来替代原部件的组件或器件应是正常的。在使用替代法时,还应注意在插拔组件前应先切断电源。

3）逻辑对比法

当怀疑某一电路存在故障时,可将其状态参数与相同的正常电路一一进行对比。这种方法可以很快找到电路中的某些不正常状态和参数,进而分析出故障原因,并将故障排除。采用逻辑对比法,通常是将电路的真值表、状态转换图列出,与实际测得的电路状态加以比较,进而分析电路有无故障。这种方法在数字电路故障分析中是很重要的方法。

测试状态的方法很多,有测试电压法、逻辑电平测试法和示波器观测法等。

2. 排除故障的基本步骤

在排除电路故障的全过程中,要坚持用逻辑思维对故障现象进行分析和推理,这是排除故障工作能顺利进行的关键。

1）初步检查

排除故障时,可先对电路进行全面的初步检查,检查内容包括:

（1）布线有无错误,如错接、漏接;

（2）集成电路插接是否牢固、有无松动和接触不良现象;

（3）集成电路电源端对地电压是否正常,即电源是否加入各集成电路;

（4）若电路有置位或复位功能,检查其能否被正常置位或复位(如置 1 或清 0);

（5）观察输入信号(如 BCD 码、时钟脉冲等)能否加到实验电路上;

（6）观察输出端有无正常的电平。

通过初步检查,可能发现并排除部分或全部故障。

2) 观察电路工作情况,搞清故障现象

在初步检查的基础上,按电路的正常工作程序给其加入电源、输入信号,观察电路的工作状态。输入信号最好用逻辑开关、无抖动开关或用手控制的信号源。若电路出现不正常状态,不要急于停机检查,而应重复多次输入信号,观测电路的工作状态。仔细观察并记录故障现象,例如电路总是在某一状态向另一状态转换时出现异常状态。

3) 分析故障原因

将故障现象观察、记录清楚之后,关机停电,对所观察到的现象进行分析,根据电路的真值表、状态转换图、所用器件的工作原理和工作条件,判断产生故障的原因。例如,无论给实验电路加何种信号,输出端始终处于高电平,则可能是因为集成电路未正常接地所致;不管将 JK 触发器输入端置于什么电平,该触发器始终处于计数状态(即随时钟脉冲而翻转),则可能是 J 和 K 端导线接触不良,不能接入正常电平所致;若电源、地线连线正常,输入端信号也能正常加入,而无正常输出,则可能是集成电路组件损坏所致。

4) 证实故障原因

利用替代法、对比法等方法,证实出现故障的部件或组件。对一些简单故障,如上述一些漏接导线、接地不良等,可将导线重新连接,观察电路是否恢复正常。这样便可证实电路故障的实际原因。

5) 排除电路故障

将确实损坏的器件换掉,将错误的连线纠正,即可使电路正常工作。

0.6　电子电路的文档整理

一旦测试结果证明电路的功能和技术指标达到设计要求,便可进行最后一项工作,即文档整理。

文档整理包括系统电路框图、元器件清单、全部电路图(单元电路图和完整的系统电路图)、印制板图、仿真文件及仿真说明、所有的测试数据和曲线等。

撰写的技术文档可以作为技术资料保留下来,成为以后或其他人员的工作依据和参考。技术文档是一个科研和生产单位的重要财富之一。

通过撰写技术文档,可以从理论上进一步阐述电子电路原理,分析电子电路的正确性、可信度;总结经验和收获,提供有用的资料。技术文档本身是一项创造性的工作,通过技术文档可以充分反映一个人的思维是否敏捷,概念是否清楚,理论基础是否扎实,工程实践能力是否强劲,分析问题是否深入,学术作风和工作作风是否严谨。所以,撰写技术文档是锻炼综合能力和素质培养的重要环节,一定要重视并认真做好。

同时,编写技术文档是对学生写科学论文和科研总结报告的能力训练,通过编写技术文档,不仅可以对设计、组装、调试的内容进行全面总结,以提高学生的文字组织表达能力,而且也可以把实践内容上升到理论高度。

技术文档一般包括以下内容。

（1）元器件清单。

序号	元器件名称	单位	规格	数量	备注
1	DS18B20 温度计				
2	4 位 LED 共阳显示器				
3	AT89 C2051 单片机				
4	12 MHz 晶振				

（2）电路原理图。

电路原理图

Protel 制图

单位：		
尺寸：	编号：	修订：
日期：	文件张数：	
文件存储：	绘图人员：	

电路原理图说明：

（3）印制板图。

印制板图		
Protel 制图		

单位：		
尺寸：	编号：	修订：
日期：	文件张数：	
文件存储：	绘图人员：	

印制板图说明：

（4）仿真文件及仿真说明。

实验功能介绍：
电路原理图：
输入信号、输出探测端描述：
结果截图：

（5）产品说明书。

一、概述

　技术、功能、特点等。

二、主要技术指标

项目	主要技术参数及规格

三、外形结构及接线说明（外形安装尺寸图、接线图）

四、使用说明

五、储存

六、运输

七、维修

　　综上所述，电子电路设计和综合性实验的一般方法与步骤如下：设计任务与要求→方案论证与总体设计→模块分解→模块和单元电路设计→元器件选择→计算机仿真优化（如果需要）→硬件装配调试→电子仪器测试性能指标→文档整理等。

【项目小结】

　　1. 电子电路课程设计是根据教师布置的任务，由学生自己去设计电路，设计并制作印制电路板、焊接和调试电路，以达到设计任务所要求的性能指标，具体包括设计步骤、设计原则、设计内容、设计方法以及焊接安装等。

　　2. 焊接是使金属连接的一种方法。它利用加热等手段，在两种金属的接触面，通过焊接材料的原子或分子的相互扩散作用，使两种金属间形成一种永久的牢固结合。电路的焊接包括电子电路的布局、元件焊接、组装、调试四个部分。

　　3. 电子电路的调试技术是指测试和调整电子电路的一些操作技巧，包括调试方法、步骤、故障分析等。

　　4. 文档整理包括系统电路框图、元器件清单、全部电路图（单元电路图和完整的系统电路图）、印制板图、仿真文件及仿真说明、所有的测试数据和曲线等。

【思考题】

1. 电路设计的一般过程是什么？你认为在这些过程中,哪一步最重要？
2. 为什么要对电子元器件进行检验与筛选？如何检验和筛选？
3. 手工焊接中,对焊点有什么基本要求？
4. 简述调试电子电路的步骤。
5. 技术文档一般包含哪些材料？
6. 简述技术文档的重要性。

项目1 简易红外电路的设计

　　简易红外电路包括红外接收电路和红外发射电路。红外发射电路是利用红外发射管在脉冲信号的作用下,发射出 750 nm~1 mm 的红外信号;红外接收电路主要由红外接收管和比较电路组成,它是利用红外接收管接收到红外信号后电阻值发生变化而产生电压变化,从而促使比较电路的输出信号变化,当脉冲信号频率设置合适的值时,可以看到接在比较电路输出端的指示灯闪烁。

　　本项目通过搭建红外发射和接收电路,使学生掌握红外发射和接收管及其他元器件的特性,掌握一般电子电路的调试与排除故障的方式方法,学会使用常用的元器件设计简单的实用电路。

【教学导航】

教	知识重点	1. 红外发射和接收电路工作原理 2. 电阻、电容、晶体二极管、集成运算放大器的特性及应用 3. 电阻、电容、晶体二极管、集成运算放大器的识别与测试 4. 红外发射和接收电路调试的方式方法 5. 红外发射和接收电路的注意事项
	知识难点	1. 红外发射和接收电路工作原理的分析 2. 红外发射和接收电路调试方法的理解与应用
	推荐教学方式	教 - 学 - 做一体化,通过教师分析电路工作原理,分解项目任务,让学生逐渐理解电路的工作原理,将设计电路 PCB 板的全局观、布局观应用于红外电路的搭建与焊接,通过理解电路的工作原理和分析排除故障,调试出电路的现象
	建议学时	4 学时
学	推荐学习方法	手动焊接,学会简单电路的布局、调试;学会简单电路的故障排除方法;训练元器件的识别与检测,能识别一般元器件并辨别性能好坏
	必须掌握的理论知识	1. 红外发射和接收电路工作原理 2. 电阻、电容、晶体二极管、集成运算放大器的识别与测试 3. 红外发射和接收电路调试的方式方法
	必须掌握的技能	简单电路的调试方法,红外相关电路的设计制作及电路的调试与故障排除方法

【相关知识】

1.1 红外电路分析(微课视频扫二维码观看)

　　红外遥控设备应用非常广泛,其具有不影响周边环境、不干扰其他电气设备的特点。红外电路设计、调试简单,只要按给定电路连接无误,一般不需任何调试即可投入工作;编解码容易,可进行多路遥控。本项目通过设计简单的红外发射和接收电路来模拟遥控器的设计,通过电路的设计让学生掌握遥控器的原理,以便能够设计相关的红外电路。

1.1.1　红外发射电路的组成及工作原理

如图 1-1 所示是红外发射电路原理图,该电路由红外发光二极管 D_1、限流电阻 R_1 组成。红外发光二极管实际上是一只特殊的发光二极管,由于其内部材料不同于普通发光二极管,因而在其两端施加一定电压时,它便发出红外线而不是可见光。目前大量使用的红外发光二极管发出的红外线波长为 940 nm 左右,其外形与普通发光二极管相同,只是颜色不同,红外发光二极管一般有黑色、深蓝、透明三种颜色。红外发光二极管压降约为 1.4 V,工作电流一般小于 20 mA。为了适应不同的工作电压,其回路中常常串有限流电阻,图 1-1 中 R_1 即为红外发光二极管 D_1 的限流电阻。为了让学生能够直观地看到实验现象,红外发射的输入信号由信号发生器提供频率不大于 10 Hz、幅度为 2.5 V 左右的方波信号。

1.1.2　红外接收电路的组成及工作原理

当用红外发光二极管发射红外线去控制受控装置时,受控装置中均有相应的红外光-电转换元件,如红外接收二极管、光电三极管等,实用中已有红外发射和接收配对的二极管。红外接收电路原理图如图 1-2 所示。

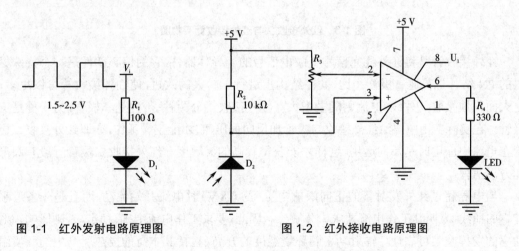

图 1-1　红外发射电路原理图　　　　图 1-2　红外接收电路原理图

该红外接收电路由运算放大器 U_1、红外接收管 D_2、普通发光二极管 LED、电阻 R_2 和 R_4、可调电阻 R_3 组成。在该电路中,电阻 R_4 为发光二极管 LED 的分压限流电阻,电阻 R_2、R_3 与红外接收管 D_2 组成分压电路;运算放大器 U_1 作为比较器使用,通过比较同相端(+)和反相端(-)的电压来决定输出值。当红外发射管 D_1 发射红外光,红外接收管 D_2 收到红外光后导通,则 D_2 的负极电位为 0,运算放大器 U_1 同相端(引脚 3)电位为 0,而反相端(引脚 2)电位大于 0,则 $U_3 < U_2$,运算放大器 U_1 工作在非线性状态下,输出端(引脚 6)输出低电平

0，发光二极管 LED 熄灭；同理，当 D_2 未接收到红外光时，U_3 为高电平，则 $U_3>U_2$，输出端（引脚 6）输出高电平 1，发光二极管 LED 点亮。故发光二极管 LED 随着输入信号 V_i 的频率变化而闪烁。

红外线接收器件有红外接收头和红外接收管，如图 1-3 所示。红外接收头内部电路包括红外检测二极管、放大器、限幅器、带通滤波器、积分电路、比较电路等。红外检测二极管检测到红外信号后，把信号送到放大器和限幅器，限幅器把脉冲幅度控制在一定水平，而不论红外发射器和接收器的距离远近。交流信号进入带通滤波器，带通滤波器可以通过 30 kHz~60 kHz 的负载波，通过解调电路和积分电路进入比较器，比较器输出高低电平，还原出发射端的信号波形。注意：输出的高低电平和发射端是反相的，其目的是提高接收的灵敏度。红外接收头是一体化集成电路，在使用过程中能降低电路设计的复杂度和成本，而且体积小、使用方便，因此得到广泛应用。

图 1-3　红外接收头与红外接收管实物图

红外接收管是将红外线光信号变成电信号的半导体器件，它的核心部件是一个特殊材料的 PN 结。与普通二极管相比，其在结构上进行了较大的改进，使红外接收管可以更多、更大面积地接收红外线，电流则随之增大。红外接收管分两种：一种是二极管，另一种是三极管。在实际应用中要给红外接收二极管加反向偏压，它才能正常工作，亦即红外接收二极管在电路中应用时是反向运用，这样才能获得较高的灵敏度。红外接收二极管一般有圆形和方形两种。

当电压超过红外发射管的正向阈值电压（约 0.8 V）时电流开始流动，而且是一条近乎陡直的曲线，表明其工作电流要求十分敏感。因此，要求工作电流准确、稳定，否则影响辐射功率的发挥及其可靠性。辐射功率随环境温度的升高（包括其本身的发热所产生的环境温度升高）而下降。由于红外发光二极管的发射功率一般都较小（100 mW 左右），所以红外接收二极管接收到的信号比较微弱，从而就要增加高增益放大电路。

1.2 电路主要元器件介绍

1.2.1 电阻器(微课视频扫二维码观看)

电阻器在电路中多用于进行限流、分压、分流以及阻抗匹配等,是电路中应用最多的元器件之一。

1. 电阻的基本概念

物质对电流通过的阻碍作用称为电阻,利用这种阻碍作用做成的元件称为电阻器,简称电阻。若在阻值为 R 的电阻两端加上 1 伏(V)的电压 U,当通过该电阻的电流强度 I 为 1 安(A)时,则称该电阻的阻值为 1 欧姆(Ω),其关系式(欧姆定律)为

$$R=U/I \tag{1-1}$$

在实际使用中,比欧姆更大的单位有千欧(kΩ)、兆欧(MΩ)和吉欧(GΩ),其关系为

$$1G\Omega=1\ 000\ M\Omega,\ 1\ M\Omega=1\ 000\ k\Omega,\ 1\ k\Omega=1\ 000\ \Omega$$

电子电路中无处不存在电阻,它的使用范围甚广,其质量的好坏对电路工作的稳定性有极大影响。电路的主要用途如下:

(1)稳定和调节电路中的电流和电压;

(2)作为分流器、分压器和负载使用。

2. 电阻器的分类

电阻按结构可分为固定电阻器、可调电阻器、特种电阻器三大类。

电阻按材质可分为碳膜电阻、金属膜电阻、金属氧化膜电阻、碳系混合体电阻、水泥电阻等,见表 1-1。

表 1-1 制作电阻的常见材料及表示符号

符号	电阻材料
RD	碳膜
RN	金属膜
RS	金属氧化膜
RC	碳系混合体
RK	金属系混合体
RW	电阻线(功率型)
RB	电阻线(精密型)

1）固定电阻器

固定电阻器的阻值是固定的，一经制成后不再改变，其有薄膜电阻器、实心电阻器、金属线绕电阻器三种。几种常见电阻实物如图 1-4 所示。

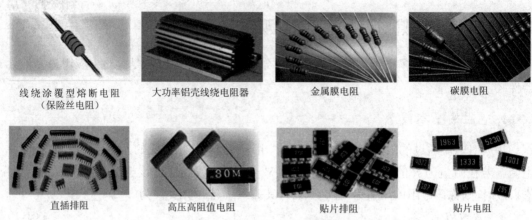

线绕涂覆型熔断电阻　　　大功率铝壳线绕电阻器　　　金属膜电阻　　　碳膜电阻
（保险丝电阻）

直插排阻　　　高压高阻值电阻　　　贴片排阻　　　贴片电阻

图 1-4　几种常见电阻实物图

Ⅰ. 薄膜电阻器

薄膜电阻器是用蒸发的方法将一定电阻率材料蒸镀于绝缘材料表面制成的,常用的蒸镀材料是碳或某些金属合金。因而,薄膜电阻器有碳膜电阻器、金属膜电阻器和金属氧化膜电阻器,最常用的是金属膜贴片电阻器。

（1）碳膜电阻器是将结晶碳沉积在陶瓷棒骨架上制成的。碳膜电阻器成本低、性能稳定、阻值范围宽、温度系数和电压系数低,是目前应用最广泛的电阻器。

（2）金属膜电阻器是用真空蒸发的方法将合金材料蒸镀于陶瓷棒骨架表面制成的。金属膜电阻器比碳膜电阻器的精度高、稳定性好、噪声和温度系数小,在仪器仪表及通信设备中大量采用。

（3）金属氧化膜电阻器是在绝缘棒上沉积一层金属氧化物制成的。由于其本身即是氧化物,所以高温下稳定、耐热冲击、负载能力强。

Ⅱ. 金属线绕电阻器

金属线绕电阻器是用高阻合金线绕在绝缘骨架上制成的,外面涂有耐热的釉绝缘层或绝缘漆。金属线绕电阻器具有温度系数较低、阻值精度高、稳定性好、耐热耐腐蚀等优点,主要用作精密大功率电阻,缺点是高频性能差、时间常数大。

Ⅲ. 实心电阻器

实心电阻器是用石墨和碳质颗粒状导电物质、填料和黏合剂混合制成的实体电阻器。其价格低廉,但阻值误差、噪声电压都大,且稳定性差,目前较少使用。

2）可调电阻器

可调电阻器是一种阻值能在一定范围内连续可调的电阻器,主要用在阻值需要调整的电路中。一般的可调电阻器有 3 个接头,通常也把它称为电位器,其各种实物如图 1-5 所示。

图 1-5　各种可调电阻器实物图

3）特种电阻器

Ⅰ.敏感电阻器

敏感电阻器是指器件特性对温度、电压、湿度、光照、气体、磁场、压力等作用敏感的电阻器。敏感电阻器的符号是在普通电阻的符号中加一斜线,并在旁标注敏感电阻器的类型,如 t.v 等。几种敏感电阻实物如图 1-6 所示。

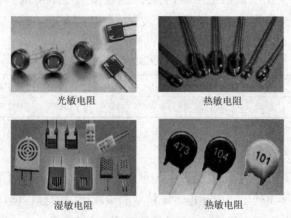

光敏电阻　　　　　　　　　热敏电阻

湿敏电阻　　　　　　　　　热敏电阻

图 1-6　几种敏感电阻实物图

（1）压敏电阻,主要有碳化硅和氧化锌压敏电阻,氧化锌具有更多的优良特性。

（2）湿敏电阻,由感湿层、电极、绝缘体组成,主要包括氯化锂湿敏电阻、碳湿敏电阻、氧化物湿敏电阻。氯化锂湿敏电阻的阻值随湿度上升而减小,缺点为测试范围小、特性重复性不好、受温度影响大。碳湿敏电阻缺点为低温灵敏度低,阻值受温度影响大,由于具有老化特性,较少使用。氧化物湿敏电阻性能较优越,可长期使用,受温度影响小,阻值与湿度变化呈线性关系。

（3）光敏电阻,即电导率随着光量力的变化而变化的电子元件,当某种物质受到光照时,载流子的浓度增加从而增加电导率,这就是光电导效应。

（4）气敏电阻,利用某些半导体吸收某种气体后发生氧化还原反应而制成,主要成分是金属氧化物,主要有金属氧化物气敏电阻、复合氧化物气敏电阻、陶瓷气敏电阻等。

（5）力敏电阻,一种阻值随压力变化而变化的电阻,国外称为压电电阻器。所谓压力电阻效应,即半导体材料的电阻率随机械应力的变化而变化的效应。根据压力电阻效应可制成各种力矩计、半导体话筒、压力传感器等。力敏电阻主要有硅力敏电阻器、硒碲力敏电阻器,相对而言,合金电阻器具有更高灵敏度。

Ⅱ.熔断电阻器

熔断电阻器又称为保险丝电阻器,是一种新型的双功能元件。它在正常情况下使用时具有普通电阻器的电气特性,一旦发生异常情况,超过负荷就会在规定的时间内熔断开路,从而起到保护元器件的作用。

3．电阻器的主要参数

额定功率、标称值、允许误差和最高工作电压是电阻器的主要参数。

1）额定功率

电阻器的额定功率是指在规定的环境温度和湿度下,假定周围空气不流通,在长期连续负载而不损坏或基本不改变性能的情况下,电阻器上允许消耗的最大功率。当超过额定功率时,电阻器的阻值将发生变化,甚至发热烧毁。为保证安全使用,一般选择额定功率比在电路中所消耗的功率高 1~2 倍的电阻器,实际应用较多的电阻器是 1/8 W、1/4 W、1/2 W、1 W、2 W、4 W、5 W、15 W 等。常见电阻器封装形式与功率见表 1-2。

表 1-2　常见电阻器封装形式与功率

封装形式	0201	0402	0603	0805	1206	1210	1812	2010	2512
功率	1/20 W	1/16 W	1/10 W	1/8 W	1/4 W	1/3 W	1/2 W	3/4 W	1 W

2）标称值

设计电路时计算出来的电阻值经常会与电阻的标称值不相符,有时需要根据标称值来修正电路的计算。表 1-3 列出了常用的 5% 精度的碳膜电阻的标称值,表 1-4 列出了常用的 1% 精度的金属膜电阻的标称值,供大家设计时参考。例如,表 1-3 中"240",表示电阻值为 240 Ω 的碳膜电阻;表 1-4 中"13.3 k",表示电阻值为 13.3 kΩ 的金属膜电阻。

表 1-3　常用的 5% 精度的碳膜电阻的标称值

5% 精度的常见电阻阻值表（单位:Ω）									
1.0	5.6	33	160	820	3.9 k	20 k	100 k	510 k	2.7 M
1.1	6.2	36	180	910	4.3 k	22 k	110 k	560 k	3 M
1.2	6.8	39	200	1 k	4.7 k	24 k	120 k	620 k	3.3 M
1.3	7.5	43	220	1.1 k	5.1 k	27 k	130 k	680 k	3.6 M
1.5	8.2	47	240	1.2 k	5.6 k	30 k	150 k	750 k	3.9 M
1.6	9.1	51	270	1.3 k	6.2 k	33 k	160 k	820 k	4.3 M

续表

5% 精度的常见电阻阻值表（单位：Ω）									
1.8	10	56	300	1.5 k	6.6 k	36 k	180 k	910 k	4.7 M
2.0	11	62	330	1.6 k	7.5 k	39 k	200 k	1 M	5.1 M
2.2	12	68	360	1.8 k	8.2 k	43 k	220 k	1.1 M	5.6 M
2.4	13	75	390	2 k	9.1 k	47 k	240 k	1.2 M	6.2 M
2.7	15	82	430	2.2 k	10 k	51 k	270 k	1.3 M	6.8 M
3.0	16	91	470	2.4 k	11 k	56 k	300 k	1.5 M	7.5 M
3.3	18	100	510	2.7 k	12 k	62 k	330 k	1.6 M	8.2 M
3.6	20	110	560	3 k	13 k	68 k	360 k	1.8 M	9.1 M
3.9	22	120	620	3.2 k	15 k	75 k	390 k	2 M	10 M
4.3	24	130	680	3.3 k	16 k	82 k	430 k	2.2 M	15 M
4.7	27	150	750	3.6 k	18 k	91 k	470 k	2.4 M	22 M
5.1	30								

表 1-4　常用的 1% 精度的金属膜电阻的标称值

1% 精度的常见电阻阻值表（单位：Ω）									
10	33	100	332	1 k	3.32 k	10.5 k	34 k	107 k	357 k
10.2	33.2	102	340	1.02 k	3.4 k	10.7 k	34.8 k	110 k	360 k
10.5	34	105	348	1.05 k	3.48 k	11 k	35.7 k	113 k	365 k
10.7	34.8	107	350	1.07 k	3.57 k	11.3 k	36 k	115 k	374 k
11	35.7	110	357	1.1 k	3.6 k	11.5 k	36.5 k	118 k	383 k
11.3	36	113	360	1.13 k	3.65 k	11.8 k	37.4 k	120 k	390 k
11.5	36.5	115	365	1.15 k	3.74 k	12 k	38.3 k	121 k	392 k
11.8	37.4	118	374	1.18 k	3.83 k	12.1 k	39 k	124 k	402 k
12	38.3	120	383	1.2 k	3.9 k	12.4 k	39.2 k	127 k	412 k
12.1	39	121	390	1.21 k	3.92 k	12.7 k	40.2 k	130 k	422 k
12.4	39.2	124	392	1.24 k	4.02 k	13 k	41.2 k	133 k	430 k
12.7	40.2	127	402	1.27 k	4.12 k	13.3 k	42.2 k	137 k	432 k
13	41.2	130	412	1.3 k	4.22 k	13.7 k	43 k	140 k	442 k
13.3	42.2	133	422	1.33 k	4.32 k	14 k	43.2 k	143 k	453 k
13.7	43	137	430	1.37 k	4.42 k	14.3 k	44.2 k	147 k	464 k
14	43.2	140	432	1.4 k	4.53 k	14.7 k	45.3 k	150 k	470 k
14.3	44.2	143	442	1.43 k	4.64 k	15 k	46.4 k	154 k	475 k
14.7	45.3	147	453	1.47 k	4.7 k	15.4 k	47 k	158 k	487 k
15	46.4	150	464	1.5 k	4.75 k	15.8 k	47.5 k	160 k	499 k
15.4	47	154	470	1.54 k	4.87 k	16 k	48.7 k	162 k	511 k

59

1% 精度的常见电阻阻值表(单位:Ω)									
15.8	47.5	158	475	1.58 k	4.99 k	16.2 k	49.9 k	165 k	523 k
16	48.7	160	487	1.6 k	5.1 k	16.5 k	51 k	169 k	536 k
16.2	49.9	162	499	1.62 k	5.11 k	16.9 k	51.1 k	174 k	549 k
16.5	51	165	510	1.65 k	5.23 k	17.4 k	52.3 k	178 k	560 k
16.9	51.1	169	511	1.69 k	5.36 k	17.8 k	53.6 k	180 k	562 k
17.4	52.3	174	523	1.74 k	5.49 k	18 k	54.9 k	182 k	576 k
17.8	53.6	178	536	1.78 k	5.6 k	18.2 k	56 k	187 k	590 k
18	54.9	180	549	1.8 k	5.62 k	18.7 k	56.2 k	191 k	604 k
18.2	56	182	560	1.82 k	5.76 k	19.1 k	57.6 k	196 k	619 k
18.7	56.2	187	562	1.87 k	5.9 k	19.6 k	59 k	200 k	620 k
19.1	57.6	191	565	1.91 k	6.04 k	20 k	60.4 k	205 k	634 k
19.6	59	196	578	1.96 k	6.19 k	20.5 k	61.9 k	210 k	649 k
20	60.4	200	590	2 k	6.2 k	21 k	62 k	215 k	665 k
20.5	61.9	205	604	2.05 k	6.34 k	21.5 k	63.4 k	220 k	680 k
21	62	210	619	2.1 k	6.49 k	22 k	64.9 k	221 k	681 k
21.5	63.4	215	620	2.15 k	6.65 k	22.1 k	66.5 k	226 k	698 k
22	64.9	220	634	2.2 k	6.8 k	22.6 k	68 k	232 k	715 k
22.1	66.5	221	649	2.21 k	6.81 k	23.2 k	68.1 k	237 k	732 k
22.6	68	226	665	2.26 k	6.98 k	23.7 k	69.8 k	240 k	750 k
23.2	68.1	232	680	2.32 k	7.15 k	24 k	71.5 k	243 k	768 k
23.7	69.8	237	681	2.37 k	7.32 k	24.3 k	73.2 k	249 k	787 k
24	71.5	240	698	2.4 k	7.5 k	24.9 k	75 k	255 k	806 k
24.3	73.2	243	715	2.43 k	7.68 k	25.5 k	76.8 k	261 k	820 k
24.7	75	249	732	2.49 k	7.87 k	26.1 k	78.7 k	267 k	825 k
24.9	75.5	255	750	2.55 k	8.06 k	26.7 k	80.6 k	270 k	845 k
25.5	76.8	261	768	2.61 k	8.2 k	27 k	82 k	274 k	866 k
26.1	78.7	267	787	2.67 k	8.25 k	27.4 k	82.5 k	280 k	887 k
26.7	80.6	270	806	2.7 k	8.45 k	28 k	84.5 k	287 k	909 k
27	82	274	820	2.74 k	8.66 k	28.7 k	86.6 k	294 k	910 k
27.4	82.5	280	825	2.8 k	8.8 k	29.4 k	88.7 k	300 k	931 k
28	84.5	287	845	2.87 k	8.87 k	30 k	90.9 k	301 k	953 k
28.7	86.6	294	866	2.94 k	9.09 k	30.1 k	91 k	309 k	976 k
29.4	88.7	300	887	3.0 k	9.1 k	30.9 k	93.1 k	316 k	1.0 M
30	90.9	301	909	3.01 k	9.31 k	31.6 k	95.3 k	324 k	1.5 M
30.1	91	309	910	3.09 k	9.53 k	32.4 k	97.6 k	330 k	2.2 M

续表

1% 精度的常见电阻阻值表(单位:Ω)									
30.9	93.1	316	931	3.16 k	9.76 k	33 k	100 k	332 k	
31.6	95.3	324	953	3.24 k	10 k	33.2 k	102 k	340 k	
32.4	97.6	330	976	3.3 k	10.2 k	33.6 k	105 k	348 k	

任何固定电阻器的阻值都应符合标称阻值系列所列数值乘以 10^n,其中 n 为整数。对于贴片电阻的阻值,其最后一位为倍率 n,前面几位为有效数字,如有 R 则表示小数点。例如,000=0.00 Ω,1R5=1.5 Ω,100=10 Ω,102=1.0 kΩ,105=1 MΩ,R010=0.01 Ω,1502=15 kΩ。

3)允许误差

为了满足使用者的要求,工厂生产了各种不同阻值的电阻器,即便如此,也无法做到想要什么阻值的电阻器就会有相应电阻器的成品。为了便于生产和满足使用者的需要,国家规定了一系列阻值作为产品的标准。在实际生产中,加工出来的电阻器的阻值无法做到和标称值完全一样,即阻值具有一定分散性。为了便于生产的管理和使用,国家又规定了电阻器的精度等级,确定了电阻器在不同等级下的允许偏差。电阻器允许误差等级见表1-5。

表 1-5 电阻器允许误差等级

级别	B	C	D	F	G	J	K	M
允许误差	±0.1%	±0.25%	±0.5%	±1%	±2%	±5%	±10%	±20%

市场上成品电阻器的精度大多为J、K 等级,它们已可满足一般的使用要求,B、C、D、F、G 等级的电阻器仅供精密仪器及特殊设备使用。

4)最高工作电压

最高工作电压是指由电阻器、电位器的最大电流密度、电阻体击穿及其结构等因素所规定的工作电压限度。对电阻值较大的电阻器,当工作电压过高时,虽然功率不会超过规定值,但其内部会发生电弧火花放电,导致电阻器变质损坏。一般 1/8 W 碳膜电阻器和金属膜电阻器,最高工作电压分别不能超过 150 V 和 200 V。

4. 电阻值的读取

1)用万用表读取

用万用表读取电阻值的步骤:

(1)将万用表调到欧姆挡,确认万用表的零点;

(2)设定电阻量程;

(3)用红黑表笔接触电阻引线;

(4)从万用表上读出读数。

2）用色标法读取

对于固定电阻器，由于在电子电路中使用的小型电阻器上没有地方用数字表示电阻值和电阻值允许误差的空间，故而在电阻器外侧的绝缘体上涂有称为色标的色带，用色标来表示电阻值等参数。为了读取用色标表示的电阻值，必须牢牢记住表1-6所示的色标和数字间的规则。

表 1-6　电阻上的色标与其对应的数字

颜色	第 1 色带	第 2 色带	第 3 色带	第 4 色带	第 5 色带
	第 1 数字	第 2 数字	第 3 数字	第 4 数字	第 5 数字
黑	0	0	0	10^0	
棕	1	1	1	10^1	±1%
红	2	2	2	10^2	±2%
橙	3	3	3	10^3	
黄	4	4	4	10^4	
绿	5	5	5	10^5	±0.5%
蓝	6	6	6	10^6	±0.25%
紫	7	7	7	10^7	±0.1%
灰	8	8	8		±0.05%
白	9	9	9		
金				10^{-1}	±5%
银				10^{-2}	±10%

电阻值的读取关键是先找第1色带（从电阻引线与色带的间隔窄的一方开始向右读），然后按4色标或5色标读取电阻值。如图1-7所示为4色标的读法，图1-8所示为5色标的读法。其中，靠近电阻器的一端有4道或5道精密电阻色环，第1、第2和第3道色环分别表示其相应位数的数字，倒数第2道色环表示"0"的个数，最后一道色环表示误差，色环代表数字按表1-6读取。

5. 电阻测量的原理和方法

1）电阻的频率特性

电阻工作于低频时，电阻分量起主要作用，电抗部分可以忽略不计，即忽略 L_0 和 C_0 的影响，测试只需测出 R 值即可。

工作频率升高时，电抗分量就不能忽略，等效电路如图1-9所示。此时，工作于交流电路的电阻阻值，由于集肤效应、涡流损耗、绝缘损耗等原因，其等效电阻随频率的不同而不同。实验证明，当频率在 1 kHz 以下时，电阻的交流与直流阻值相差不超过 0.01%，随着频率的升高，其差值也随之增大。

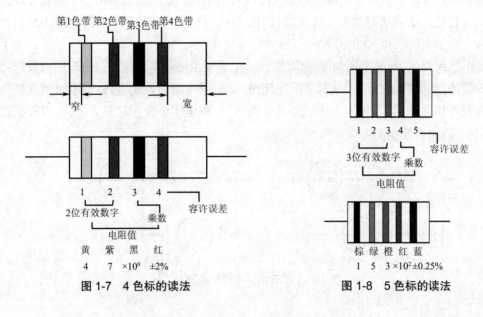

图 1-7 4 色标的读法

图 1-8 5 色标的读法

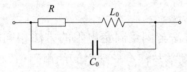

图 1-9 电阻的等效电路

2）固定电阻的测量

Ⅰ.万用表测量电阻

模拟式和数字式万用表都有电阻测量挡,都可以用来测量电阻。

采用模拟式万用表测量时,应先选择万用表电阻挡的倍率或量程范围,然后将两输入端短路调零,最后将万用表并接在被测电阻的两端,测量电阻值。

由于模拟式万用表电阻挡刻度的非线性,使得刻度误差较大,测量误差也较大,因而模拟式万用表只能用作一般性的粗略检查测量。

数字式万用表测量电阻的误差比模拟式万用表小,但用它测量阻值较小的电阻时,相对误差仍然比较大。

Ⅱ.电桥法测量电阻

当对电阻值的测量精度要求很高时,可用直流电桥法进行测量。测量时,可以利用 QS18 A 型万能电桥,接上被测电阻 R_x,再接通电源,通过调节 R_n,使电桥平衡,即检流计指示为 0,此时读出 R_n 的值,即可求出 R_x,有

$$R_x = \frac{R_1}{R_2} \cdot R_n \qquad (1-2)$$

Ⅲ.伏安法测量电阻

伏安法是一种间接测量方法,即先直接测量被测电阻两端的电压和流过它的电流,然后

63

根据欧姆定律计算出被测电阻的阻值。伏安法原理简单,测量方便,尤其适用于测量非线性电阻的伏安特性。伏安法测量有电流表内接(图1-10(a))和电流表外接(图1-10(b))两种测量电路。由于电流表接入的方法不同,测量值与实际值有差异,此差异为系统误差。为了尽可能减小系统误差,一是采用加修正值的方法,二是根据被测电阻值的阻值范围合理选择电路。一般地,当电阻值介于千欧和兆欧之间时,可采用电流表内接电路;当电阻值介于几欧姆到几百欧姆之间时,可采用电流表外接电路;若被测电阻值介于这两者之间,可根据误差项的大小,选用误差小的电路。

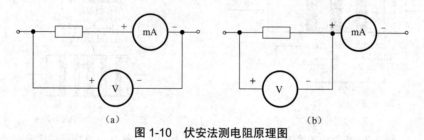

（a）　　　　　　　　　　　　（b）

图 1-10　伏安法测电阻原理图

3) 电位器的测量

Ⅰ.用万用表测量电位器

用万用表测量电位器的方法与测量固定电阻的方法相同,即先测量电位器两固定端之间的总固定电阻,然后测量滑动端与任意一端之间的电阻值。进行测量时,缓慢调节滑动端的位置,观察电阻值的变化情况,阻值指示应平稳变换,没有跳变现象;而且滑动端调到另一端的过程中,应滑动灵活,松紧适度,听不到杂声,否则说明滑动端接触不良,或滑动端的引出机构内部存在故障。

Ⅱ.用示波器测量电位器的噪声

示波器可以用来测量电位器、变阻器的噪声。如图1-11所示,给电位器两端加一适当的直流电源 E,E 的大小应不致造成电位器超功耗,最好用电池,因为电池的纹波电压小,噪声也小。让一恒定电流流过电位器,缓慢调节电位器的滑动端,随着电位器滑动端的调节,水平亮线在垂直方向上移动。当 R_w 接触良好,无噪声时,屏幕上显示为一条平滑直线;当 R_w 接触不好且有噪声时,屏幕上将显示噪声电压的波形。

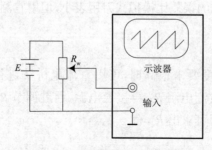

图 1-11　电位器噪声测量接线图

4）非线性电阻的测量

非线性电阻，如热敏电阻、二极管的内阻等，它们的阻值与工作环境以及外加电压和电流的大小有关。可采用前面介绍的伏安法，即测量一定直流电压下的直流电流值，逐点改变电压的大小，然后测量相应的电流，最后作出伏安特性曲线。

1.2.2 电容器（微课视频扫二维码观看）

1. 电容的特性

电容是一种能储存电荷的容器，在电路中多用来滤波、隔直、耦合交流、旁路交流及与电感元件构成振荡电路等。它是由两片靠得较近的金属片，中间再隔以绝缘物质而组成的。按绝缘材料不同，可制成各种各样的电容器，如云母、瓷介、纸介、电解电容器等，如图1-12所示；在构造上，又分为固定电容器和可变电容器。

电容器对直流电阻力无穷大，即电容器具有隔直流作用；电容器对交流电的阻力受交流电频率影响，即相同容量的电容器对不同频率的交流电呈现不同的容抗。为什么会出现这些现象？这是因为电容器是依靠它的充放电功能来工作的，电容器对频率高的交流电的阻碍作用小，即容抗小；反之电容器对频率低的交流电产生的容抗大。对于同一频率的交流电，电容器的容量越大，容抗就越小；容量越小，容抗就越大。

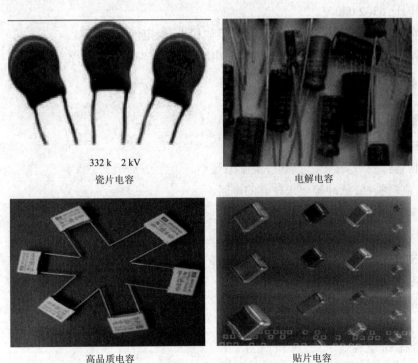

332 k 2 kV
瓷片电容

电解电容

高品质电容

贴片电容

图 1-12 瓷片电容、电解电容、高品质电容、贴片电容实物图

2. 电容分类

1）聚酯（涤纶）电容

符号：CL。

电容量：40 pF~4 μF。

额定电压：63~630 V。

主要特点：小体积，大容量，耐热耐湿，稳定性差。

应用：对稳定性和损耗要求不高的低频电路。

2）聚苯乙烯电容

符号：CB。

电容量：10 pF~1 μF。

额定电压：100 V~30 kV。

主要特点：稳定，低损耗，体积较大。

应用：对稳定性和损耗要求较高的电路。

3）聚丙烯电容

符号：CBB。

电容量：1 000 pF~10 μF。

额定电压：63~2 000 V。

主要特点：性能与聚苯乙烯电容相似，但体积小，稳定性略差。

应用：代替大部分聚苯乙烯电容或云母电容，用于要求较高的电路。

4）云母电容

符号：CY。

电容量：10 pF~0.1 μF。

额定电压：100 V~7 kV。

主要特点：高稳定性，高可靠性，温度系数小。

应用：高频振荡，脉冲等要求较高的电路。

5）高频瓷介电容

符号：CC。

电容量：1~6 800 pF。

额定电压：63~500 V。

主要特点：高频损耗小，稳定性好。

应用：高频电路。

6）低频瓷介电容

符号：CT。

电容量：10 pF~4.7 μF。

额定电压：50~100 V。

主要特点:体积小,价廉,损耗大,稳定性差。

应用:要求不高的低频电路。

7)玻璃釉电容

符号:CI。

电容量:10 pF~0.1 μF。

额定电压:63~400 V。

主要特点:稳定性较好,损耗小,耐高温(200 ℃)。

应用:脉冲、耦合、旁路等电路。

8)铝电解电容

符号:CD。

电容量:0.47~10 000 μF。

额定电压:6.3~450 V。

主要特点:体积小,容量大,损耗大,漏电大。

应用:电源滤波、低频耦合、去耦、旁路等电路。

9)钽电解电容(CA)、铌电解电容(CN)

电容量:0.1~1 000 μF。

额定电压:6.3~125 V。

主要特点:损耗、漏电小于铝电解电容。

应用:在要求高的电路中代替铝电解电容。

10)空气介质可变电容器

可变电容量:100~1 500 pF。

主要特点:损耗小,效率高;可根据要求制成直线式、直线波长式、直线频率式及对数式等。

应用:电子仪器、广播电视设备等。

11)薄膜介质可变电容器

可变电容量:15~550 pF。

主要特点:体积小,重量轻;损耗比空气介质可变电容器的大。

应用:通信、广播接收机等。

12)薄膜介质微调电容器

可变电容量:1~29 pF。

主要特点:损耗较大,体积小。

应用:收录机、电子仪器等电路作电路补偿。

13)陶瓷介质微调电容器

可变电容量:0.3~22 pF。

主要特点:损耗较小,体积较小。

应用:精密调谐的高频振荡回路。

14)独石电容(又叫多层瓷介电容)

电容量: 0.5 pF~1 μF。

耐压:2 倍额定电压。

分类:Ⅰ型,性能好,但容量小,一般小于 0.2 μF;Ⅱ型,容量大,但性能一般。

主要特点:电容量大,体积小,可靠性高,电容量稳定,耐高温、耐湿性好等。其最大的缺点是温度系数很高,做振荡器的温漂让人无法接受,例如做一个 555 振器,电容刚好在 7805 旁边,开机后,用示波器查看频率有缓慢变化,换成涤纶电容就好多了。

应用范围:电子精密仪器和各种小型电子设备做谐振、耦合、滤波、旁路。

就温漂而言,独石电容为正温系数(+130 左右),CBB 为负温系数(-230),用适当比例并联使用,可使温漂降到很小。

就价格而言,钽、铌电容最贵,独石电容、CBB 较便宜,瓷片电容最低,但高频零温漂黑点瓷片电容稍贵,云母电容 Q 值较高,也稍贵。

3. 电解电容(微课视频扫二维码观看)

电解电容器的内部有储存电荷的电解质材料,分正、负极性,类似于电池,不可接反。其正极为粘有氧化膜的金属基板,负极通过金属极板与电解质(固体和非固体)相连接。

无极性(双极性)电解电容器采用双氧化膜结构,类似于将两个有极性电解电容器负极相连接后构成,其两个电极分别为两个金属基板(均粘有氧化膜)相连,两组氧化膜中间为电解质。有极性电解电容器通常在电源电路或中频、低频电路中起电源滤波,退耦、信号耦合及时间常数设定、隔直流等作用。无极性电解电容器通常用于音响分频器电路、电视机校正电路及单相电动机的启动电路。

电解电容器(图 1-13)的工作电压为 4 V、6.3 V、10 V、16 V、25 V、35 V、50 V、63 V、80 V、100 V、160 V、200 V、300 V、400 V、450 V、500 V,工作温度为 -55~+155 ℃(4~500 V),特点是容量大、体积大、有极性,一般用于直流电路中滤波、整流。目前,最常用的电解电容器有铝电解电容器和钽电解电容器。

图 1-13 电解电容的标称电容量和额定电压

电解电容器有很多的用途,具体如下。

(1)隔直流:阻止直流通过,而让交流通过。

(2)旁路(去耦):为交流电路中某些并联的元件提供低阻抗通路。

（3）耦合：作为两个电路之间的连接，允许交流信号通过，并传输到下一级电路。

（4）滤波：滤除一定频率的信号。

（5）温度补偿：针对其他元件对温度的适应性不够带来的影响进行补偿，以改善电路的稳定性。

（6）计时：电容器与电阻器配合使用，确定电路的时间常数。

（7）调谐：对与频率相关的电路进行系统调谐，如手机、收音机、电视机。

（8）整流：在预定的时间开或关半导体开关元件。

（9）储能：储存电能，用于必须的时候释放，如相机闪光灯、加热设备等。

4. 电容的测量

1）电容的参数和标注方法

Ⅰ. 电容的参数

电容器的参数主要有以下几项。

（1）标称电容量和允许误差。标注在电容器上的电容量，称为标称电容量；电容器的实际电容量与标称电容量的允许最大偏差范围，称为允许误差。

（2）额定工作电压。这个电压是指在规定的温度范围内，电容器能够长期可靠工作的最高电压，可分为直流工作电压和交流工作电压。

（3）漏电电阻和漏电电流。电容器中的介质并不是绝对的绝缘体，或多或少总有漏电存在。除电解电容外，一般电容器的漏电电流是很小的。显然，电容器的漏电电流越大，绝缘电阻越小。当漏电电流较大时，电容器会发热，发热严重时，会损坏电容器。

（4）损耗因素。电容器的损耗因素定义为损耗功率与存储功率之比，用 D 表示。D 值越小，损耗越小，电容的质量越好。

Ⅱ. 电容规格的标注方法

电容器的标注方法与电阻器一样，有直标法和色标法两种。

直标法将主要参数和技术指标直接标注在电容器表面上。通常当容量小于 10 000 pF 时，用 pF 做单位，而且用简标，如 1 000 pF 标为 102，10 000 pF 标为 103；当大于 10 000 pF 时，用 μF 做单位。为了简便起见，大于 100 pF 而小于 1 μF 的电容常不标注单位。没有小数点的，其单位是 pF；有小数点的，其单位是 μF。例如，3300 就是 3 300 pF，也可以是 332，0.1 就是 0.1 μF 等。简标常用于以 pF 为单位的电容，如 1 000 pF 就是 $10×10^2$ pF，标为 10 和 2 即 102，100 000 pF 就是 104（0.1 μF），3 300 pF 则为 332。

电容的色标法与电阻色标法相同。

2）电容测量的原理和方法

Ⅰ. 电容的等效电路

由于绝缘电阻和引线电感的存在，电容的实际等效电路如图 1-14（a）所示，在工作频率较低时，可以忽略 L_0 的影响，等效电路可简化为图 1-14（b）所示电路。因此，电容的测量主要是电容量与电容器损耗的测量。

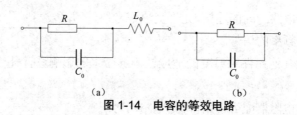

图 1-14　电容的等效电路

Ⅱ.万用表估测电容

用模拟式万用表的电阻挡测量电容器,不能测出其容量和漏电阻的确切数值,更不能测出电容器所能承受的耐压,但对电容器的好坏程度能进行粗略判断,在实际工作中经常使用。

Ⅰ)估测电容的漏电流

估测电容的漏电流可按万用表电阻挡测量电阻的方法。即黑表笔接电容器的"+"极,红表笔接电容器的"−"极,在电容与表笔相接的瞬间,表针会迅速向右偏转很大的角度,然后慢慢返回。待指针不动时,指示的电阻值越大,表示漏电流越小。若指针向右偏转后不再摆回,说明电容器已被击穿;若指针根本不向右摆动,说明电容器内部断路或电解质已干涸失去容量。测量各种电容器的指针偏转范围可参考表 1-7。

表 1-7　测量各种电容器的指针摆动范围

指针摆动范围 / 容量 /μF ／ 测量挡	<10	20~25	30~50	>100
R×100 Ω	略有摆动	1/10 以下	2/10 以下	3/10 以下
R×1 kΩ	2/10 以下	3/10 以下	6/10 以下	7/10 以下

Ⅱ)判断电容的极性

不知道极性的电解电容可用万用表的电阻挡测量其极性。只有电解电容的正极接电源正(电阻挡时的黑表笔)、负极接电源负(电阻挡时的红表笔)时,电解电容的漏电流才小(漏电阻大)。反之,则电解电容的漏电流增加(漏电阻减小)。

测量时,先假定某极为"+"极,让其与万用表的黑表笔相接,另一电极与万用表的红表笔相接,记下表针停止的刻度,然后将电容器放电(即两根引线碰一下),两只表笔对调,重新进行测量。两次测量中,表针最后停留的位置靠左(阻值大)的那次,黑表笔接的就是电解电容的正极。测量时最好选用" R×100 "或" R×1 k "挡。

Ⅲ)估测电容量

一般来说,电解电容的实际容量与标称容量差别较大,特别是放置时间较久或使用时间较长的电容器。利用万用表准确测量出其电容量是很难的,只能比较出电容量的相对大小。具体方法是测量电容器的充电电流,接线方法与测漏电电流时相同,表针向右摆动的幅度越大,表示电容量越大。指针的偏转范围和容量的关系可参考表 1-7。

Ⅳ）用万用表判断电容器质量

根据电解电容器容量大小，通常选用万用表的"R×10""R×100""R×1 k"挡进行测试判断。红、黑表笔分别接电容器的正、负极（每次测试前，需将电容器放电），由表针的偏摆来判断电容器质量。如果表针迅速向右摆动，然后慢慢向左退回原位，一般来说电容器是好的。如果表针摆动后不再回摆，说明电容器已经击穿。如果表针摆动后逐渐退回到某一位置停位，则说明电容器已经漏电。如果表针摆不起来，说明电容器电解质已经干涸，失去容量。

有些漏电的电容器，用上述方法不易准确判断出好坏。当电容器的耐压值大于万用表内电池电压值时，根据电解电容器正向充电时漏电电流小，反向充电时漏电电流大的特点，可采用"R×10 k"挡，对电容器进行反向充电，观察表针停留处是否稳定（即反向漏电电流是否恒定），由此判断电容器质量，准确度较高。黑表笔接电容器的负极，红表笔接电容器的正极，表针迅速摆动，然后逐渐退至某处停留不动，则说明电容器是好的；凡是表针在某一位置停留不稳或停留后又逐渐慢慢向右移动的电容器，均已经漏电，不能继续使用。表针一般停留并稳定在 50~200 kΩ 刻度范围内。

Ⅴ）电解电容的判断方法

电解电容常见的故障有容量减少、容量消失、击穿短路及漏电。其中，容量变化是因电解电容在使用或放置过程中其内部的电解液逐渐干涸引起的，而击穿与漏电一般是所加的电压过高或本身质量不佳引起的。判断电解电容的好坏一般采用万用表的电阻挡进行测量，具体方法是将电容两管脚短路进行放电，用万用表的黑表笔接电解电容的正极，红表笔接负极（此法针对指针式万用表，用数字式万用表测量时表笔互调），正常时表针应先向电阻小的方向摆动，然后逐渐返回直至无穷大处。表针的摆动幅度越大或返回的速度越慢，说明电容的容量越大，反之则说明电容的容量越小。如表针指在中间某处不再变化，说明电容已漏电；如电阻指示值很小或为零，则表明电容已击穿短路。由于万用表使用的电池电压一般很低，所以在测量低耐压的电容时比较准确，而当电容的耐压较高时，尽管当时测量正常，但加上高压时则有可能发生漏电或击穿现象。

Ⅲ. 交流电桥法测量电容和损耗因素

Ⅰ）串联电桥的测量

在图 1-15（a）所示的串联电桥中，由电桥的平衡条件可得

$$C_x = \frac{R_4}{R_3} \times C_n \tag{1-3}$$

式中　C_x——被测电容的容量；

　　　C_n——可调标准电容；

　　　R_3、R_4——固定电阻。

$$R_x = \frac{R_3}{R_4} \times R_n \tag{1-4}$$

式中　R_x——被测电容的等效串联损耗电阻；

　　　R_n——可调标准电阻。

$$D_x = \frac{1}{Q} = \tan\delta = 2\pi f R_n C_n \tag{1-5}$$

测量时,先根据被测电容的范围,通过改变 R_3 来选取一定的量程,然后反复调节 R_4 和 R_n 使电桥平衡,即检流计读数最小,从 R_4、R_n 的刻度读出 C_x 和 D_x 的值。

Ⅱ)并联电桥的测量

在图 1-15(b)所示的并联电桥中,调节 R_n 和 C_n 使电桥平衡,有

$$\begin{cases} C_x = \frac{R_4}{R_3} \times C_n \\[2mm] R_x = \frac{R_3}{R_4} \times R_n \\[2mm] D_x = \tan\delta = \frac{1}{2\pi f R_n C_n} \end{cases} \tag{1-6}$$

这种电桥适用于测量损耗较大的电容器。

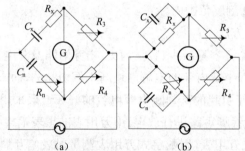

(a)　　　　　　　　(b)

图 1-15　测量电容的交流电桥法原理图

3)电解电容的使用注意事项

(1)电解电容由于有正负极性,因此在电路中使用时不能颠倒连接。在电源电路中,输出正电压时电解电容的正极接电源输出端,负极接地;输出负电压时则负极接输出端,正极接地。当电源电路中的滤波电容极性接反时,因电容的滤波作用大大降低,一方面引起电源输出电压波动,另一方面又因反向通电使此时相当于一个电阻的电解电容发热,当反向电压超过某值时,电容的反向漏电电阻将变得很小,这样通电工作不久,即可使电容因过热而炸裂损坏。

(2)加在电解电容两端的电压不能超过其允许工作电压,在设计实际电路时应根据具体情况留有一定的余量,在设计稳压电源的滤波电容时,如果交流电源电压为 220 V 时,变压器次级的整流电压可达 22 V,此时选择耐压 25 V 的电解电容一般可以满足要求。但是,假如交流电源电压波动很大且有可能上升到 250 V 以上时,最好选择耐压 30 V 以上的电解电容。

(3)电解电容在电路中不应靠近大功率发热元件,以防因受热而使电解液加速干涸。

(4)对于有正负极性的信号的滤波,可采取两个电解电容同极性串联的方法,当作一个无极性的电容使用。

1.2.3 晶体二极管(微课视频扫二维码观看)

1. 晶体二极管的特性

二极管最主要的特性是单向导电性,其伏安特性曲线如图 1-16 所示。

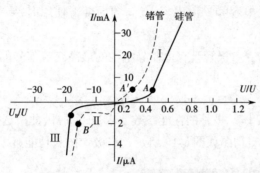

图 1-16 二极管的伏安特性曲线

1)正向特性

当加在二极管两端的正向电压(P 为正、N 为负)很小时(锗管小于 0.1 V,硅管小于 0.5 V),管子不导通,处于"截止"状态,当正向电压超过一定数值后,管子才导通,电压再稍微增大,电流急剧增加(见曲线 I 段)。不同材料的二极管,起始电压不同,硅管为 0.5~0.7 V,锗管为 0.1~0.3 V。

2)反向特性

二极管两端加上反向电压时,反向电流很小,当反向电压逐渐增加时,反向电流基本保持不变,这时的电流称为反向饱和电流(见曲线 II 段)。不同材料的二极管,反向电流大小不同,硅管约为 1 μA 到几十微安,锗管则可高达数百微安。另外,反向电流受温度变化的影响很大,锗管的稳定性比硅管差。

3)击穿特性

当二极管两端的反向电压增加到某一数值时,反向电流急剧增大,这种现象称为反向击穿(见曲线III)。这时的反向电压称为反向击穿电压,不同结构、工艺和材料制成的管子,其反向击穿电压值差异很大,可由 1 V 到几百伏,甚至高达数千伏。

4)频率特性

由于结电容的存在,当频率高到某一程度时,容抗小到使 PN 结短路,导致二极管失去单向导电性,不能工作,且 PN 结面积越大,结电容越大,二极管越不能在高频情况下工作。

2. 二极管的主要参数

(1)正向电流 I_F:在额定功率下,允许通过二极管的电流值。

(2)正向电压降 V_F:二极管通过额定正向电流时,在两极间所产生的电压降。

（3）最大整流电流（平均值）I_{OM}：在半波整流连续工作的情况下，允许的最大半波电流的平均值。

（4）反向击穿电压 V_B：二极管反向电流急剧增大到出现击穿现象时的反向电压值。

（5）反向峰值电压 V_{RM}：二极管正常工作时所允许的反向电压峰值，通常为 V_P 的三分之二或略小一些。

（6）反向电流 I_R：在规定的反向电压条件下，流过二极管的反向电流值。

（7）结电容 C：包括电容和扩散电容，在高频场合下使用时，要求结电容小于某一规定数值。

（8）最高工作频率 f_m：二极管具有单向导电性的最高交流信号的频率。

3. 晶体二极管的种类

由于功能不同，对晶体二极管的性能参数要求也不同，因此所选择晶体二极管的型号也就不同。部分二极管的实物图如图 1-17 所示。二极管按照功能可以分为如下类型。

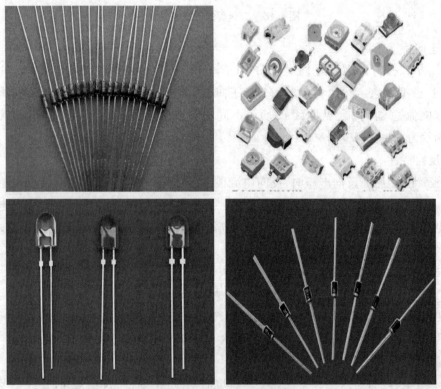

图 1-17　部分二极管实物图

1）检波用二极管

检波用二极管是用于把叠加在高频载波上的低频信号检出的器件，具有较高的检波效率和良好的频率特性。

就原理而言，从输入信号中取出调制信号是检波，以整流电流的大小（100 mA）作为界线,通常把输出电流小于 100 mA 的叫检波。锗材料点接触型二极管,工作频率可达 400 MHz,正向压降小,结电容小,检波效率高,频率特性好,为 2AP 型。点接触型检波用二极管,除用于检波外,还能够用于限幅、削波、调制、混频、开关等电路。也有调频检波专用的特性一致性好的两个二极管的组合件。

2)整流用二极管

就原理而言,从输入交流中得到输出的直流是整流。以整流电流的大小(100 mA)作为界线,通常把输出电流大于 100 mA 的叫整流。面结型二极管,工作频率小于几千赫兹,最高反向电压从 25~3 000 V 分为 A~X 共 24 挡。具体分类如下:

(1)硅半导体整流二极管 2CZ 型;

(2)硅桥式整流器 QL 型;

(3)用于电视机高压硅堆工作频率近 100 kHz 的 2CLG 型。

3)限幅用二极管

大多数二极管能作为限幅使用,也有如保护仪表用和高频齐纳管那样的专用限幅二极管。为了使这些二极管具有特别强的限制尖锐振幅的作用,通常使用硅材料制造的二极管。也有依据限制电压需要,把若干个必要的整流二极管串联起来形成一个整体使用的。

4)调制用二极管

调制用二极管通常指的是环形调制专用的二极管,即正向特性一致性好的四个二极管的组合件。虽然其他变容二极管也有调制用途,但它们通常是直接作为调频用。

5)混频用二极管

使用二极管混频方式时,在 500~10 000 Hz 的频率范围内,多采用肖特基型和点接触型二极管。

6)放大用二极管

用二极管放大,大致有依靠隧道二极管和体效应二极管的负阻性器件的放大,以及用变容二极管的参量放大。因此,放大用二极管通常是指隧道二极管、体效应二极管和变容二极管。

7)开关用二极管

通常有在小电流(10 mA)下使用的逻辑运算和在数百毫安下使用的磁芯激励用开关二极管。小电流的开关二极管通常有点接触型和键型等二极管,也有在高温下还可能工作的硅扩散型、台面型和平面型二极管。开关二极管的特点是开关速度快。而肖特基型二极管的开关时间极短,因而是理想的开关二极管。2AK 型点接触二极管用于中速开关电路;2CK 型平面接触二极管用于高速开关电路;2AP 型二极管用于开关、限幅、钳位或检波等电路;肖特基型硅二极管大电流开关,正向压降小,速度快,效率高。

8)变容二极管

用于自动频率控制和调谐的小功率二极管称为变容二极管。通过施加反向电压,可使其 PN 结的静电容量发生变化,因此可用于自动频率控制、扫描振荡、调频和调谐等用途。通常,虽然是采用硅的扩散型二极管,但是也可采用合金扩散型、外延结合型、双重扩散型等特殊制作的二极管,因为这些二极管对于电压而言,其静电容量的变化率特别大。其结电容随反向电压变化,可取代可变电容,用作调谐回路、振荡电路、锁相环路,常用于电视机高频头的频道转换和调谐电路,多以硅材料制作。

9)频率倍增用二极管

对二极管的频率倍增作用而言,有依靠变容二极管的频率倍增和依靠阶跃(即急变)二极管的频率倍增。频率倍增用的变容二极管称为可变电抗器,可变电抗器虽然和自动频率控制用的变容二极管的工作原理相同,但电抗器的构造却能承受大功率。阶跃二极管又被称为阶跃恢复二极管,从导通切换到关闭的反向恢复时间短,因此其特点是急速地变成关闭的转移时间短。如果对阶跃二极管施加正弦波,那么因转移时间短,所以输出波形急骤地被夹断,故能产生很多高频谐波。

10)稳压二极管

稳压二极管是代替稳压电子二极管的产品,被制作成硅的扩散型或合金型,是反向击穿特性曲线急骤变化的二极管,作为控制电压和标准电压使用而制作。二极管工作时的端电压(又称齐纳电压)从 3 V 左右到 150 V,按每隔 10%,能划分成许多等级。在功率方面,也有从 200 mW 至 100 W 以上的产品。工作在反向击穿状态,硅材料制作,动态电阻很小,一般为 2CW 型;将两个互补二极管反向串接以减少温度系数,则为 2DW 型。

11)PIN 型二极管

PIN 型二极管在 P 区和 N 区之间夹一层本征半导体(或低浓度杂质的半导体)构造的晶体二极管。当其工作频率超过 100 MHz 时,由于少数载流子的存贮效应和"本征"层中的渡越时间效应,其二极管失去整流作用而变成阻抗元件,并且其阻抗值随偏置电压而改变。在零偏置或直流反向偏置时,"本征"区的阻抗很高;在直流正向偏置时,由于载流子注入"本征"区,而使"本征"区呈现出低阻抗状态。因此,可以把 PIN 型二极管作为可变阻抗元件使用,常被应用于高频开关(即微波开关)、移相、调制、限幅等电路中。

12)雪崩二极管

雪崩二极管是在外加电压作用下可以产生高频振荡的晶体二极管。产生高频振荡的工作原理是利用雪崩击穿对晶体注入载流子,因载流子渡越晶片需要一定的时间,所以其电流滞后于电压,出现延迟时间,若适当地控制渡越时间,那么在电流和电压关系上就会出现负阻效应,从而产生高频振荡。它常被应用于微波领域的振荡电路中。

13)隧道二极管

隧道二极管是以隧道效应电流为主要电流分量的晶体二极管。其基底材料是砷化镓和锗,P 型区和 N 型区是高掺杂的(即高浓度杂质的)。隧道电流由这些简并态半导体的量子力学效应所产生。发生隧道效应具备三个条件:费米能级位于导带和满带内;空间电荷层宽度必须很窄(0.01 μm 以下);简并半导体 P 型区和 N 型区中的空穴和电子在同一能级上有交叠的可能性。隧道二极管为双端子有源器件,其主要参数有峰谷电流比(I_P/I_V),其中下标"P"代表"峰",而下标"V"代表"谷"。隧道二极管可以被应用于低噪声高频放大器及高频振荡器中(其工作频率可达毫米波段),也可以被应用于高速开关电路中。

14）快速关断（阶跃恢复）二极管

快速关断二极管也是一种具有 PN 结的二极管。其结构上的特点是在 PN 结边界处具有陡峭的杂质分布区，从而形成"自助电场"。由于 PN 结在正向偏压下，以少数载流子导电，并在 PN 结附近具有电荷存贮效应，使其反向电流需要经历一个"存贮时间"后才能降至最小值（反向饱和电流值）。该"自助电场"缩短了存贮时间，使反向电流快速截止，并产生丰富的谐波分量。利用这些谐波分量可设计出梳状频谱发生电路。快速关断（阶跃恢复）二极管可用于脉冲和高次谐波电路中。

15）肖特基二极管

肖特基二极管是具有肖特基特性的"金属半导体结"的二极管。其正向起始电压较低，金属层除材料外，还可以采用金、钼、镍、钛等材料。其半导体材料采用硅或砷化镓，多为 N型半导体。这种器件是由多数载流子导电的，所以其反向饱和电流较以少数载流子导电的PN 结大得多。由于肖特基二极管中少数载流子的存贮效应甚微，所以其频率响应仅由 RC 时间常数限制，因而它是高频和快速开关的理想器件。其工作频率可达 100 GHz，并且 MIS（金属 - 绝缘体 - 半导体）肖特基二极管可以用来制作太阳能电池或发光二极管。

16）阻尼二极管

阻尼二极管具有较高的反向工作电压和峰值电流，正向压降小，高频高压整流二极管，可在电视机行扫描电路中做阻尼和升压整流用。

17）瞬变电压抑制二极管

瞬间电压抑制二极管可对电路进行快速过压保护，通常分为双极型和单极型两种，按峰值功率（500~5 000 W）和电压（8.2~200 V）分类。

18）双基极二极管（单结晶体管）

双基极二极管是有两个基极、一个发射极的三端负阻器件，用于张弛振荡电路、定时电压读出电路中，具有频率易调、温度稳定性好等优点。

19）发光二极管

发光二极管用磷化镓、磷砷化镓材料制成，体积小，正向驱动发光，工作电压低，工作电流小，发光均匀，寿命长，可发红、黄、绿单色光。

4. 晶体二极管的简易测量方法

对于二极管的极性，通常在管壳上注有标记，如无标记，可用万用表电阻挡测量其正反向电阻来判断（一般用"R×100"或"R×1 k"挡），具体方法见表 1-8。

表 1-8 二极管简易测试方法

项目	正向电阻	反向电阻
测试方法	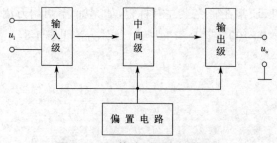	
测试情况	硅管:表针指示位置在中间或中间偏右一点;锗管:表针指示在右端靠近满刻度的地方(如图所示),表明管子正向特性是好的;如果表针在左端不动,则管子内部已经断路	硅管:表针在左端基本不动,靠近0-0位置;锗管:表针从左端起动一点,但不超过满刻度的1/4(如图所示),则表明反向特性是好的;如果表针指在0位,则管子内部已短路

1.2.4 集成运算放大器(微课视频扫二维码观看)

运放是运算放大器的简称。在实际电路中,通常结合反馈网络共同组成某种功能模块。由于早期应用于模拟计算机中,用以实现数学运算,故得名"运算放大器",此名称一直延续至今。运算放大器是具有高开环放大倍数,并带有深度负反馈的多级直接耦合放大电路。它首先应用于电子模拟计算机上,作为基本运算单元,可以完成加减、乘除、积分和微分等数学运算。早期的运算放大器是用电子管组成的,后来被晶体管分立元件运算放大器取代。随着半导体集成工艺的发展,20 世纪 60 年代初第一个集成运算放大器问世,集成运放除保持了原有的很高的增益和输入阻抗的特点外,还具有精巧、廉价和可灵活使用等优点,因而使运算放大器的应用远远超出模拟计算机的界限,在有源滤波器、开关电容电路、数 - 模和模 - 数转换器、直流信号放大、波形的产生和变换,以及信号运算、信号处理、信号测量等方面都得到十分广泛的应用。

1. 集成运算放大器的内部结构

集成运算放大器的电路常可分为输入级、中间级、输出级和偏置电路四个基本组成部分,如图 1-18 所示。

图 1-18 运算放大器的组成框图

(1)输入级是提高运算放大器质量的关键部分,要求其输入电阻能减小零点漂移和抑制干扰信号,输入级大都采用差动放大。

（2）中间级主要进行电压放大,要求其电压放大倍数高,一般由共发射极放大电路构成。

（3）输出级与负载相接,要求其输出电阻低,带负载能力强,能输出足够大的电压和电流,一般由互补对称电路或射极输出器构成。

（4）偏置电路的作用是为上述各级电路提供稳定和合适的偏置电流,决定各级的静态工作点,一般由各种恒流源电路构成。

在应用集成运算放大器时,需要知道它的几个管脚的用途以及放大器的主要参数,至于其内部电路结构如何,一般无关紧要。集成运算放大器成品有圆壳式(图 1-19(a))和双列直插式(图 1-19(b))。

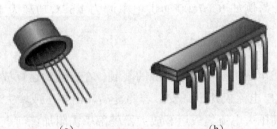

(a)　　　　　　　　(b)

图 1-19　集成运算放大器外形

2. 集成运算放大器的基本分类

按照集成运算放大器的参数,可将集成运算放大器分为以下几类。

1)通用型

通用型运算放大器是以通用为目的而设计的。这类器件的主要特点是价格低廉、产品量大面广,其性能指标能满足一般性使用。例如,uA741(单运放)、LM358(双运放)、LM324(四运放)及以场效应管为输入级的 LF356 都属于此种器件。它们是目前应用最为广泛的集成运算放大器。

2)高阻型

高阻型集成运算放大器的特点是差模输入阻抗非常高,输入偏置电流非常小,一般输入电阻为 $10^9 \sim 10^{12}$ Ω,输入偏置电流为几皮安到几十皮安。实现这些指标的主要措施是利用场效应管高输入阻抗的特点,用场效应管组成运算放大器的差分输入级。用场效应管做输入级,不仅输入阻抗高,输入偏置电流低,而且具有高速、宽带和低噪声等优点,但输入失调电压较大。常见的集成器件有 LF356、LF355、LF347(四运放)及更高输入阻抗的 CA3130、CA3140 等。

3)低温漂型

在精密仪器、弱信号检测等自动控制仪表中,总是希望运算放大器的失调电压要小,且不随温度的变化而变化。低温漂型运算放大器就是为此而设计的。常用的高精度、低温漂运算放大器有 OP-07、OP-27、AD508 及由 MOS 场效应管做组成的斩波稳零型低漂移器件

79

ICL7650 等。

4）高速型

在快速 A/D 和 D/A 转换器、视频放大器中，要求集成运算放大器的转换速率一定要高，单位增益带宽一定要足够大，如通用型集成运放是不能用于高速应用的场合的。高速型运算放大器主要特点是具有高的转换速率和宽的频率响应，其常见的集成器件有 LM318、MA715 等，其转换速率为 50~70 V/μs，单位增益带宽大于 20 MHz。

5）低功耗型

由于电子电路集成化的最大优点是能使复杂电路小型轻便，所以随着便携式仪器应用范围的扩大，必须使用低电源电压供电、低功率消耗的运算放大器。常用的低功耗型运算放大器有 TL-022 C、TL-060 C 等，其工作电压为 ±2~±18 V，消耗电流为 50~250 mA。目前，有的产品功耗已达微瓦级，例如 ICL7600 的供电电源为 1.5 V，功耗为 10 mW，可采用单节电池供电。

6）高压大功率型

运算放大器的输出电压主要受供电电源的限制。在普通的运算放大器中，输出电压的最大值一般仅几十伏，输出电流仅几十毫安。若要提高输出电压或增大输出电流，集成运放外部必须加辅助电路。高压大电流集成运算放大器外部不需附加任何电路，即可输出高电压和大电流。例如，D41 集成运放的电源电压可达 ±150 V，MA791 集成运放的输出电流可达 1 A。

3. 理想集成运算放大器的特性

在大多数情况下，将运放视为理想运放，就是将运放的各项技术指标理想化。满足下列条件的运算放大器称为理想运放：

（1）开环电压增益 $A_{ud}= \infty$；

（2）输入阻抗 $r_i= \infty$；

（3）输出阻抗 $r_o=0$；

（4）带宽 $f_{BW}= \infty$。

（5）失调与漂移均为零等。

理想运放在线性应用时有以下两个重要特性。

（1）输出电压 U_o 与输入电压之间满足以下关系式：

$$U_o=A_{ud}(U_+-U_-)$$

由于 $A_{ud}= \infty$，而 U_o 为有限值，因此 $U_+-U_- \approx 0$，即 $U_+ \approx U_-$，称为"虚短"。

（2）由于 $r_i= \infty$，故流进运放两个输入端的电流可视为零，即 $I_{IB}=0$，称为"虚断"。这说明运放对其前级吸取电流极小。

上述两个特性是分析理想运放应用电路的基本原则，可简化运放电路的计算。

4. 集成运算放大器的基本运算电路

1）反相比例运算电路

反相比例运算电路如图 1-20 所示。对于理想运放，该电路的输出电压与输入电压之间

的关系为

$$U_o = -\frac{R_f}{R_1} U_i$$

为了减小输入级偏置电流引起的运算误差,在同相输入端应接入平衡电阻 $R_2 = R_1 \mathbin{/\mkern-5mu/} R_f$。

2)反相加法运算电路

反相加法运算电路如图 1-21 所示,其输出电压与输入电压之间的关系为

$$U_o = -\left(\frac{R_f}{R_1} U_{i1} + \frac{R_f}{R_2} U_{i2}\right) \qquad R_3 = R_1 \mathbin{/\mkern-5mu/} R_2 \mathbin{/\mkern-5mu/} R_f$$

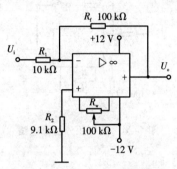
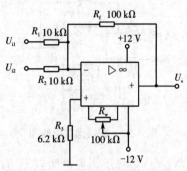

图 1-20 反相比例运算电路   图 1-21 反相加法运算电路

3)同相比例运算电路

同相比例运算电路如图 1-22(a)所示,其输出电压与输入电压之间的关系为

$$U_o = \left(1 + \frac{R_f}{R_1}\right) U_i \qquad R_2 = R_1 \mathbin{/\mkern-5mu/} R_f$$

当 $R_1 \to \infty$ 时, $U_o = U_i$,即得到如图 1-22(b)所示的电压跟随器。图中 $R_2 = R_f$,用以减小漂移和起保护作用。一般 R_f 取 10 kΩ, R_f 太小起不到保护作用,太大则影响跟随性。

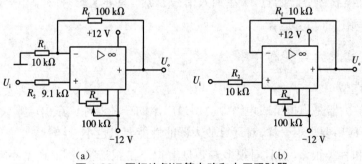

(a)   (b)

图 1-22 同相比例运算电路和电压跟随器

4)差动放大电路(减法器)

对于图 1-23 所示的减法运算电路,当 $R_1 = R_2$, $R_3 = R_f$ 时, 有如下关系式:

$$U_o = \frac{R_f}{R_1} (U_{i2} - U_{i1})$$

5）积分运算电路

反相积分运算电路如图 1-24 所示。在理想化条件下,输出电压 u_o 为

$$u_o(t) = -\frac{1}{R_1 C} \int_0^t u_i \mathrm{d}t + u_C(0)$$

式中:$u_C(0)$ 是 $t=0$ 时刻电容 C 两端的电压值,即初始值。

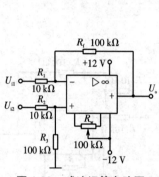

图 1-23 减法运算电路图

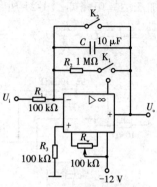

图 1-24 反相积分运算电路

如果 $u_i(t)$ 是幅值为 E 的阶跃电压,并设 $u_C(0)=0$,则

$$u_o(t) = -\frac{1}{R_1 C} \int_0^t E \mathrm{d}t = -\frac{E}{R_1 C} t$$

即输出电压 $u_o(t)$ 随时间增长而线性下降。显然 RC 的数值越大,达到给定的 U_o 值所需的时间就越长。积分运算电路输出电压所能达到的最大值受集成运放最大输出范围的限制。

在进行积分运算之前,首先应对运放调零。为了便于调节,将图中 K_1 闭合,即通过电阻 R_2 的负反馈作用帮助实现调零。但在完成调零后,应将 K_1 打开,以免因 R_2 的接入造成积分误差。K_2 的设置,一方面为积分电容放电提供通路,同时可实现积分电容初始电压 $u_C(0)$ =0;另一方面可控制积分起始点,即在加入信号 u_i 后,只要 K_2 一打开,电容就将被恒流充电,电路也就开始进行积分运算。

5. 集成运算放大器实例介绍

1）运放的选型

集成运算放大器是模拟集成电路中应用最广泛的一种器件。在由运算放大器组成的各种系统中,由于应用要求不一样,对运算放大器的性能要求也不一样。

运放型号和种类很多,而且对很多参数理解得不是很透彻,因而选型不容易,如要选择性能好的,同时型号不能太偏;要方便购买,同时价格要合适。在没有特殊要求的场合,尽量选用通用型集成运放,这样既可降低成本,又容易保证货源。当一个系统中使用多个运放时,尽可能选用多运放集成电路,例如 LM324、LF347 等都是将四个运放封装在一起的集成电路。

评价集成运放性能的优劣,应看其综合性能。一般用优值系数 K 来衡量集成运放的优良程度,其定义为

$$K = \frac{SR}{I_{ib} \cdot V_{bs}}$$

式中 SR——转换率,单位为 V/ms,其值越大,表明运放的交流特性越好;

I_{ib}——运放的输入偏置电流,单位为 nA;

V_{bs}——输入失调电压,单位为 mV, I_{ib} 和 V_{bs} 值越小,表明运放的直流特性越好。

所以,对于放大音频、视频等交流信号的电路,选 SR(转换速率)大的运放比较合适;对于处理微弱的直流信号的电路,选用精度比较高的运放比较合适(即失调电流、失调电压及温漂均比较小)。

实际选择集成运放时,除要考虑优值系数外,还应考虑其他因素。例如,信号源的性质,即是电压源还是电流源;负载的性质,集成运放输出电压和电流是否满足要求;环境条件,集成运放允许工作范围、工作电压范围、功耗与体积等因素是否满足要求。

表 1-9 是部分常用运放选型一览表,其他见附录 3,在附录 3 里比较全面地列出了常用的运放元件。

表 1-9 部分常用运放选型一览表

运放型号	单位带宽 /MHz	转换速率 /(V/μs)	输入阻抗 /Ω	运放型号	单位带宽 /MHz	转换速率 /(V/μs)	输入阻抗 /Ω
OP07	0.6	0.3	50×10^6	LF157	20	50	10^{12}(3p)
LM358	1	0.3	300×10^3	LM359	30	30	2.5×10^3
AD549	1	3	10^{15}(1p)	NJM2716	30	40	10×10^3
OPA128	1	3	10^{13}(1p)	CA3094	30	500	$500 \sim 1 \times 10^6$
TLC274	2	4	10^{12}	AD843	34	250	10^{10}(6p)
TL081	3	13	10^{12}	AD507	35	20	300×10^6
AD8682	3.5	9	10^{12}	AD827	50	200	330×10^3
LF147	4	13	10^{12}	AD847	50	300	300×10^3
LF151H	4	16	10×10^6	AD844	60	200	$50/10 \times 10^6$(2p)
AD711 - AD713	4	20	3×10^{12}(5.5p)	AD8033(4)	80	70	10^{12}(2.3p)
TL3X071X	4.5	10	150×10^6	AD828	85	450	300×10^3
TLV2780X	8	4.2	10^{12}(19p)	OPA380	90	80	10^{13}(3p)
OPA132	8	20	10^{13}(2p)	THS3110	100	1 300	41×10^6
OP275	9	22	300×10^3	LM6181	100	1 400	10×10^6
BA15218X	10	3	3×10^3	AD8051(2)	110	145	300×10^3
NE5532	10	9	300×10^3	FAN4230	120	300	300×10^3
NE5534	10	13	100×10^3	AD848	125	300	70×10^3
OPA606	12	30	10^{13}(1p)	MAX4012	200	600	70×10^3
AD744	13	75	3×10^{12}(5.5p)	ADA4891	240	210	5×10^9(3.2p)
NJ2121	14	4	10×10^3	OPA4650	360	240	15×10^3

运放型号	单位带宽/MHz	转换速率/(V/μs)	输入阻抗/Ω	运放型号	单位带宽/MHz	转换速率/(V/μs)	输入阻抗/Ω
LM833	15	7	10×10^3	OPA642	400	380	11×10^3
LM318	15	70	3×10^6	AD8099	510	1 350	4×10^3
BA15532X	20	8	3×10^3	AD849	520	300	25×10^3
OPA2604	20	25	10^{12}(8p)	NJM2710	1 000	260	4×10^3
OPA604	20	25	10^{12}(8p)	THS4508	3 000	6 400	50×10^3

2）集成运放的电源供给方式

集成运放有两个电源接线端 $+V_{CC}$ 和 $-V_{EE}$，但有不同的电源供给方式。对于不同的电源供给方式，对输入信号有不同的要求。

Ⅰ．对称双电源供电方式

运算放大器多采用对称双电源供电方式供电。相对于公共端（地）的正电源（$+E$）与负电源（$-E$）分别接于运放的 $+V_{CC}$ 和 $-V_{EE}$ 管脚上。在这种方式下，可把信号源直接接到运放的输入脚上，而输出电压的振幅可达正负对称电源电压。

Ⅱ．单电源供电方式

单电源供电是将运放的 $-V_{EE}$ 管脚连接到地上。此时为了保证运放内部单元电路具有合适的静态工作点，在运放输入端一定要加入一直流电位，如图 1-25（a）所示。此时运放的输出是在某一直流电位基础上随输入信号变化的。对于图 1-25（b）所示交流放大器，静态时，运算放大器的输出电压近似为 $U_{CC}/2$，为了隔离掉输出中的直流成分接入电容 C_3。

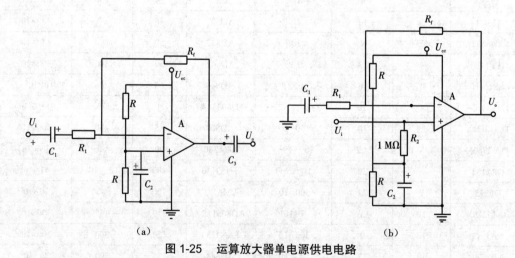

（a）　　　　　　　　　　　　　（b）

图 1-25　运算放大器单电源供电电路

3）集成运放的调零问题

由于集成运放的输入失调电压和输入失调电流的影响，当运算放大器组成的线性电路输入信号为零时，输出往往不等于零。为了提高电路的运算精度，要求对失调电压和失调电流造成的误差进行补偿,这就是运算放大器的调零。常用的调零方法有内部调零和外部调零,而对于没有内部调零端子的集成运放,要采用外部调零方法。图1-26给出了以 uA741 为例的常用调零电路,其中(a)是内部调零电路,(b)是外部调零电路。

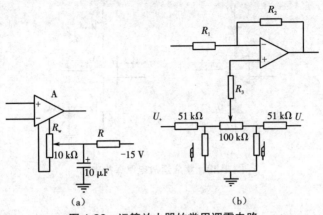

图1-26 运算放大器的常用调零电路

4)集成运放的自激振荡问题

运算放大器是一个高放大倍数的多级放大器,在接成深度负反馈条件下,很容易产生自激振荡。为使运算放大器能稳定工作,需外加一定的频率补偿网络,以消除自激振荡。图1-27所示是相位补偿使用的电路。

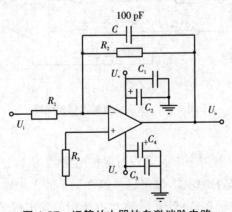

图1-27 运算放大器的自激消除电路

另外,对地端一定要分别加入一电解电容(10 μF)和一高频滤波电容(0.01~0.1 μF),如图1-27所示。

5)集成运放的保护问题

集成运放的安全保护有三个方面:电源保护、输入保护和输出保护。

Ⅰ.电源保护

电源的常见故障是电源极性接反和电压跳变。电源反接保护和电源电压突变保护电路分别如图1-28(a)和(b)所示。对于性能较差的电源,在电源接通和断开瞬间,往往出现电

85

压过冲。图 1-28(b)中采用场效应管电流源和稳压管钳位保护,稳压管的稳压值大于集成运放的正常工作电压,而小于集成运放的最大允许工作电压。场效应管的电流应大于集成运放的正常工作电流。

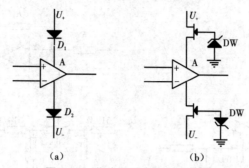

（a）　　　　　　　　（b）

图 1-28　集成运放电源保护电路

Ⅱ. 输入保护

集成运放的输入差模电压过高或者输入共模电压过高(超出该集成运放的极限参数范围),集成运放也会损坏。图 1-29 所示是典型的集成运放输入保护电路。

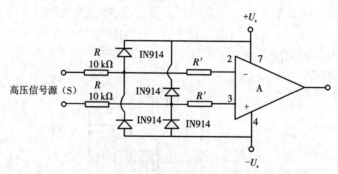

图 1-29　集成运放输入保护电路

Ⅲ. 输出保护

当集成运放过载或输出端短路时,若没有保护电路,集成运放就会损坏。但有些集成运放内部设置了限流保护或短路保护,使用这些器件就不需再加输出保护。对于内部没有限流保护或短路保护的集成运放,可以采用图 1-30 所示的输出保护电路,其中电阻 R 起限流保护作用。

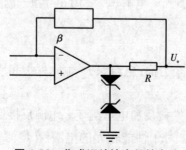

图 1-30　集成运放输出保护电路

6）集成运算放大器 uA741

uA741M，uA741I，uA741 C（单运放）是高增益运算放大器，可用于军事、工业和商业。这类单片硅集成电路器件可提供输出短路保护和闭锁自由运作，还具有广泛的共同模式、差模信号范围和低失调电压调零能力及使用适当的电位。其有双列直插 8 脚或圆筒 8 脚封装形式，工作电压为 ±22 V，差分电压为 ±30 V，输入电压为 ±18 V，允许功耗为 500 mW。其管脚与 OP07（超低失调精密运放）完全一样，可以代换的其他运放有 uA741、uA709、LM301、LM308、LF356、OP07、OP37、max427 等。uA741 通用运算放大器，性能不是很好，但可满足一般需求，其引脚结构图如图 1-31 所示，内部结构图如图 1-32 所示。

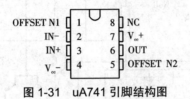

图 1-31 uA741 引脚结构图

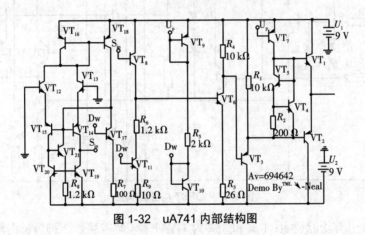

图 1-32 uA741 内部结构图

uA741 芯片引脚功能说明：1 脚和 5 脚为偏置平衡（调零端），2 脚为反向输入端，3 脚为正向输入端，4 脚为接地端，6 脚为输出端，7 脚接电源正极，8 脚为空。

7）集成运算放大器 OP07

OP07 是一种低噪声、非斩波稳零的双极性运算放大器集成电路。由于 OP07 具有非常低的输入失调电压（对于 OP07 A 最大为 25 μV），所以 OP07 在很多应用场合不需要额外的调零措施。OP07 同时具有输入偏置电流低（OP07 A 为 ±2 nA）和开环增益高（对于 OP07 A 为 300 V/mV）的特点。这种低失调、高开环增益的特性，使得 OP07 特别适用于高增益的测量设备和放大传感器的微弱信号等方面。其引脚结构图如图 1-33 所示，内部结构图如图 1-34 所示。

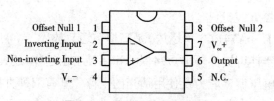

图 1-33　OP07 引脚结构图

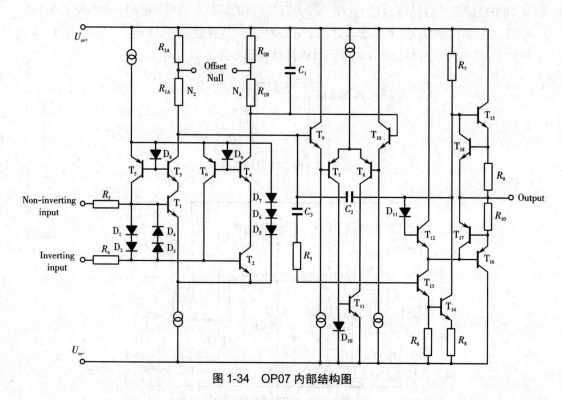

图 1-34　OP07 内部结构图

OP07 芯片引脚功能说明：1 脚和 8 脚为偏置平衡（调零端），2 脚为反向输入端，3 脚为正向输入端，4 脚为接地端，5 脚为空，6 脚为输出端，7 脚接电源正极。

OP07 具有以下特点。

（1）超低偏移：150 μV 最大。

（2）低输入偏置电流：1.8 nA。

（3）低失调电压漂移：0.5 μV/℃。

（4）超稳定时间：2 μV/month 最大。

（5）高电源电压范围：±3~±22 V。

【项目实施】

1.3 电路设计

1.3.1 电路设计步骤

（1）各小组按照电路原理图领取所需元器件,分工检测元器件的性能。

（2）依据图 1-1 和图 1-2 所示电路原理图,各小组讨论如何布局,最后确定一个最佳方案在点阵板上搭建好红外发射和接收电路。

（3）检查电路无误后,从信号发生器送入交变信号（1.5~2.5 V/10 Hz）U_i。

（4）根据需要调节可调电阻 R_3 的阻值,观察发光二极管 LED 是否出现闪烁现象,如果出现闪烁说明有红外信号的发射和接收,如果没有需重新检查电路。

（5）记录结果,并撰写技术文档。

1.3.2 电路元器件清单

分析红外发射和接收电路原理图,了解到本项目所需元器件清单见表 1-10,其实物如图 1-35 所示。

表 1-10 红外发射和接收电路所需元器件清单

元件	数量	备注
红外发射管	1	
红外接收管	1	
普通发光二极管	1	
运算放大器	1	uA741
可调电位器	1	20 kΩ
100 Ω 电阻	1	
10 kΩ 电阻	1	
330 Ω 电阻	1	

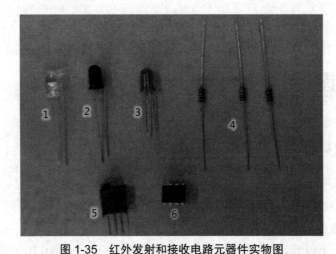

图 1-35 红外发射和接收电路元器件实物图
1— 红外发光二极管;2—红外接收二极管;3—发光二极管;4—固定电阻;5—可调电位器;6—运算放大器

1.4 电路元器件的识别

在电子产品设计过程中,基本电子元器件的识别和检测是非常重要的,因为基本器件是构成电路的基础,只有掌握好这部分知识,才可以更好地分析其他电路。

1.4.1 二极管的识别

1. 红外发光二极管的识别及其特性(微课视频扫二维码观看)

该电路涉及三种二极管即红外发光二极管、红外接收二极管、普通发光二极管。红外发光二极管是一种能发出红外线的二极管,通常应用于遥控器等场合,其外形与普通发光二极管相似,只是颜色不同,红外发光二极管一般有黑色、深蓝、透明三种颜色,如图 1-35 中 1 所示。其发出红外光,管压降约为 1.4 V,工作电流一般小于 20 mA。为了适应不同的工作电压,回路中常串有限流电阻

红外发光二极管具有以下特性。

(1)波谱特性。红外线发光二极管由红外辐射效率高的材料(常用砷化镓)制成 PN 结,外加正向偏压向 PN 结注入电流激发红外光。其光谱功率分布中心波长为 830~950 nm,半峰带宽约为 40 nm。其最大的优点是可以完全无红暴(采用 940~950 nm 波长红外管),或仅有微弱红暴(红暴为有可见红光),而延长使用寿命。

(2)电特性。直径 3 mm、5 mm 为小功率红外线发射管,而直径 8 mm、10 mm 为中功率及大功率发射管。小功率发射管正向电压为 1.1~1.5 V,电流为 20 mA。中功率发射管正向电压为 1.4~1.65 V,电流为 50~100 mA。大功率发射管正向电压为 1.5~1.9 V,电流为 200~350 mA。

(3)方向特性。红外发光二极管的发射强度因发射方向而异。当方向角度为 0 时,其

放射强度定义为 100%；当方向角度越大时，其放射强度相对减少；当发射方向如由光轴取其方向角度一半时，其值即为峰值的一半，此角称为方向半值角，此角度越小，即代表元件的指向性越灵敏。一般使用的红外发光二极管均附有透镜，使其指向性更灵敏。

（4）距离特性。红外发光二极管的辐射强度，依光轴上的距离而变，亦随受光元件的不同而变。受光元件的入射光量变化和与红外发光二极管的距离呈一定特性。基本上入射光量是随距离的平方成反比，且和受光元件特性不同有关。

发射红外线去控制相应的受控装置时，其控制的距离与发射功率成正比。为了增加红外线的控制距离，红外发光二极管工作于脉冲状态。因为脉动光的有效传送距离与脉冲的峰值电流成正比，只需尽量提高峰值电流，就能增加红外光的发射距离。提高峰值电流的方法是减小脉冲占空比，即压缩脉冲的宽度，一般其使用频在 300 kHz 以下。

2. 红外接收二极管

红外接收二极管又叫红外光电二极管，也可称为红外光敏二极管，它广泛用于各种家用电器的遥控接收器中。红外接收二极管能很好地接收红外发光二极管发射的波长为 940 nm 的红外光信号，而对于其他波长的光线则不能接收，从而保证了接收的准确性和灵敏度。红外接收二极管外形如图 1-35 中 2 所示，最常用的型号为 RPM-301B。

光敏二极管又称光电二极管，它与普通半导体二极管在结构上是相似的。在光敏二极管管壳上有一个能射入光线的玻璃透镜，入射光通过透镜正好照射在管芯上。光敏二极管管芯是一个具有光敏特性的 PN 结，它被封装在管壳内。光敏二极管管芯的光敏面是通过扩散工艺在 N 型单晶硅上形成的一层薄膜。光敏二极管的管芯以及管芯上的 PN 结面积做得较大，而管芯上的电极面积做得较小，PN 结的结深比普通半导体二极管做得浅，这些结构上的特点都是为了提高光电转换的能力。另外，与普通半导体二极管一样，光敏二极管在硅片上生长了一层 SiO_2 保护层，它把 PN 结的边缘保护起来，从而提高了管子的稳定性，减少了暗电流。

光敏二极管与普通光敏二极管一样，它的 PN 结具有单向导电性，因此光敏二极管工作时应加上反向电压。当无光照射时，电路中也有很小的反向饱和漏电流，一般为 1×10^{-8}~ 1×10^{-9} A（称为暗电流），此时相当于光敏二极管截止；当有光照射时，PN 结附近受光子的轰击，半导体内被束缚的价电子吸收光子能量而被击发产生电子 - 空穴对，这些载流子的数目对于多数载流子影响不大，但对 P 区和 N 区的少数载流子来说，则会使少数载流子的浓度大大提高，在反向电压作用下，反向饱和漏电流大大增加，形成光电流，该光电流随入射光强度的变化而相应变化。光电流通过负载时，在电阻两端将得到随入射光变化的电压信号。光敏二极管就是这样完成光电转换的。

3. 发光二极管

发光二极管简称为 LED，是由含镓（Ga）、砷（As）、磷（P）、氮（N）、硅（Si）等的化合物制成的二极管，它与普通二极管一样是由一个 PN 结组成，也具有单向导电性，当电子与空穴复合时能辐射出可见光，因而可以用来制成发光二极管。其可在电路及仪器中作为指示灯,或者组成文字或数字显示。砷化镓二极管发红光,磷化镓二极管发绿光,碳化硅二极管发黄光,氮化镓二极管发蓝光。发光二极管的反向击穿电压大于5 V。它的正向伏安特性曲线很陡,使用时必须串联限流电阻以控制通过二极管的电流。

发光二极管的两根引线中较长的一根为正极,应接电源正极。有的发光二极管的两根引线一样长,但管壳上有一凸起的小舌,靠近小舌的引线是正极。

与白炽灯泡和氖灯相比,发光二极管具有以下特点:工作电压很低(有的仅有1 V多);工作电流很小(有的仅零点几毫安即可发光);抗冲击和抗震性能好,可靠性高,寿命长;通过调制通过的电流强弱可以方便地调制发光的强弱。由于有这些特点,发光二极管在一些光电控制设备中用作光源,在许多电子设备中用作信号显示器。发光二极管的管芯做成条状,用7个条状的发光二极管组成7段式半导体数码管,每个数码管可显示0~9等10个阿拉伯数字以及A,B,C,D,E,F等部分字母(必须区分大小写)。

1.4.2 电阻的识别

1. 固定电阻器

电阻器在日常生活中一般直接称为电阻。它是一个限流元件,将电阻接在电路中后,电阻器的阻值是固定的,其一般有两个引脚,它可限制通过它所连支路的电流大小。阻值不能改变的称为固定电阻器。阻值可变的称为电位器或可变电阻器。理想的电阻器是线性的,即通过电阻器的瞬时电流与外加瞬时电压成正比。用于分压的可变电阻器,在裸露的电阻体上,紧压着一至两个可移动金属触点,由触点位置可确定电阻体任一端与触点间的阻值。

如图1-35中3所示是固定电阻器,可以通过五色环法读出其阻值。例如:

(1)100 Ω电阻色环为"棕 黑 黑 黑 棕",电阻记数值为$100×10^0$ Ω,最后一位为误差位;

(2)330 Ω电阻色环为"橙 橙 黑 黑",电阻记数值为$330×10^0$ Ω;

(3)10 kΩ电阻色环为"棕 黑 黑 红",电阻记数值为$100×10^2$ Ω。

因为制作工艺的问题,有的厂家制造出来的色环电阻的色环色彩不是很清晰,可用万用表直接测量其阻值。

2. 可变电阻器

如图1-35中4所示是可变电阻器。可变电阻器一般用于需要调节电路电流或需要改变电路阻值的场合。可变电阻器可以改变信号发生器的特性,使灯光变暗,启动电动机或控制它的转速。根据用途的不同,可变电阻器的电阻材料可以是金属丝、金属片、碳膜或导电液。对于一般大小的电流,常用金属型可变电阻器。在电流很小的情况下,则使用碳膜型可变电阻器。当电流很大时,电解型可变电阻器最适用,这种可变电阻器的电极都浸在导电液中。电势计是可变电阻器的特殊形式,它使未知电压或未知电势相平衡,从而测出未知电压或未知电势差的大小。更为常用的电势器只不过是一个有两个固定接头的电阻器,第三个接头连到一个可调的电刷上。电位器的另一个用途是在音响设备中用作音响控制。

可变电阻与普通电阻在外形上有很大的区别,其具有下列一些特征,根据这些特征可以在线路板中识别可变电阻。

(1)可变电阻的体积比一般电阻的体积大些,同时电路中可变电阻较少,在线路板中能方便地找到它。

(2)可变电阻共有三个引脚,这三个引脚有区别,一个为动片引脚,另两个是定片引脚,一般两个定片引脚之间可以互换使用,而定片引脚与动片引脚之间不能互换使用。

(3)可变电阻上有一个调整口,用一字螺丝刀伸入此调整口中,转动螺丝刀可以改变动片的位置,从而进行阻值的调整。

(4)在可变电阻上可以看出它的标称阻值,这一标称阻值是指两个定片引脚之间的阻值,也是某一个定片引脚与动片引脚之间的最大阻值。

(5)立式可变电阻主要使用于小信号电路中,它的三个引脚垂直向下,垂直安装在线路板上,阻值调整口在水平方向。

(6)卧式可变电阻也使用于小信号电路中,它的三个引脚与电阻平面成90°,垂直向下,平卧地安装在线路板上,阻值调整口朝上。

(7)小型塑料外壳的可变电阻体积更小,呈圆形结构,它的三个引脚向下,阻值调整口朝上。

(8)用于功率较大场合下的可变电阻(线绕式结构)体积很大,动片可以左右滑动,从而进行阻值调节。

通常看到的可变电阻器上的标称阻值有 w503,w204,w102 等,它们是什么意思呢?w503 表示这个可变电阻器的阻值范围是 0~50 kΩ, 503 是 $50×10^3$ Ω=50 kΩ;同理 w101 表示100 Ω,w203 表示 20 kΩ,w104=100 kΩ。

1.4.3 运算放大器的识别

运放是一个从功能的角度命名的电路单元,可以由分立的器件实现,也可以在半导体芯片当中实现。随着半导体技术的发展,如今绝大部分的运放是以单片的形式存在。现今运放的种类繁多,广泛应用于几乎所有的行业当中。本项目电路采用的 uA741 是一款通用的单运放,是 8 引脚的集成芯片,其实物如图 1-35 中 6 所示,引脚结构如图 1-31 所示。

在红外发射和接收电路中,运放是作为电压比较器(不加负反馈)使用,可以用常见的LM324、LM358、TL081\2\3\4、OP07、OP27 来代替。LM339、LM393 是专业的电压比较器,切换速度快,延迟时间小,可用在专门的电压比较场合,当然它们也是一种运算放大器。

1.5 电路元器件的检测

1.5.1 红外发光二极管的检测

高亮度 LED、红外 LED、光电三极管的外形是一样的，非常容易搞混，因此需要通过简易测试将它们区分出来。可用指针式万用表（"R×1 k"挡）黑表笔接阳极、红表笔接阴极（应采用带夹子的表笔），测得正向电阻在 20~40 kΩ；黑表笔接阴极、红表笔接阳极，测得反向电阻大于 500 kΩ 者是红外发光二极管。由透明树脂封装的，可采用目测法判断正负极，即有圆形浅盘的极是负极。若正向电阻在 200 kΩ 以上（或指针微动），反向电阻接近无穷大者是普通发光二极管。若黑表笔接短脚、红表笔接长脚，遮住光线时电阻大于 200 kΩ，有光照射时阻值随光线强弱而变化（光线强时，电阻小）者是光电三极管。

红外发光二极管的好坏，可以按照测试普通硅二极管正反向电阻的方法进行测试。测量红外发光二极管正向电阻时，将万用表置于"R×10 k"挡，黑表笔接红外发光二极管正极，红表笔接负极，测量红外发光二极管的正、反向电阻。正常时，正向电阻为 15~40 kΩ（此值越小越好），反向电阻大于 500 kΩ。若测得正、反向电阻值均接近零，则说明该红外发光二极管内部被击穿损坏；若测得正、反向电阻值均为无穷大，则说明该红外发光二极管开路损坏；若测得反向电阻值远远小于 500 kΩ，则说明该红外发光二极管漏电损坏。

1.5.2 红外二极管的检测

红外二极管的极性不能搞错，通常较长的引脚为正极，另一引脚为负极。如果从引脚长度上无法辨识（如已剪短引脚的），可以通过测量其正、反向电阻确定，测得正向电阻较小时，黑表笔所接的引脚即为正极。

通过测量红外二极管的正、反向电阻，还可以在很大程度上推测其性能的优劣。以 500型万用表"R×1 k"挡为例，如果测得正向电阻值大于 20 kΩ，则存在老化的嫌疑；如果接近于零，则应报废。如果测得反向电阻值只有数千欧姆，甚至接近于零，则其必坏无疑；其反向电阻越大，表明其漏电流越小，质量越佳。测量红外发光二极管在发射器电路上的工作电压和工作电流，可以简便地判定其工作情况。测量二极管两端的工作电压时，静态下（即没有按键按下时）通常为零，而动态下（即按下某一按键时）将跳变为一个较小的电压值，因遥控系统的编码方式、驱动电路的结构以及工作电源电压的不同，该电压值通常在 0.07~0.4 V，而且表笔还应微微颤抖。当使用数字式万用表测量时，其测量值将普遍高于指针式万用表测得的数值，通常在 0.1~0.8 V。如果出现静态时表针颤抖而动态时不颤抖、静态下和动态下都颤抖、静态下和动态下均不颤抖，以及动态电压与静态电压无明显差别等现象，可判定红外发光二极管工作异常，若驱动放大电路正常，则多为红外发光二极管损坏。

红外二极管应保持清洁、完好状态，尤其是其前端的球面形发射部分既不能存在脏垢之类的污染物,更不能受到摩擦损伤,否则从管芯发出的红外光将产生反射及散射现象,直接影响到红外光的传播,轻者可能降低遥控的灵敏度、缩减控制距离,重者可能产生失灵甚至遥控失效。

1.5.3　发光二极管的检测

1. 用万用表检测

利用具有"R×10 k"挡的指针式万用表可以大致判断发光二极管的好坏。正常时,二极管正向电阻值为几十至 200 kΩ,反向电阻值为无穷大。如果正向电阻值为 0 或为 ∞,反向电阻值很小或为 0,则易损坏。这种检测方法,不能真实地看到发光二极管的发光情况,因为"R×10 k"挡不能向 LED 提供较大正向电流。

如果有两块指针式万用表(最好同型号),就可以较好地检查发光二极管的发光情况。具体方法是用一根导线将其中一块万用表的"+"接线柱与另一块万用表的"−"接线柱连接,余下的"−"笔接被测发光管的正极(P 区),余下的"+"笔接被测发光管的负极(N 区),且两块万用表均置"R×10"挡。正常情况下,接通后就能正常发光。若亮度很低,甚至不发光,可将两块万用表均拨至"R×1"挡,若仍很暗,甚至不发光,则说明该发光二极管性能不良或损坏。应注意,不能一开始测量就将两块万用表置于"R×1"挡,以免电流过大,损坏发光二极管。

2. 外接电源测量

用 3 V 稳压源或两节串联的干电池及万用表(指针式或数字式皆可)可以较准确测量发光二极管的光电特性。如果测得 U_F 在 1.4~3 V,且发光亮度正常,可以说明发光管正常。如果测得 $U_F=0$ 或 $U_F≈3$ V,且不发光,说明发光管已损坏。

1.5.4　电阻的检测

1. 固定电阻器的检测

将万用表两表笔(不分正负)分别与电阻的两端引脚相接,即可测出实际电阻值。为了提高测量精度,应根据被测电阻标称值的大小来选择量程。由于欧姆挡刻度的非线性关系,其中间一段分度较为精细,因此应使指针指示值尽可能落到刻度的中段位置,即全刻度起始的 20%~80% 弧度范围内,以使测量更准确。根据电阻误差等级不同,读数与标称阻值之间分别允许有 ±5%、±10% 或 ±20% 的误差。如不相符,超出误差范围,则说明该电阻值变化了。

注意:测试时,特别是在测几十千欧以上阻值的电阻时,手不要触及表笔和电阻的导电部分;被检测的电阻从电路中焊下来,至少要焊开一个头,以免电路中的其他元件对测试产生影响,造成测量误差;色环电阻的阻值虽然能以色环标志来确定,但在使用时最好还是用万用表测试一下其实际阻值。

2. 电位器的检测

检测电位器时,首先要转动旋柄,查看旋柄转动是否平滑,开关是否灵活,开关通、断时"喀哒"声是否清脆,并听一听电位器内部接触点和电阻体摩擦的声音,如有"沙沙"声,说明电位器质量不好。用万用表测试时,先根据被测电位器阻值的大小,选择好万用表的欧姆挡位,然后可按下述方法进行检测。

(1)用指针式万用表的欧姆挡测"1""2"两端,其读数应为电位器的标称阻值,如万用表的指针不动或阻值相差很多,则表明该电位器已损坏。

(2)检测电位器的活动臂与电阻片的接触是否良好。用指针式万用表的欧姆挡测"1""2"(或"2""3")两端,将电位器的转轴按逆时针方向旋至接近"关"的位置,这时电阻值越小越好;再顺时针慢慢旋转轴柄,电阻值应逐渐增大,表头中的指针应平稳移动。当轴柄旋至极端位置"3"时,阻值应接近电位器的标称阻值。如万用表的指针在电位器的轴柄转动过程中有跳动现象,说明活动触点有接触不良的故障。

1.5.5　集成芯片的检测

集成电路的封装形式、引脚顺序、封装材料及外形有多种,最常用的封装材料有塑料、陶瓷及金属 3 种,封装外形可分为圆形金属外壳封装(晶体管式封装)、陶瓷扁平或塑料外壳封装、双列直插式陶瓷或塑料封装、单列直插式封装等。

集成电路的引脚有 3、5、7、8、10、12、14、16 个等多种,正确识别引脚排列顺序是很重要的,否则集成电路无法正确安装、调试与维修,以至于不能正常工作,甚至造成损坏。集成电路的封装外形不同,其引脚排列顺序也不一样。

双列直插式集成电路的引脚识别方法是将其水平放置,引脚向下,即其型号、商标向上,定位标记在左边(若无定位标记,查看芯片上的标识,按正常看书的方式拿),从左下角第一个引脚数起,按逆时针方向,依次为 1 脚,2 脚,3 脚……

集成电路的检测一般分为非在路集成电路的检测和在路集成电路的检测。

1. 非在路集成电路的检测

非在路集成电路是指与实际电路完全脱开的集成电路,即集成电路本身。为减少不应有的损失,集成电路在往印制电路板上焊接前应先进行测试,保证其性能良好,然后再进行焊接,这一点尤其重要。

检测非在路集成电路好坏的准确方法是按制造厂商给定的测试电路和条件,逐项进行检测。而在一般性电子电路制作或维修过程中,较为常用的准确方法是先在印制电路板的对应位置焊接上一个集成电路插座,在断电情况下将被测集成电路插上。通电后,若电路工作正常,说明该集成电路的性能是好的;反之,若电路工作不正常,说明该集成电路的性能不良或者已损坏。此方法的优点是准确、实用,但焊接的工作量大,往往受到客观条件的限制。

检测非在路集成电路好坏比较简单的方法是用万用表欧姆挡测量集成电路各引脚对地的正、负电阻值。具体方法如下:将万用表置于"R×1k""R×100"挡或"R×10"挡上,先让红表笔接集成电路的接地引脚,然后将黑表笔从第一个引脚开始接触,依次测出各引脚相对应的阻值(正阻值);再让黑笔表接集成电路的同一接地脚,然后将红表笔从第一个引脚开始接触,测出另一电阻值(负阻值);将测得的两组正、负阻值和标准值比较,从中发现问题。

2. 在路集成电路的检测

(1)根据引脚在路阻值的变化判断集成电路的好坏。用万用表欧姆挡测量集成电路各引脚对地的正、负电阻值,然后与标准值进行比较,从中发现问题。

(2)根据引脚电压的变化判断集成电路的好坏。用万用表的直流电压挡依次检测在路集成电路各脚的对地电压,集成电路交易网在集成电路供电电压符合规定的情况下,如有不符合标准电压值的引出脚,再查其外围元件,若无损坏或失效,则可认为是集成电路的问题。

(3)根据引脚波形的变化判断集成电路的好坏。用示波器观测引脚的波形,并与标准波形进行比较,从中发现问题。

(4)还可以用同型号的集成电路进行替换试验,这是见效最快的方法,但拆焊较麻烦。

1.6　电路调试及故障分析

1.6.1　电路调试的意义

实践表明,一个电子装置,即使按照设计的电路参数进行安装,往往也难以达到预期的效果。这是因为人在设计时,不可能周全地考虑各种复杂的客观因素(如元件值的误差,器件参数的分散性,分布参数的影响等),必须通过安装后的测试和调整来发现和纠正设计方案的不足,然后采取措施加以改进,使装置达到预定的技术指标。因此,调试电子电路的技能对从事电子技术及其有关领域工作的人员来说,是不应缺少的。调试电子电路常用的仪器有万用表、示波器和信号发生器等。

电子电路调试包括测试和调整两个方面,调试的意义如下:

(1)通过调试使电子电路达到规定的指标;

(2)通过调试发现设计中存在的缺陷,并予以纠正。

1.6.2　电子电路调试的一般步骤

传统中医看病讲究"望、闻、问、切",其实调试电路也是如此。第一"望",要观察电路板的焊接如何,成熟的电子产品出现问题一般都是焊接问题;第二"闻",通电后听电路板是否有异常响动,如不该叫的叫了,该叫的不叫;第三"问",如果是自己第一次调,不是自己设计的要问电源是多少,别人是否调过,有什么问题;第四"切",检查芯片是否插牢,不易观察的焊点是否焊好。一般调试前做好以上几步,就可发现不少问题。

根据电子电路的复杂程度,调试可分步进行。

对于较简单的系统,调试步骤:电源调试→单板调试→联调。

对于复杂的系统,调试步骤:电源调试→单板调试→分机调试→主机调试→联调。

由此可明确三点:

(1)不论简单系统还是复杂系统,调试都是从电源开始入手的;

(2)调试方法都是先局部(单元电路)后整体,先静态后动态;

(3)调试一般要经过测量—调整—再测量—再调整的反复过程,对于复杂的电子系统,调试也是"系统集成"的过程。

在单元电路调试完成的基础上,可进行系统联调。例如,数据采集系统和控制系统,一般由模拟电路、数字电路和微处理器电路构成,调试时常把这3部分电路分开调试,3部分电路分别达到设计指标后,再加进接口电路进行总调。联调是对总电路的性能指标进行测试和调整,若不符合设计要求,应仔细分析原因,找出相应的单元进行调整。不排除要调整多个单元的参数或调整多次,甚至要修正方案的可能。

1. 电子电路调试的具体步骤

1)通电观察

通电后不要急于测量电气指标,而要观察电路有无异常,例如有无冒烟现象,有无异常气味,手摸集成电路外封装是否发烫等。如果出现异常现象,应立即关断电源,待排除故障后再通电。

2)静态调试

静态调试一般是指在不加输入信号,或只加固定的电平信号的条件下所进行的直流测试,可用万用表测出电路中各点的电位,通过和理论估算值比较,再结合电路原理的分析,判断电路直流工作状态是否正常,及时发现电路中已损坏或处于临界工作状态的元器件,最后通过更换器件或调整电路参数,使电路直流工作状态符合设计要求。

3)动态调试

动态调试是在静态调试的基础上进行的,即在电路的输入端加入合适的信号,按信号的流向,顺序检测各测试点的输出信号,若发现不正常现象,应分析其原因,并排除故障,再进行调试,直到满足设计要求。测试过程中不能凭感觉和印象,要始终借助仪器进行观察。使用示波器时,最好把示波器的信号输入方式置于"DC"挡,通过直流耦合方式,可同时观察被测信号的交、直流成分。通过调试,最后检查功能块和整机的各种指标(如信号的幅值、波形形状、相位关系、增益、输入阻抗和输出阻抗等)是否满足设计要求,如有必要,再进一步对电路参数提出合理的修正。

2. 电子电路调试的若干问题

(1)根据待调试系统的工作原理拟定调试步骤和测量方法,确定测试点,并在图纸和印制电路板上标出位置,画出调试数据记录表格等。

(2)搭设调试工作台,工作台配备所需的调试仪器,仪器的摆设应操作方便、便于观察。

学生往往不注意这个问题,在制作或调试时工作台很乱,工具、书本、衣物等与仪器混放在一起,这样会影响调试。

特别提示:在制作和调试时,一定要把工作台布置得干净、整洁,这便是"磨刀不误砍柴工"。

(3)对于硬件电路,应视被调试系统选择测量仪表,测量仪表的精度应优于被调试系统,对于软件调试,则应配备微机和开发装置。

(4)电子电路的调试顺序一般按信号流向进行,将前面调试过的电路输出信号作为后一级的输入信号,为最后统调创造条件。

(5)选用可编程逻辑器件实现的数字电路,应完成可编程逻辑器件源文件的输入、调试与下载,并将可编程逻辑器件和模拟电路连接成系统,进行总体调试和结果测试。

(6)在调试过程中,要认真观察和分析实验现象,做好记录,保证实验数据的完整可靠。

3. 调试前的工作

电路安装完毕,通常不宜急于通电,要先认真检查一下,具体检查内容如下。

(1)连线是否正确。检查电路连线是否正确,包括错线(连线端正确,零端错误)、少线(安装时完全漏掉的线)和多线(连线的两端在电路图上不存在)。查线的方法通常有以下两种。

①按照电路图检查安装的线路。这种方法的特点是根据电路图连线,按一定顺序逐一检查安装好的线路,由此可比较容易地查出错线和少线。

②按照实际线路对照原理电路进行查线。这是一种以元件为中心进行查线的方法。即把每个元件(包括器件)引脚的连线一次查清,检查每个去处在电路图上是否存在。这种方法不但可以查出错线和少线,还容易查出多线。为了防止出错,对于已查过的线通常应在电路图上做出标记. 最好用指针式万用表"R×1"挡,或数字式万用表欧姆挡的蜂鸣器来测量,而且直接测量元器件引脚,这样可以同时发现接触不良的地方。

(2)元器件安装情况。检查元器件引脚之间有无短路;连接处有无接触不良;二极管、三极管、集成器件和电解电容极性等是否连接有误。

(3)电源供电(包括极性)、信号源连线是否正确。

(4)电源端对地(⊥)是否存在短路。即在通电前,断开一根电源线,用万用表检查电源端对地(⊥)是否存在短路。

若电路经过上述检查,并确认无误后,就可进行电路调试。

4. 调试方法

调试包括测试和调整两个方面。所谓电子电路的调试,是以达到电路设计指标为目的而进行的一系列测量—判断—调整—再测量的反复过程。

为了使调试顺利进行,设计的电路图上应当标明各点的电位值、相应的波形图以及其他主要数据。

调试方法通常采用先分调后联调(总调)。

众所周知,任何复杂电路都是由一些基本单元电路组成的,因此调试时可以循着信号的流程,逐级调整各单元电路,使其参数基本符合设计指标。这种调试方法的核心是把组成电路的各功能块(或基本单元电路)先调试好,并在此基础上逐步扩大调试范围,最后完成整机调试。采用先分调后联调的优点是能及时发现问题和解决问题。新设计的电路一般采用这种方法进行调试。对于包括模拟电路、数字电路和微机系统的电子装置更应采用这种方法进行调试。因为只有把三部分分开调试,使其分别达到设计指标,并经过信号及电平转换电路后,才能实现整机联调。否则,若各电路要求的输入、输出电压和波形不匹配,盲目进行联调,就可能造成大量的器件损坏。

除上述方法外,对于已定型的产品和需要相互配合才能运行的产品也可采用一次性调试。

5. 调试注意事项

调试结果是否正确,在很大程度上受测量正确与否和测量精度的影响。为了保证调试的效果,必须减小测量误差,提高测量精度。为此,在调试中需注意以下几点。

1)正确使用测量仪器的接地端

凡是使用地端接机壳的电子仪器进行测量,仪器的接地端应和放大器的接地端连接在一起,否则仪器机壳引入的干扰不仅会使放大器的工作状态发生变化,而且会使测量结果出现误差。根据这一原则调试发射极偏置电路时,若需测量 U_{CEO},不应把仪器的两端直接接在集电极和发射极上,而应分别对地测出 U_C、U_E,然后将二者相减得 U_{CEO}。若使用干电池供电的万用表进行测量,由于万用表的两个输入端是浮动的,所以允许直接跨接到测量点进行测量。

2)测量电压所用仪器的输入阻抗必须远大于被测处的等效阻抗

若测量仪器输入阻抗小,则在测量时会引起分流,给测量结果带来很大误差。

3)测量仪器的带宽必须大于被测电路的带宽

例如,MF-20 型万用表的工作频率为 20~20 000 Hz,如果放大器的 $f_H=100\,\text{kHz}$,就不能用 MF-20 型万用表来测试放大器的幅频特性,否则测试结果不能反映放大器的真实情况。

4)正确选择测量点

用同一台测量仪器进行测量时,测量点不同,仪器内阻引进的误差大小就不同。例如,对于图 1-36 所示电路,测 C_1 点电压 U_{C1} 时,若选择 E_2 为测量点,测得 U_{E2},根据 $U_{C1}=U_{E2}+U_{RE2}$ 求得的结果可能比直接测 C_1 点得到的 U_{C1} 的误差要小得多。出现这种情况是因为 R_{E2} 较小,仪器内阻引进的测量误差小。

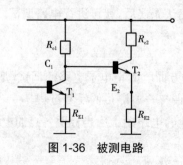

图 1-36　被测电路

5）测量方法要方便可行

需要测量某电路的电流时,一般尽可能测电压而不测电流,因为测电压不必改动被测电路,测量方便。若需知道某支路的电流值,可以通过测该支路上电阻两端的电压,再经过换算而得到。

6）调试过程中,不但要认真观察和测量,还要善于记录

记录的内容包括实验条件,观察的现象,测量的数据、波形和相位关系等。只有拥有大量可靠的实验记录,并与理论结果加以比较,才能发现电路设计上的问题,从而完善设计方案。

6.调试故障及分析

要认真查找故障原因,切不可一遇故障解决不了就拆掉线路重新安装。因为重新安装的线路仍可能存在各种问题,如果是原理上的问题,即使重新安装也解决不了问题。应当把查找故障、分析故障原因,看成一次好的学习机会,通过它来不断提高自己分析问题和解决问题的能力。

1）故障现象和产生故障的原因

Ⅰ.常见的故障现象

(1)放大电路没有输入信号,而有输出波形。

(2)放大电路有输入信号,但没有输出波形,或者波形异常。

(3)串联稳压电源无电压输出,或输出电压过高且不能调整,或输出稳压性能变坏、输出电压不稳定等。

(4)振荡电路不产生振荡。

(5)计数器输出波形不稳,或不能正确计数。

(6)收音机中出现"嗡嗡"交流声和"啪啪"汽船声等。

以上是最常见的一些故障现象,还有很多奇怪的现象,在这里就不一一列举了。

Ⅱ.产生故障的原因

故障产生的原因很多,情况也很复杂,有的是一种原因引起的简单故障,有的是多种原因相互作用引起的复杂故障。因此,引起故障的原因很难简单分类,这里只能进行粗略的分析。

(1)对于定型产品使用一段时间后出现故障,故障原因可能是元器件损坏,连线发生短路或断路(如焊点虚焊,接插件接触不良,可变电阻器、电位器、半可变电阻等接触不良,接触面表面镀层氧化等),或使用条件发生变化(如电网电压波动,过冷或过热的工作环境等)影响电子设备的正常运行。

(2)对于新设计安装的电路出现故障,故障原因可能是实际电路与设计的原理图不符,元器件使用不当造成损坏;设计的电路本身就存在某些严重缺点,不满足技术要求;连线发生短路或断路等。

(3)仪器使用不正确引起的故障,如示波器使用不正确而造成的波形异常或无波形,接

地问题处理不当而引入干扰等。

（4）各种干扰引起的故障。

2）检查故障的一般方法

查找故障的顺序可以从输入到输出，也可以从输出到输入。查找故障的一般方法有以下几种。

Ⅰ.直接观察法

直接观察法是指不用任何仪器，利用人的视、听、嗅、触觉等作为手段来发现问题，寻找和分析故障。

直接观察包括不通电检查和通电观察。

不通电检查仪器的选用和使用是否正确；电源电压的等级和极性是否符合要求；电解电容的极性、二极管和三极管的管脚、集成电路的引脚等有无错接、漏接、互碰等情况；布线是否合理；印刷电路板有无断线；电阻电容有无烧焦和炸裂等。

通电观察元器件有无发烫、冒烟，变压器有无焦味，电子管、示波管灯丝是否亮，有无高压打火等。

此方法简单，也很有效，可在初步检查时选用，但对比较隐蔽的故障无能为力。

Ⅱ.用万用表检查静态工作点

电子电路的供电系统，半导体三极管、集成块的直流工作状态（包括元器件引脚、电源电压），线路中的电阻值等都可用万用表测定。当测得值与正常值相差较大时，经过分析可找到故障。

Ⅲ.信号寻迹法

对于各种复杂的电路，可在输入端接入一个幅值一定、频率适当的信号（如对于多级放大器，可在其输入端接入 $f=1\,000\,Hz$ 的正弦信号），用示波器由前级到后级（或者相反），逐级观察波形及幅值的变化情况，如哪一级异常，则故障就在该级。这是深入检查电路的方法。

Ⅳ.对比法

若怀疑某一电路存在问题，可将此电路的参数和工作状态与相同的正常电路的参数（或理论分析的电流、电压、波形等）进行一一对比，从中找出电路中的不正常情况，进而分析故障原因，判断故障点。

Ⅴ.部件替换法

有时故障比较隐蔽，不能一眼看出，如果这时手头有与故障仪器同型号的仪器，可以将仪器中的部件、元器件、插件板等替换有故障仪器中的相应部件，以便于缩小故障范围，进一步查找故障。

Ⅵ.旁路法

当有寄生振荡现象时，可以利用适当容量的电容器，选择适当的检查点，将电容器临时跨接在检查点与参考接地点之间，如果振荡消失，就表明振荡是产生在此附近或前级电路中；否则就在后面，再移动检查点寻找。

应该指出的是,旁路电容要适当,不宜过大,只要能较好地消除有害信号即可。

VII. 短路法

短路法即采取临时性短接一部分电路来寻找故障的方法。如图 1-37 所示放大电路,用万用表测量 T_2 的集电极对地无电压,如果怀疑 L_1 断路,则可以将 L_1 两端短路,若此时有正常的 U_{C2} 值,则说明故障发生在 L_1 上。

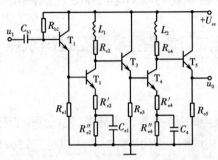

图 1-37 用于分析短路法的放大电路

短路法对检查断路的故障最有效,但要注意对电源(电路)是不能采用短路法的。

VIII. 断路法

断路法用于检查短路故障最有效。断路法也是一种使故障怀疑点范围逐步缩小的方法。例如,某稳压电源因接入一带有故障的电容,使输出电流过大,可采取依次断开电路的某一支路的方法来检查故障。如果断开某支路后,电流恢复正常,则故障就发生在该支路。

实际调试时,寻找故障原因的方法多种多样,以上仅列举了几种常用的方法。这些方法的使用可根据设备条件、故障情况灵活掌握,对于简单的故障用一种方法即可查找出故障点,但对于较复杂的故障则需采取多种方法互相补充、互相配合,才能找出故障点。在一般情况下,寻找故障的常规做法如下:

(1)用直接观察法,排除明显的故障;

(2)用万用表(或示波器)检查静态工作点;

(3)信号寻迹法对各种电路普遍适用而且简单直观,故利用信号寻迹法进行动态调试。

应当指出,对于反馈环内的故障诊断是比较困难的,在这个回路中,只要有一个元器件(或功能块)出现故障,则往往整个回路中处处都存在故障现象。其寻找故障的方法是先把反馈回路断开,使系统成为一个开环系统,然后再接入一个适当的输入信号,利用信号寻迹法逐一寻找发生故障的元器件(或功能块)。如图 1-38 所示是一个带有反馈的方波和锯齿波电压产生器电路,A_1 的输出信号 u_{01} 作为 A_2 的输入信号,A_2 的输出信号 u_{02} 作为 A_1 的输入信号,也就是说,不论 A_1 组成的过零比较器或 A_2 组成的积分器发生故障,都将导致 u_{01}、u_{02} 无输出波形。其寻找故障的方法是断开反馈回路中的一点(如 B_1 点或 B_2 点),假设断开 B_2 点,并从 B_2 与 R_7 连线端输入一适当幅值的锯齿波,用示波器观测 u_{01} 输出波形应为方波,u_{02} 输出波形应为锯齿波,如果 u_{01}(或 u_{02})没有波形或波形异常,则故障就发生在 A_1 组成的过零比较器(或 A_2 组成的积分器)电路上。

103

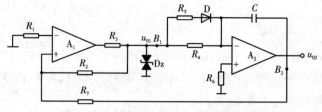

图 1-38　方波和锯齿波电压产生器电路

1.6.3　红外电路的调试（微课视频扫二维码观看）

1. 不通电测试

搭建好红外发射和接收电路后，不要急于通电，先认真检查接线是否正确，包括错线、少线、多线。多线一般是因为接线时看错引脚，或者改线时忘记去掉原来的旧线造成的，这在实验中经常发生，而查线时又不易发现，调试时往往会给人造成错觉，以为问题是由元器件造成的。为了避免做出错误判断，通常采用两种查线方法。

（1）按照设计的电路图检查安装的线路，把电路图上的连线按一定顺序在安装好的线路中逐一对应检查，这种方法比较容易找出错线和少线。

（2）按照实际线路对照电路原理图进行查找，即把一个元件引脚连线的去向一次查清，查找每个去处在电路图上是否存在，这种方法不但能查出错线和少线，还能检查出是否多线。

检查没有问题后，再用万用表测试电源和地之间是否短接，若用模拟万用表，则用欧姆挡测试地和电源之间的阻值来判断，电阻值为无穷大说明没有短接，电阻值为零则说明有短接；若用数字万用表，则可以使用测二极管的性能挡来判断，若短路则万用表会发出蜂鸣声和二极管点亮指示，若没有短路则不会发出声音，二极管也不会点亮。

2. 通电测试

如果经过不通电测试电路没有发现问题，且电源和地之间没有出现短接，则可以给电路通电进行测试。将电路中的"+5 V"和"GND"端子分别接在直流稳压电源的正极（"+"）和负极（"−"），这样即完成了电路的供电。此时不要急于测量数据和观察结果，首先要观察有无异常现象发生，包括有无冒烟，是否闻到异常气味，手摸元器件是否发烫，电源是否有短路现象等。如果出现异常现象，应立即关断电源，待排除故障后方可重新通电。如果没有观察到异常现象，用万用表测试电路的总电压是否正常，再测量各元件引脚的电源电压是否正常，有芯片的电路一定要测量芯片的电源和地之间是否形成所需要的电势差，以保证元器件能正常工作。电路电压没问题后，再将信号发生器输出交变信号连接到图 1-1 所示的红外发射电路的输入端。

3. 接入信号源调试

红外电路的电源有两种，一种是交流电源 U_i，另一种是直流电源 +5 V。+5 V 电源由直流稳压电源提供，U_i 信号则由信号发生器提供，作为电路的输入信号源。信号发生器可采用 YB1610H 数字合成函数波形发生器，它可以提供正弦波、方波、三角波等基本波形，也可以用类似的信号发生器代替。具体设置步骤如下：

（1）按下面板上的"波形"按键，选择波形为正弦信号或方波信号，再按"确定"键确定；

（2）按下面板上的"频率"按键，通过调整对应的"量程"，调整频率为 1 Hz（建议小于 10 Hz，这样现象会比较明显），再按"确定"键确定；

（3）按下面板上的"幅度"按键，通过调整对应的"量程"，调整电压峰 - 峰值为 1.5~2.5 V 范围内的一个确定值，再按"确定"键确定，如果红外发射电路中的限流电阻采用大于 100 Ω 的电阻，则需要将相应的电压峰—峰值设置高些。

这样输入信号 U_i 被设置完成，信号线接在"电压输出端"，红表笔连接在图 1-1 所示的红外发射电路的输入端，黑表笔连接在地端，从而完成了输入交变信号的连接。

4. 电路整体调试

输入信号连接好后，观察现象。一般情况下，上电后若看到发光二极管 LED 不闪烁，并一直亮着，则需要调整可调电阻 R_3，使发光二极管 LED 处于临界状态为佳（先亮着，稍微调一下可调电阻 R_3 就灭了，再调一下可调电阻 R_3 变为亮的状态）。若可调电阻 R_3 已经调整好，仍未观察到发光二极管 LED 闪烁，则要再次检查电路是否有漏接或错接的地方，再就是检查发射电路的输入信号 U_i 是否连接对，可以透过手机摄像头查看发射管是否有闪烁（该管为红外发射管，肉眼看不到红外线，但是可以用手机摄像头观察，一般可以看到微弱的光点）。经过反复的检测，如果线路连接没有问题，但仍然看不到现象，则需要测试器件是否有损坏（有些器件焊接前测试正常，在焊接中，由于焊接技术等的原因，会使元件损坏），排除硬件问题，一般可以观察到发光二极管闪烁现象。

5. 电路故障分析与排除

如果红外发射和接收电路一切正常，在红外发射电路输入端接入 10 Hz 左右的交变脉冲信号，红外接收电路接入 5 V 的电压，图 1-2 中的发光二极管 LED 将按照 U_i 接入脉冲信号的频率而闪烁。但在实际应用中都会出现一定的故障，学会排除电路的故障是本项目设计的一个重要环节。下面列举本项目常见的故障现象及排除方法。

1）红外发射电路无信号输出

首先将万用表调至二极管挡，用红、黑表笔接触红外发射电路的 U_i 端和接地端，检查电路是否短接，若没有短接，再将万用表调到欧姆挡，先检测整个电路的电阻，再检测红外发射二极管正负极性是否错接或损坏，根据检测结果排除故障，然后接入交变脉冲信号，红外发射二极管将向外发射红外光。

105

2)红外接收电路发光二极管 LED 不亮

首先用万用表检测发光二极管 LED 正负极是否接错,再检测发光二极管 LED 是否损坏,如果发光二极管正负极未接错,用万用表检测发光二极光正常发光,就需要查看电路的电压是否正常。先用万用表检查电路外接入 +5 V 和 GND 端电压压差是否为 5 V,再检测运算放大器 uA741 +V_{cc} 和 -V_{cc} 两端供电电压差是否为 5 V,若一切正常,则检测运算放大器 uA741 发光二极管 LED 的引脚信号,通过分析电路工作原理推测输出引脚电压的变化,调整运算放大器 uA741 输入端的可调电阻,检测运算放大器 uA741 引脚 2 的电压变化,如果引脚 2 电压有变化,但输出引脚 6 电压没有变化,还是低电平不变,则可能是运算放大器 uA741 损坏了。

3)红外接收电路发光二极管 LED 不闪烁

首先检测红外发射端输入 U_i 信号的频率,如果频率超过了人眼的闪烁频率(理论上,人眼的临界闪烁频率为 45.8 Hz,但实际上闪烁频率跟发光强度有关,发光强度不高,观察到闪烁现象的频率会降低,本项目中一般频率设置在 10 Hz 左右,闪烁现象会比较明显),则观察不到闪烁现象。

还可检测运算放大器 uA741 引脚 2 和引脚 3 两端的电压值,当红外发射端信号正常,且看不到发光二极管的闪烁现象时,可以调节可调电位器 R_3,通过 R_3 电阻值的变化,改变运算放大器 uA741 引脚 2 的电压而达到目的。

6. 红外电路调试注意事项

(1)发光二极管导通电流不能太大(小于 200 mA),所以在发光二极管电路中串联电阻 $R_0=(U_{cc}-U_f)/I_f$,其中 U_f 为正向导通电压,一般为 1~2 V,I_f 为导通电流,一般为 2~10 mA。

(2)红外发光二极管一般配对使用,如红外发射管 SE303 配接 PH302,发射管的导通电流为 30~50 mA,功率为 1~2.5 mW,接收管的电流为 5~10 mA,发射和接收距离一般为 50 m 左右,但因为在开放的实验室做实验存在较大的干扰,一般要求近距离对接。

(3)在通电前必须检查电路无误才可。

(4)信号发生器输出的电压峰—峰值为 1.5~2.5 V,建议频率不超过 10 Hz,在电压输出端输出。

【知识拓展】

1.7 项目所需仪器使用介绍

本项目使用的仪器有万用表、直流稳压电源、信号发生器。万用表用来进行元器件的性能检测,电路调试时通断路检测及信号测试等;直流稳压电源为电路提供 5 V 的直流电压;信号发生器为红外发射电路提供一定频率和幅度的脉冲信号。

1.7.1 数字万用表的使用

数字万用表是一种多用途电子测量仪器,它是利用模拟 / 数字转换原理,将被测量模拟电量参数转换成数字电量参数,并以数字形式显示的常用仪表。数字万用表与指针式万用表相比,具有精度高、速度快、输入阻抗高、对电路影响小、读数方便准确等优点。数字万用表有用于基本故障诊断的便携式装置,也有放置在工作台的装置,有的分辨率可以达到七八位。

1. 数字万用表的功能结构

图 1-39 所示为一款通用数字万用表的面板,各部分的功能如下。

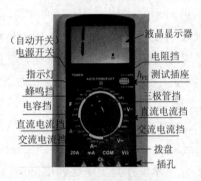

图 1-39 数字万用表面板

(1)电源开关(POWER),按下此开关,电源接通;再按一次,开关弹起,电源断开。

(2)拨盘(功能量程选择)开关,完成测量功能和量程的选择。

(3)插孔,共有 4 个,分别标有"V/Ω""COM""20 A""mA"。其中,"V/Ω"和"COM"两插孔间标有交流电压的有效值和直流电压的额定值;"mA"和"COM"以及"mA"和"20 A"之间分别标有交直流电流允许的最大值。测试过程中,黑表笔插在"COM"插孔中不变,测量电压时红表笔插在"V/Ω"插孔,测量电流时红表笔插在"mA"或"20 A"插孔中。

(4)h_{FE} 测试插座(8 孔),标有 E、B、C、E 字样。其中,E 孔有两个,它们在内部是连通的。该插座的上、下两行,分别用于测量 NPN、PNP 两种三极管的直流放大倍数(参数 h_{FE})。

(5)液晶显示器,最大显示值为 1999 或 -1999。此万用表可以自动调零,并自动显示被测量电量的极性。指示极性是指当被测量电压或电流为负值时,负号"-"点亮;为正值时,极性符号不显示。当万用表内所用的 9 V 叠层电池的电压低于 7 V 时,低压指示符号被点亮。显示器的最高位数字兼做超量程指示。

2. 数字万用表的使用方法

1)电阻测量

首先打开电源,将黑表笔插入"COM"插孔,红表笔插入"V/Ω"插孔,再将拨盘开关调节到电阻挡,将表笔测试端接于电阻两端,即可显示相应示值。如显示最大值"1"(溢出符号),必须向高电阻值挡位调整,直到显示为有效值为止。

为了保证测量准确性,在路测量电阻时最好断开电阻的一端,以免测量电阻时在电路中形成回路,影响测量结果。测量时可以用手接触电阻,但不要把手同时接触电阻两端,否则会影响测量精确度,因为人体是电阻很大但是有限大的导体。读数时,要保持表笔和电阻有良好的接触。

注意:不允许在通电情况下进行在线测量,测量前必须先切断电源,并将大容量电容放电。

2)"DCV"——直流电压测量

首先打开电源,将黑表笔插入"COM"插孔,红表笔插入"V/Ω"插孔。红、黑表笔必须与测试电压两端可靠接触(并联测量)。原则上由高电压挡位逐渐往低电压挡位调节测量,直到该挡位示值的 1/3~2/3 为止,此时示值才是一个比较准确的值。测量的数值可以直接从显示屏上读取,若显示为"1",则表明量程太小,那么就要加大量程后再测量。如果在数值左边出现"-",则表明表笔极性与实际电源极性相反,此时红表笔接的是负极。

注意:严禁以小电压挡位测量大电压,不允许在通电状态下调整量程选择开关。

3)"ACV"——交流电压测量

首先打开电源,将黑表笔插入"COM"插孔,红表笔插入"V/Ω"插孔。红、黑表笔必须与测试电压两端可靠接触(并联测量)。原则上由高电压挡位逐渐往低电压挡位调节测量,直到该挡位示值的 1/3~2/3 为止,此时示值才是一个比较准确的值。

注意:严禁以小电压挡位测量大电压,不允许在通电状态下调整量程选择开关。

4)二极管测量

数字万用表可以测量发光二极管、整流二极管等,测量时首先打开电源,将黑表笔插入"COM"插孔,红表笔插入"V/Ω"插孔,再将拨盘开关调至二极管挡位,黑表笔接二极管负极,红表笔接二极管正极,即可测量出二极管的正向压降值,如图 1-40 所示。肖特基二极管的压降是 0.2 V 左右,普通整流二极管(IN4000、IN5400 系列等)约为 0.7 V,发光二极管为 1.8~2.3 V。调换表笔,显示屏显示"1"则为正常,因为二极管的反向电阻很大,否则此管已被击穿。

5)晶体管电流放大系数 h_{EF} 测量

首先打开电源,将黑表笔插入"COM"插孔,红表笔插入"V/Ω"插孔,再将拨盘开关调至 h_{FE} 挡。其测量原理同二极管,即先假定 A 脚为基极,用黑表笔与该脚相接,红表笔分别接触其他两脚;若两次读数均为 0.7 V 左右,再用红表笔接 A 脚,黑表笔接触其他两脚,若均显示"1",则 A 脚为基极,否则需要重新测量,且此管为 PNP 管。根据被测晶体管选择"PNP"或"NPN"位置,将晶体管正确地插入测试插座,即可测量到晶体管的"h_{FE}"值。

注意:上面方法只能直接对如 9000 系列的小型管测量,若要测量大管,可以采用接线法,即用小导线将三个管脚引出,这样可方便很多。

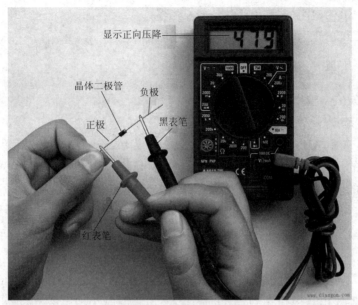

图 1-40 二极管测量

6）开路检测

首先打开电源，将黑表笔插入"COM"插孔，红表笔插入"V Ω"插孔，再将拨盘开关调至有蜂鸣器符号的挡位，表笔测试端可靠地接触测试点，若两者阻值在 20 Ω 左右，蜂鸣器就会响起来，表示线路是通的；若不响则说明线路不通。

注意：不允许在被测量电路通电的情况下进行检测。

7）电流的测量

（1）直流电流的测量：首先打开电源，将黑表笔插入"COM"插孔，若测量大于 200 mA 的电流，则要将红表笔插入"20 A"插孔，并将拨盘开关打到直流"20 A"挡；若测量小于 200 mA 的电流，则要将红表笔插入"mA"插孔，并将拨盘开关打到直流"200 mA"以内的合适量程。调整好后，就可以测量了。将万用表串联入电路中，保持稳定，即可读数。若显示"1"，则要加大量程；如果在数值左边出现"-"，则表明电流从黑表笔流进万用表。

（2）交流电流的测量：测量方法与直流电流的测量方法相同，不过挡位应该打到交流挡位，电流测量完毕后应将红表笔插回"V/Ω"插孔，若忘记这一步而直接测电压，万用表就会损坏。

109

1.7.2 信号发生器的使用

信号发生器是一种能提供各种频率、波形和输出电平电信号的设备。在测量各种电信系统或电信设备的振幅特性、频率特性、传输特性及其他电参数时，以及测量元器件的特性与参数时，信号发生器可用作测试的信号源或激励源。

信号发生器又称信号源或振荡器，在生产实践和科技领域中有着广泛的应用。各种波形曲线均可以用三角函数方程式来表示。能够产生多种波形，如三角波、锯齿波、矩形波

（含方波）、正弦波的电路，被称为函数信号发生器。

现以 ZPW2000，信号发生器模拟发生轨道电路信号。

1. 信号发生器应用

1）用信号发生器输出信号

波形选择，选择"~"键，输出信号即为正弦波信号。

频率选择，选择"kHz"键，输出信号频率以 kHz 为单位。

必须说明的是，信号发生器的测频电路，按键和旋钮要求缓慢调节；信号发生器本身能显示输出信号的值，当输出电压不符合要求时，需要另配交流毫伏表测量输出电压，选择不同的衰减再配合调节输出正弦信号的幅度，直到输出电压达到要求。

若要观察输出信号波形，可把信号输入示波器。若需要输出其他信号，可参考上述步骤操作。

2）用信号发生器测量电子电路的灵敏度

信号发生器发出与电路相同模式的信号，然后逐渐减小输出信号的幅度（强度），同时监测输出的水平。当电子电路输出有效信号与噪声的比例劣化到一定程度时（一般灵敏度测试信噪比标准 $S/N=12$ dB），信号发生器输出的电平数值就等于所测电子电路的灵敏度。在此测试中，信号发生器模拟了信号，而且模拟的信号强度是可以人为控制调节的。

用信号发生器测量电子电路的灵敏度，其标准的连接方法是信号发生器信号输出通过电缆接到电子电路输入端，电子电路输出端连接示波器输入端。

3）用信号发生器测量电子电路的通道故障

信号发生器可以用来查找通道故障。其基本原理是由前级往后级，逐一测量接收通路中每一级放大器和滤波器，找出哪一级放大电路没有达到设计应有的放大大量或者哪一级滤波电路衰减过大。信号发生器在此扮演的是标准信号源的角色。信号源在输入端输入一个已知幅度的信号，然后通过超电压表或者频率足够高的示波器，从输入端口逐级测量增益情况，找出增益异常的单元，再进一步细查，最后确诊存在故障的零部件。

信号发生器可以用来调测滤波器，调测滤波器的理想仪器是网络分析仪和扫频仪，其主要功能部件之一就是信号发生器。在没有这些高级仪器的情况下，信号发生器配合高频电压测量工具，如超高频毫伏表、频率足够高的示波器、测量接收机等，也能勉强调试滤波器，其基本原理是测量滤波器带通频段内外对信号的衰减情况。信号发生器在此扮演的是标准信号源的角色，信号发生器产生一个相对比较强的已知频率和幅度的信号，从滤波器或者双工器的输入端输入，测量输出信号衰减情况。带通滤波器要求带内衰减尽量小，带外衰减尽量大，而陷波器正好相反，陷波频点衰减越大越好。因为普通的信号发生器都是固定单点频率发射的，所以调测滤波器需要采用多个测试点来"统调"。如果有扫频信号源和配套的频谱仪，就能图示化地看到滤波器的全面频率特性，调试起来极为方便。

2. 信号发生器的使用方法

以数字合成函数波形发生器 YB1610H 为例，设置信号为方波，频率为 1 Hz，电压峰 -

峰值为 2 V 的信号设置步骤如下：

（1）按下面板上的"波形"按键，选择波形为方波信号，再按"确定"键确定；

（2）按下面板上的"频率"按键，通过调整对应的"量程"，将频率单位设置为 Hz，再通过信号发生器面板的数字键盘，将数值调整 1，再按"确定"键确定；

（3）按下面板上的"幅度"按键，通过调整对应的"量程"（设置电压值的单位，默认为 mV，需要根据实际需要切换到 V），调整电压峰 - 峰值为 2 V，再按"确定"键确定，根据实际电路需要，相应地调整电压的峰值。

若输出峰值电压需要将信号线接在"电压输出端"，红表笔连接电路的正极，黑表笔连接在地或负极端。

【项目小结】

本项目从对简易红外发射和接收电路的工作原理分析，到设计电路，并在点阵板上布局、焊接，最后调试电路，排除电路故障得出相应的结论来进行。

1. 简易红外电路的分析与设计：分析红外发射电路的工作原理、红外接收电路的工作原理，依据电路的工作原理设计电路，并在点阵板上进行焊接。

2. 电路主要元器件介绍、识别与检测：介绍电阻、电容、晶体二极管、运算放大器的特性，讲解它们的识别与检测方法。

3. 电路的调试及故障分析：根据电路原理图焊接好电路后，对电路进行不通电调试、通电调试，找出电路故障、排除故障，直到达到电路要求的性能。

【实验与思考题】

1. 如何用万用表测量电解电容的极性？

2. 用稳压电源或干电池测发光二极管的极性时，与发光二极管相串联的电阻应如何选取？

3. 如何利用万用表判别普通二极管、稳压二极管、变容二极管的极性？

4. 如何利用万用表判断电容器的质量？

5. 简述调试电路的一般步骤。

项目 2　定时电路的设计

人类最早使用的定时工具是沙漏或水漏,但在钟表诞生并发展成熟之后,人们开始尝试使用这种全新的计时工具来改进定时器,达到准确控制时间的目的。定时器确实是一项了不起的发明,使相当多需要人控制时间的工作变得简单了许多。人们甚至将定时器用在军事方面,制成了定时炸弹、定时雷管。现在的不少家用电器都安装了定时器来控制开关或工作时间。

通过本项目的练习,让学生掌握集成电路定时器 555 的基本工作原理,以及其构成的单稳态触发器的工作原理与应用电路的设计方法,并能独立完成简单定时电路的设计。

【教学导航】

教	知识重点	1. 集成芯片 555 定时器的内部结构及其性能特点 2. 集成芯片 555 定时器的应用及其工作原理 3. 由 555 定时器构成的单稳态触发器的工作原理与应用电路的设计方法 4. 电阻、电容、晶体二极管、555 定时器的识别与测试 5. 定时电路调试的方式方法 6. 定时电路设计的注意事项
	知识难点	1. 555 定时器基本工作原理的分析 2. 由 555 定时器构成的单稳态触发器的设计原理与方法
	推荐教学方式	教 - 学 - 做一体化,通过教师分析电路工作原理,分解项目任务,让学生逐渐理解电路的工作原理,将设计电路 PCB 板的全局观、布局观应用于本电路的搭建与焊接,通过理解 555 定时电路的工作原理和分析排除故障,调试出电路的现象
	建议学时	4 学时
学	推荐学习方法	手动焊接,学会简单电路的布局、调试;学会简单电路的排除故障方法;训练器件识别与检测,能对一般元器件进行识别与性能好坏辨别
	必须掌握的理论知识	1. 集成芯片 555 定时器的内部结构及其性能特点 2. 集成芯片 555 定时器的应用及其工作原理 3. 由 555 定时器构成的单稳态触发器的工作原理
	必须掌握的技能	能独立完成简单定时设计及电路的调试与故障排除

【相关知识】

2.1　时钟脉冲发生器电路分析

2.1.1　时钟脉冲发生器的工作原理（微课视频扫二维码观看）

　　555 组成的调谐振荡器可以用作各种时钟脉冲发生器,图 2-1 所示电路为占空比可调的时钟脉冲发生器。该电路组成比较简单,发光二极管 D 作为指示灯,R_3 是发光二极管 D 的分压限流电阻,C_1 为滤波电容,C 为定时电容,R_1、R_2、R_p 为定时电路的限流电阻,二极管 D_1、D_2 在此作为电子开关,接入两个二极管 D_1、D_2 后,将电容 C 的充放电回路分开,放电回路为 D_2、R_B（R_2 与 R_p 下半部分）、内部三极管 T 及电容 C,放电时间为

$$t_1 \approx 0.7 R_B C \tag{2-1}$$

充电回路为 R_A（R_1 与 R_p 上半部分）、D_1、C,充电时间为

$$t_2 \approx 0.7 R_A C \tag{2-2}$$

　　输出脉冲的频率为

$$f_0 = \frac{1.43}{(R_A + R_B)C} \tag{2-3}$$

　　调节电位器 R_p 可改变输出脉冲的占空比,但频率不变。如果 $R_A = R_B$,则可获得对称方波。

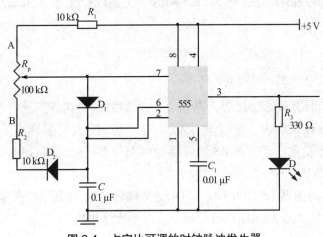

图 2-1　占空比可调的时钟脉冲发生器

2.1.2　555 定时器的内部结构及性能特点

　　555 定时器的内部结构如图 2-2（a）中虚线框所示。其中,三极管 T 起开关控制作用,

A_1 为反相比较器，A_2 为同相比较器，比较器的基准电压由电源电压 $+U_{CC}$ 及内部电阻的分压比决定，RS 触发器具有复位控制功能，可控制 T 的导通和截止。

555 定时器的电压范围较宽，在 $+3\sim+18$ V 范围内均能正常工作，其输出电压的低电平 $U_{OL}\approx0$，高电平 $U_{OH}\approx+U_{CC}$，可与其他数字集成电路（CMOS、TTL 等）兼容，而且其输出电流可达到 100 mA，能直接驱动继电器。555 定时器的输入阻抗极高，输入电流仅为 0.1 μA，用作定时器时，定时时间长而且稳定。555 定时器的静态电流较小，一般为 800 μA 左右。

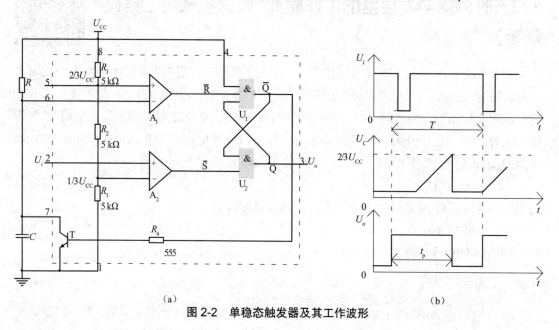

（a）　　　　　　　　　　　　　　　　　（b）

图 2-2　单稳态触发器及其工作波形

2.1.3　555 定时器的应用及工作原理（微课视频扫二维码观看）

1.RS 触发器的工作原理与应用

触发器是一个具有记忆功能的二进制信息存储器件，是构成多种时序电路的最基本逻辑单元。触发器具有"0"和"1"两个稳定状态，在一定的外界信号作用下，可以从一个稳定状态翻转到另一个稳定状态。而 RS 触发器由两个与非门交叉耦合构成。RS 触发器具有置"0"、置"1"和"保持"三种功能。

基本 RS 触发器由两个与非门 G_1 和 G_2 交叉耦合构成，如图 2-3 所示。Q、$\overline{Q}$ 是两个输出端，在正常情况下，两个输出端保持稳定的状态且始终相反。

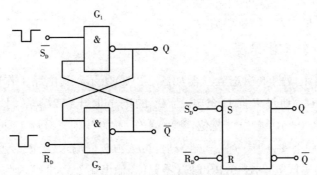

图 2-3 由与非门组成的基本 RS 触发器

当 $\overline{S}_D$ =1 时，Q=0；反之，当 $\overline{S}_D$ =0 时，Q=1，所以称为双稳态触发器。触发器的状态以 $\overline{R}_D$ 端为标志，当 $\overline{R}_D$ =1 时称为触发器处于 1 态，即置位状态；当 $\overline{R}_D$ =0 时则称为触发器处于 0 态，即复位状态。$\overline{R}_D$、$\overline{S}_D$ 是信号输入端，平时固定接高电平 1，当加负脉冲后，由 1 变为 0。

下面分析基本 RS 触发器的逻辑功能。

当 $\overline{R}_D$ = $\overline{S}_D$ =1 时，触发器保持原态不变。如果原输出状态 Q=0，则 G_2 输出 $\overline{Q}$ =1，这样 G_1 的两个输入端均为 1，所以输出 Q=0，即触发器保持原来的 0 态。同样，当原状态 Q=1 时，触发器也将保持 1 态不变。这种由过去的状态决定现在状态的功能就是触发器的记忆功能，这也是时序逻辑电路与组合逻辑电路的本质区别。

当 $\overline{R}_D$ =1，$\overline{S}_D$ =0 时，因 G_1 有一个输入端为 0，故输出 Q=1，这样 G_2 的两个输入端均为 1，所以输出 $\overline{Q}$ =0，即触发器处于 1 态，故 $\overline{R}_D$ 端被称为置位或置 1 端。

当 $\overline{R}_D$ = $\overline{S}_D$ =0 时，显然 Q= $\overline{Q}$ =1，此状态不是触发器定义状态。当负脉冲除去后，触发器的状态为不定状态，因此这种情况在使用中应该禁止出现。

基本 RS 触发器逻辑关系可用表 2-1 所示。

表 2-1 由与非门组成的基本 RS 触发器特性表

$\overline{R}_D$	$\overline{S}_D$	输出 Q_n	说明
0	0	不定	禁止
0	1	0	复位
1	0	1	置位
1	1	Q_{n-1}	保持

表 2-1 中，$\overline{R}_D$、$\overline{S}_D$ 分别表示输入信号，作用前后触发器的输出状态 Q_n 称为现态，Q_{n-1} 称为次态。

基本 RS 触发器置 0 或置 1 是利用 $\overline{R}_D$、$\overline{S}_D$ 端的负脉冲实现的。图 2-3 所示逻辑符号中，$\overline{R}_D$ 端和 $\overline{S}_D$ 端的小圆圈表示用负脉冲对触发器置 0 或置 1。

RS 触发器一般用来抵抗开关的抖动。为了消除开关的接触抖动，可在机械开关与被驱动电路间接入一个基本 RS 触发器。

2.555 定时器的工作原理

由 555 定时器组成的单稳态触发器如图 2-2（a）所示。其电路工作原理：接通电源，设三极管 T 截止，$+U_{CC}$ 通过 R 向 C 充电，当 U_C 的电压上升到 $2U_{CC}/3$ 时，反相比较器 A_1 翻转，输出低电平，R=0，RS 触发器复位，输出端 U_o 为"0"，则三极管 T 导通，C 经 T 迅速放电，输出端为零保持不变；如果负跳变触发脉冲 U_i 由 2 端输入，当 U_i 下降到 $U_{CC}/3$ 时，同相比较器 A_2 翻转，输出低电平，S=0，RS 触发器置位，输出端 U_o 为"1"，则三极管 T 截止，电源 $+U_{CC}$ 经 R 再次向 C 充电，以后重复上述过程。其工作波形如图 2-2（b）所示，其中 U_i 为输入触发脉冲，U_C 为电容 C 两端的电压，U_o 为输出脉冲，t_p 为延时脉冲的宽度（或延时时间），分析表明：

$$t_p = RC\ln 3 \approx 1.1RC \tag{2-4}$$

触发脉冲的周期 T 应大于 t_p 才能保证每个负脉冲起作用。555 定时器的功能表见表 2-2。

表 2-2　555 定时器的功能表

输入			输出	
阈值输入（6）	触发输出（2）	复位（4）	输出（3）	三极管 T
×	×	0	0	导通
$<2U_{CC}/3$	$<U_{CC}/3$	1	1	截止
$>2U_{CC}/3$	$>U_{CC}/3$	1	0	导通
$<2U_{CC}/3$	$>U_{CC}/3$	1	不变	不变

【项目实施】

2.2　电路设计

2.2.1　定时电路设计步骤

（1）各小组按电路要求领取所需元器件，分工检测元器件的性能。

（2）依据图 2-1 所示电路原理图，各小组讨论如何布局，最后确定一最佳方案在点阵板上搭建好图 2-1 所示电路图。

（3）检查电路无误后，从直流稳压电源送入 5 V 的电压。

（4）将 555 定时器 3 脚的信号送入示波器，观察示波器的波形，出现方波后，调节可调电阻 R_p，观察波形的变化。

（5）记录结果，并撰写技术文档。

2.2.2 电路元器件清单

分析电路原理图 2-1，所需元器件清单见表 2-3。

表 2-3 时钟脉冲发生器元器件清单

元件名称	数量	备注
定时器	1	NE555
发光二极管	1	一般用红色
普通二极管	2	IN4007
瓷片电容	1	103
瓷片电容	1	104
10 kΩ 电阻	2	
330 Ω 电阻	1	
可调电位器	1	100 kΩ

注：二极管 IN4007 灰色圆环为负极；电容 $103=10\times10^3$ pF$=0.01$ μF。

2.3 电路元器件的识别

2.3.1 二极管的识别

二极管一般一端都会有特殊的标记，有标记的一端为二极管的负极，如图 2-4 中 3 所示为二极管，其灰色圆环端为二极管的负极。

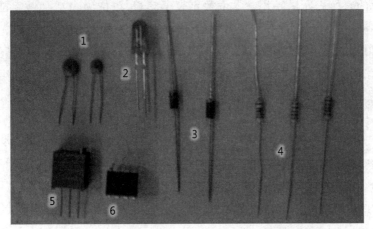

图 2-4 占空比可调的时钟脉冲发生器电路元器件实物图

1—瓷片电容 103、104；2—发光二极管；3—普通二极管；4—固定电阻；5—可调电位器；6—555 定时器

117

国产二极管的型号命名通常根据国家标准 GB/T 249—2017 规定执行,由五部分组成。

(1)第一部分:用 2 表示二极管。

(2)第二部分:用汉语拼音字母表示器件的材料,如 A—N 型锗材料,B—P 型锗材料,C—N 型硅材料,D—P 型硅材料。

(3)第三部分:用汉语拼音字母表示器件的类型,如 P—普通管,V—微波管,W—稳压管,C—参量管,Z—整流管,L—整流堆,S—隧道管,N—阻尼管,U—光电器件,K—开关管。

(4)第四部分:用数字表示器件序号。

(5)第五部分:用汉语拼音字母表示规格的区别代号,A、B、C、D、E 表示耐压档次,A 是 25 V 耐压,B 是 50 V 耐压,C 是 100 V 耐压。

2.3.2 电容的识别

在各种电子设备中,调谐、耦合、滤波、去耦、隔断直流电、旁路交流电等,都需要用到电容。电容是由两片金属膜紧靠,中间用绝缘材料隔开而组成的元件。电容的特性主要是隔直流通交流。电容量表示其贮存电能的能力,电容对交流信号的阻碍作用称为容抗,它与交流信号的频率和电容量有关。容抗 $X_C=1/2\pi f_C$(f 表示交流信号的频率,C 表示电容容量)。常用电容的种类有电解电容、瓷片电容、贴片电容、独石电容、钽电容和涤纶电容等。

电容器的容量值标注方法有字母数字混合标法、不标单位的直接表示法、数码表示法、色码表示法。

字母数字混合标法是国际电工委员会推荐的表示方法。其具体内容是用 2~4 位数字和一个字母表示标称容量,其中数字表示有效数值,字母表示数值的单位。字母有时既表示单位也表示小数点。例如:

33 m=33×10³ μF=33 000 μF   47n=47×10⁻³ μF=0.047 μF

3μ3=3.3 μF   5n9=5.9×10³ pF=5 900 pF

2p2=2.2 pF   μ22=0.22 μF

不标单位的直接表示法是用 1~4 位数字表示容量,单位为 pF。如数字部分大于 1,单位为 pF;如数字部分大于 0 而小于 1,单位为 mF。如 3300 表示 3 300 pF,680 表示 680 pF,7 表示 7 pF,0.056 表示 0.056 mF。

数码表示法一般用三位数表示容量的大小,前面两位数字为电容器标称容量的有效数字,第三位数字表示有效数字后面零的个数,单位为 pF。例如:

102=10×10² pF=1 000 pF   221=22×10¹ pF=220 pF

224=22×10⁴ pF=220 000 pF=0.22 μF   473=47×10³ pF=47 000 pF=0.047 pF

本电路中用到了如图 2-4 中 1 所示两个瓷片电容,采用三位数表示电容量,其中 104=10×10⁴ pF = 0.1 μF,103=10×10³ pF =0.01 μF。

色码表示法是用不同的颜色表示不同的数字,其颜色和识别方法与电阻色码表示法一样,单位为 pF。

电容器容量误差的表示法有两种。一种是将电容量的绝对误差范围直接标注在电容器上,即直接表示法,如 2.2±0.2 pF。另一种是直接将字母或百分比误差标注在电容器上。用字母表示的百分比误差, D 表示 ±0.5%；F 表示 ±0.1%；G 表示 ±2%；J 表示 ±5%；K 表示 ±10%；M 表示 ±20%；N 表示 ±30%；P 表示 ±50%。如电容器上标有 334K,则表示容量为 0.33 mF,误差为 ±10%；如电容器上标有 103P,则表示这个电容器的容量变化范围为 0.01~0.02 mF,P 不能误认为是单位 pF。

2.3.3　电阻的识别

本电路用到两种电阻,固定电阻和可调电位器。

3 个固定电阻,其中两个为 10 kΩ、一个为 330 Ω,通过色环法可读出其阻值。

330 Ω 电阻色环为"橙 橙 黑 黑",电阻记数值为 330×10^0 Ω,最后一位为误差位。

10 kΩ 电阻色环为"棕 黑 黑 红",电阻记数值为 100×10^2 Ω,最后一位为误差位。

一个可调电位器,上面阻值标称为 w104,其值为 10×10^4 Ω= 100 kΩ。

因为制作工艺的问题,有的厂家制造出来的色环电阻的色环色彩不是很清晰,如果不能通过色环辨别,也可用万用表直接测量其阻值。

用万用表检测电阻的性能时,要选用合适的欧姆挡,通过测量电阻的阻值即可分辨其性能的好坏。

2.3.4　555 定时器的识别

555 定时器是一种模拟和数字功能相结合的中规模集成器件。一般用双极型（TTL）工艺制作的称为 555,用互补金属氧化物（CMOS ）工艺制作的称为 7555,除单定时器外,还有对应的双定时器 556/7556。555 定时器的电源电压范围宽,可在 4.5~16 V 工作, 7555 可在 3~18 V 工作,输出驱动电流约为 200 mA,因而其输出可与 TTL、CMOS 或者模拟电路电平兼容。555 定时器成本低,性能可靠,只需要外接几个电阻、电容,就可以实现多谐振荡器、单稳态触发器及施密特触发器等脉冲产生与变换电路,也常作为定时器广泛应用于仪器仪表、家用电器、电子测量及自动控制等方面。555 定时器实物如图 2-4 中 6 所示。

555 定时器的引脚结构如图 2-5 所示,其各个引脚功能如下。

1 脚:外接电源负端或接地,一般情况下接地。

2 脚:低触发端 TR。

3 脚:输出端。

4 脚:直接清零端。当此端接低电平时,则基电路不工作,此时不论 TR、TH 处于何电平,时基电路输出均为"0",该端不用时应接高电平。

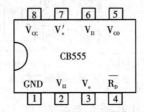

图 2-5　555 定时器引脚结构图

5 脚:控制电压端。若此端外接电压,则可改变内部两个比较器的基准电压,当该端不用时,应将该端串入一个 0.01 μF 电容接地,以防引入干扰。

6 脚:高触发端 TH。

7 脚:放电端。该端与放电管集电极相连,用作定时器时电容的放电。

8 脚:外接电源端 V_{CC}。双极型时基电路 U_{CC} 的范围是 4.5 ~ 16 V,CMOS 型时基电路 U_{CC} 的范围为 3 ~ 18 V,一般用 5 V。

在 1 脚接地,5 脚未外接电压,两个比较器 A_1、A_2 基准电压分别为 $2U_{CC}/3$、$U_{CC}/3$ 的情况下,555 定时器电路的功能表见表 2-4。

表 2-4　555 定时器的功能表

清零端	高触发端 TH	低触发端 TR	Q	三极管 T	功能
0	×	×	0	导通	直接清零
1	0	1	×	保持上一状态	保持上一状态
1	1	0	1	截止	置1
1	0	0	1	截止	置1
1	1	1	0	导通	清零

2.4　电路元器件的检测

2.4.1　二极管的检测

将万用表打到蜂鸣二极管挡,红表笔接二极管的正极,黑表笔接二极管的负极,此时测量的是二极管的正向导通阻值,也就是二极管的正向压降值,如图 2-6 所示。不同的二极管,根据其内部材料不同,所测得的正向压降值也不同。

注意:用数字式万用表检测二极管时,红表笔接二极管的正极,黑表笔接二极管的负极,此时测得的阻值才是二极管的正向导通阻值,这与指针式万用表的表笔接法刚好相反。

二极管的故障主要表现在开路、短路和稳压不稳定。在这 3 种故障中,前一种故障表现为电源电压升高;后两种故障表现为电源电压变低到零或输出不稳定。

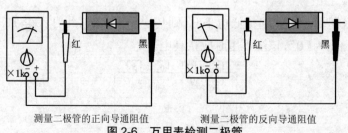

测量二极管的正向导通阻值　　　　测量二极管的反向导通阻值

图 2-6　万用表检测二极管

性能检测:正向压降值读数在 300~800 为正常,若显示为 0 说明二极管短路或击穿,若显示为 1 说明二极管开路。将表笔调换再测,读数应为 1 即无穷大,若不是 1 说明二极管损坏。正向压降值在 200 左右时,为稳压二极管;快恢复二极管的两读数都在 200 左右正常。测稳压二极管通常所用到的稳压管的稳压值一般都大于 1.5 V,而指针式万用表的"R×1"以下的电阻挡是用表内的 1.5 V 电池供电,从而用"R×1"以下的电阻挡测量稳压管就如同测二极管一样,具有完全的单向导电性。但指针式万用表的"R×10"挡是用 9 V 或 15 V 电池供电的,在用"R×10"挡测稳压值小于 9 V 或 15 V 的稳压管时,反向阻值就不会是无穷大,而是有一定阻值,但这个阻值还是要远远高于稳压管的正向阻值。如此,就可以初步估测出稳压管的好坏。

但是,好的稳压管还要有一个准确的稳压值,一般条件下怎么估测出这个稳压值呢?不难,用两块指针式万用表即可实现。其方法是先将一块表置于"R×10"挡,其黑、红表笔分别接在稳压管的阴极和阳极,这时就模拟出稳压管的实际工作状态,再取另一块表置于电压挡"V×10"或"V×50"(根据稳压值)上,将红、黑表笔分别搭接到刚才那块表的黑、红表笔上,这时测出的电压值就基本上是这个稳压管的稳压值。之所以说"基本上",是因为第一块表对稳压管的偏置电流相对正常使用时的偏置电流稍小些,所以测出的稳压值会稍偏大一点,但基本相差不大。这个方法只可估测稳压值小于指针式万用表高压电池电压的稳压管。如果稳压管的稳压值太高,就只能用外加电源的方法测量(这样看来,在选用指针式万用表时,选用高压电池电压为 15 V 要比 9 V 更适用些)。

2.4.2　电容的检测

电容的检测方法主要有两种:一种是采用万用表欧姆挡检测法,这种方法操作简单,检测结果基本上能够说明问题;另一种是采用代替检查法,这种方法的检测结果可靠,但操作比较麻烦,一般多用于在路检测。在修理过程中,一般是先用第一种方法检测,再用第二种方法加以确定。

1. 万用表检测法

1)用电容挡直接检测

某些数字万用表具有测量电容的功能,其量程分为 2000p、20n、200n、2μ 和 20μ 五挡。测量时可将已放电的电容两引脚直接插入表板上的 Cx 插孔,选取适当的量程后就可读取显示数据,如图 2-7 所示。2000p 挡,宜于测量小于 2 000 pF 的电容;20n 挡,宜于测量 2 000 pF~20 nF 的电容;200n 挡,宜于测量 20 nF~200 nF 的电容;2μ 挡,宜于测量 200 nF~2 μF 的电容;20μ 挡,宜于测量 2 μF~20 μF 的电容。

经验证明,有些型号的数字万用表(例如 DT890B+)在测量 50 pF 以下的小容量电容时误差较大,测量 20 pF 以下电容几乎没有参考价值。此时,可采用串联法测量小电容。其具体方法是先找一个 220 pF 左右的电容,用数字万用表测出其实际容量 C_1,然后把待测小电容与之并联测出其总容量 C_2,则两者之差(C_1-C_2)即是待测小电容的容量。用此法测量 1~20 pF 的小容量电容很准确。

用数字万用表测量 1 μF 电解电容　　用数字万用表测量 180 pF 瓷片电容

图 2-7　万用表检测电容

2）用电阻挡检测

实践证明,利用数字万用表也可观察电容器的充电过程,这实际上是以离散的数字量反映充电电压的变化情况。设数字万用表的测量速率为 n 次 /s,则在观察电容器的充电过程中,每秒钟即可看到 n 个彼此独立且依次增大的读数。根据数字万用表的这一显示特点,可以检测电容器的好坏和估测电容量的大小。下面介绍使用数字万用表电阻挡检测电容的方法,对于未设置电容挡的仪表很有实用价值。此方法适用于测量 0.1 μF 至几千微法的大容量电容。

Ⅰ.测量操作方法

如图 2-8 所示,将数字万用表拨至合适的电阻挡,红表笔和黑表笔分别接触被测电容的两极,这时显示值将从“000”开始逐渐增加,直至显示溢出符号“1”。若始终显示“000”,说明电容器内部短路;若始终显示溢出,则可能是电容器内部极间开路,也可能是所选择的电阻挡不合适。检查电解电容时需要注意,红表笔(带正电)接电容正极,黑表笔接电容负极。

Ⅱ.测量原理

用电阻挡测量电容的原理如图 2-9 所示。测量时,正电源经过标准电阻 R_0 向被测电容器 C_x 充电,刚开始充电的瞬间,因为 $U_C=0$,所以显示“000”。随着 U_C 逐渐升高,显示值随之增大。当 $U_C=2U_R$ 时,仪表开始显示溢出符号“1”。充电时间 t 为显示值从“000”变化到溢出所需要的时间,该段时间间隔可用石英表测出。

3）用电压挡检测

用数字万用表直流电压挡检测电容,实际上是一种间接测量法,此法可测量 220 pF~1 μF 的小容量电容,并且能精确测出电容漏电流的大小。

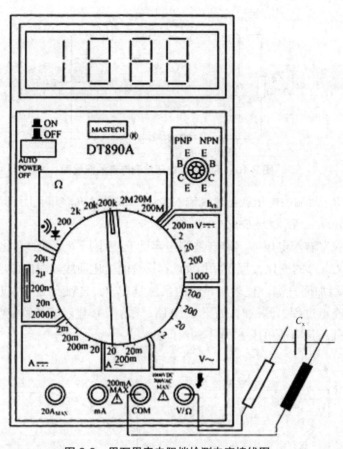

图 2-8 用万用表电阻挡检测电容接线图

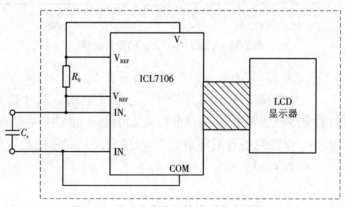

图 2-9 用万用表电阻挡检测电容的原理

Ⅰ.测量方法及原理

这测量电路如图 2-10 所示，E 为外接的 1.5 V 干电池，将数字万用表拨到直流 2 V 挡，红表笔接被测电容 C_x 的一个电极，黑表笔接电池负极。2 V 挡的输入电阻 $R_{IN}=10$ MΩ。接通电源后，电池 E 经过 R_{IN} 向 C_x 充电，开始建立电压 U_C。U_C 与充电时间 t 的关系为

$$U_C(t) = E[1 - \exp(-t / R_{IN}C_x)] \tag{2-5}$$

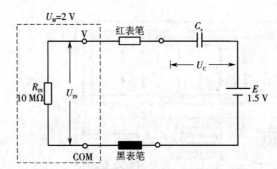

图 2-10　用万用表电压挡测电容的接线图

在此,由于 R_{IN} 两端的电压就是仪表输入电压 U_{IN},所以 R_{IN} 实际上还具有取样电阻的作用。很显然,$U_{IN}(t)=E-U_C(t)=E\exp(-t/R_{IN}C_x)$。

图 2-11 所示为输入电压 $U_{IN}(t)$ 与被测电容的充电电压 $U_C(t)$ 的变化曲线。由图 2-11 可见,$U_{IN}(t)$ 与 $U_C(t)$ 的变化过程正好相反。$U_{IN}(t)$ 的变化曲线随时间的增加而降低,而 $U_C(t)$ 则随时间的增加而升高。仪表所显示的虽然是 $U_{IN}(t)$ 的变化过程,但却间接地反映了被测电容 C_x 的充电过程。测试时,如果 C_x 开路(无容量),显示值就总是"000",如果 C_x 内部短路,显示值就总是电池电压 E,均不随时间改变。

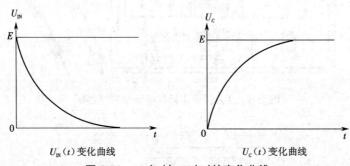

图 2-11　$U_{IN}(t)$ 与 $U_C(t)$ 的变化曲线

图 2-11 表明,刚接通电路时,$t=0$,$U_{IN}=E$,数字万用表最初显示值即为电池电压,尔后随着 $U_C(t)$ 的升高,$U_{IN}(t)$ 逐渐降低,直到 $U_{IN}=0$ V,C_x 充电过程结束,此时 $U_C(t)=E$。

使用数字万用表电压挡检测电容,不但能检查 220 pF~1 μF 的小容量电容,还能同时测出电容漏电流的大小。设被测电容的漏电流为 I_D,仪表最后显示的稳定值为 U_D(单位是 V),则 $I_D=U_D/R_{IN}$。

Ⅱ.实例举例

例 2-1　被测电容为一个 1 μF/160 V 的固定电容,使用 DT830 型数字万用表的 2VDC 挡($R_{IN}=10$ MΩ)。按图 2-12 连接好电路,最初仪表显示 1.543 V,然后显示值慢慢减小,大约经过 2 min,显示值稳定在 0.003 V。据此求出被测电容的漏电流为 $I_D = \dfrac{U_D}{R_{IN}} =$

$\dfrac{0.003}{10\times10^{6}} = 3\times10^{-10}\,\mathrm{A} = 0.3\,\mathrm{nA}$,被测电容的漏电流仅为 0.3 nA,说明质量良好。

例 2-2 被测电容为一个 0.022 μF/63 V 涤纶电容,测量方法同例 2-1。由于该电容的容量较小,测量时, $U_{IN}(t)$ 下降很快,大约经过 3 s,显示值就降低到 0.002 V。将此值代入

$$I_D = \frac{U_D}{R_{IN}} = \frac{0.002}{10 \times 10^6} = 2 \times 10^{-10} \text{ A} = 0.2 \text{ nA}, \text{ 即漏电流为 } 0.2 \text{ nA}。$$

Ⅲ. 注意事项

① 测量之前应把电容两引脚短接进行放电,否则可能观察不到读数的变化过程。

② 在测量过程中两手不得碰触电容电极,以免仪表跳数。

③测量过程中, $U_{IN}(t)$ 的值是呈指数规律变化的,开始时下降很快,随着时间的延长,下降速度会越来越缓慢。当被测电容 C_x 的容量小于几千皮法时,由于 $U_{IN}(t)$ 一开始下降太快,而仪表的测量速率较低,来不及反映最初的电压值,因而仪表最初的显示值要低于电池电压 E。

④当被测电容 C_x 大于 1 μF 时,为了缩短测量时间,可采用电阻挡进行测量。但当被测电容的容量小于 200 pF 时,由于读数的变化很短暂,所以很难观察得到充电过程。

4)用蜂鸣器挡检测

利用数字万用表的蜂鸣器挡,可以快速检查电解电容的质量好坏。将数字万用表拨至蜂鸣器挡,用两表笔分别与被测电容 C_x 的两个引脚接触,应能听到一阵短促的蜂鸣声,随即声音停止,同时显示溢出符号"1"。接着,再将两表笔对调测量一次,蜂鸣器应再次发声,最终显示溢出符号"1",此种情况说明被测电解电容基本正常。此时,可将万用表再拨至 20 MΩ 或 200 MΩ 高阻挡测量电容的漏电阻,即可判断其好坏。

2. 代替检查法

对检测电容而言,代替检查法在具体实施过程中可分为以下两种不同情况。

(1)若怀疑某电容存在开路故障(或容量不够),可在电路中直接并联一个好的电容,再通电检验,如图 2-12 所示。电路中, C_1 是原电路中的电容, C_0 是为代替检查而并联的好电容,且 $C_1=C_0$。由于怀疑 C_1 开路,相当于 C_1 已经开路,所以再直接并联一个电容 C_0 是可以的,这样的代替检查操作过程比较方便。代替操作后通电检查,若故障现象消失,则说明是 C_1 开路,否则也可以排除 C_1 出现开路故障的可能性。

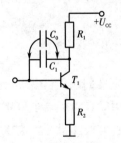

图 2-12 测量电容连接电路图

(2)若怀疑电路中的电容短路或漏电,则不能采用直接并联电容的方法,而要先断开怀疑短路或漏电电容的一个引脚(或拆下该电容)后,再用代替检查法,因为电容短路或漏电

后,该电容两个引脚之间不再是绝缘的,使所并联的电容不能起正常作用,从而就不能反映代替检查的正确结果。

2.4.3 电阻的检测

电阻的检测如项目一红外电路的检测,用万用表检测电阻值是不是标称值,以及是不是损坏。对可调电位器的检测,要用万用表分别测三个引脚两两之间的电阻值,再旋转可调手柄几圈,重新测三个引脚之间的电阻值,没有太大的误差则表明电位器是好的。

2.4.4 555 定时器的检测

首先要正确识别引脚排列顺序,本电路采用双列直插式的 NE555 定时器。将其水平放置,引脚向下,即其型号、商标向上,定位标记在左边(若无定位标记,看芯片上的标识,按正常看书的方式拿),从左下角第一个引脚数起,按逆时针方向,依次为 1 脚,2 脚,3 脚……

检测其好坏的方法是用万用表电阻挡测量集成电路各脚对地的正、负电阻值。具体方法如下:将万用表拨至"R×1k""R×100"挡或"R×10"挡上,先让红表笔接集成电路的接地引脚,然后将黑表笔从第一根引脚开始,依次测出各引脚相对应的电阻值(正阻值);再让黑笔表接集成电路的同一接地脚,用红表笔按以上方法与顺序,测出另一电阻值(负阻值)。将测得的两组正、负阻值和标准值比较,从中发现问题。

2.5 电路调试(微课视频扫二维码观看)

2.5.1 不通电测试

在搭建好图 2-1 所示电路后,首先用万用表测试电源和地之间是否短接,若用模拟万用表,则用欧姆挡测试地和电源之间的阻值来判断,电阻值为无穷大说明没有短接,电阻值为零则说明有短接,需要重新调整电路;若用数字万用表,则可以使用二极管挡,若短路万用表会发出蜂鸣声以及二极管指示灯被点亮,若没有短接则不会发出声音,二极管也不会被点亮。

2.5.2 通电测试

如果经过不通电测试电路没有发现问题,且电源和地之间没有出现短接,则可以给电路通电进行测试。将电路中的"+5 V"和"GND"端子分别接在直流稳压电源的正极("+")和负极("-"),这样即完成电路的供电,此时不要急于测量数据和观察结果,首先要观察有无异常现象发生,包括有无冒烟,是否闻到异常气味,手摸元器件是否发烫,电源是否有短路现象等。如果出现异常现象,应立即关断电源,待排除故障后方可重新通电。如果没有观察到异常现象,可用万用表测试电路的总电压是不是 5 V,再测量各元件引脚的电源电压是否正常,有芯片的电路一定要测量芯片的电源和地之间是否形成所需要的电势差,以保证元器件正常工作。

2.5.3　输出信号的连接

图 2-1 所示电路输出信号的频率比较大,人眼无法识别,需要借助示波器来查看其波形。本项目可以使用模拟示波器(如 YB4340,它是一款双通道的模拟示波器),也可以使用数字示波器。选择示波器的任一通道(如 CH1),将信号线连接到 CH1 接线端,先不急于连接到定时电路,而是对示波器进行性能的测试,查看示波器输出波形是否正常,可以通过示波器自身的测试端子测试,也可以从信号发生器发送标准信号来测试,这样既检测了示波器的好坏,也检测了示波器输出线是否正常。测试无误后,将示波器的红表笔连接在图 2-1 所示的 555 的 3 引脚端,黑表笔连接在地端,从而完成输出信号的连接。

2.5.4　电路整体调试

连接好电路后,查看输出波形,如果输出了矩形波信号,说明电路上没有错误,调节图 2-1 中的电位器 R_p,可以观察到波形的脉宽发生变化,即实现了占空比的调整。如果没有波形输出,则要检查硬件电路,用万用表测试 555 芯片供电是否正常,通过测量 1 脚和 8 脚的电势差,为 5 V 电源供电正常;否则,电源供电不正常,可能是电源的地或者正极端子未连接或接触不良所导致。如果供电正常,还需检测二极管 D_1、D_2 是否极性接错或者接触不良。通过硬件的一步步排除,最终可以通过示波器观测到矩形波,调整电位器 R_p,可以观测到脉宽的变化,从而完成电路的测试。

2.5.5　调试注意事项

(1)注意图 2-1 中普通二极管 D_1、D_2 的极性以及其的连接。
(2)充电电容的容值不能太小,否则示波器观测到的现象不明显。

【知识拓展】

2.6　定时电路拓展设计(微课视频扫二维码观看)

2.6.1　低频率脉冲输出设计

为了不借助示波器就能够直观地观测到 555 定时器的定时现象,同时与项目一红外电路级联,需对图 2-1 电路进行处理。从图 2-1 可知,式(2-3)中 $R_A+R_B=10$ kΩ+100 kΩ+10

$k\Omega$，$C=0.1\ \mu F$，则 $f_0 = \dfrac{1.43}{(10+100+10) \times 10^3 \times 0.1 \times 10^{-6}} = \dfrac{1.43}{0.012} \approx 119.2\ \text{Hz}$，该频率远大于人眼的视觉暂留频率 45.8 Hz，且闪烁频率跟亮度成正比，发光二极管的亮度都不高，因而要看到明显的现象，建议频率小于 10 Hz。观察电路可知，定时的周期 $T=RC$，因而有两种方案可选择。

方案一：在图 2-1 电路中的定时电容 C 旁并联一个 10 μF 的电容，即可将输出脉冲的频率降到 1 Hz 左右，如图 2-13 所示，这样可以通过观测发光二极管的状态来直观地看到变化现象；同时，可以作为项目一红外发射电路的输入信号。

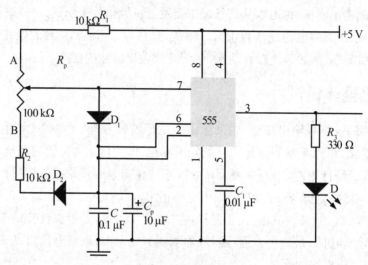

图 2-13　频率为 1 Hz 左右脉冲的输出电路

方案二：在图 2-1 电路中串联一个大电阻（如 2 MΩ 电阻），也可以将定时频率降到 10 Hz 以下，这样可以通过观测发光二极管的状态来直观地看到变化现象；同时，可以作为项目一红外发射电路的输入信号。

2.6.2　触摸延时开关设计

在电路中增加触摸金属片（或导线），可以将电路扩展为触摸延时开关，如图 2-14 所示。图中 M 为触摸金属片（或导线），无触发脉冲输入时，555 的输出 u_o 为低电平"0"，发光二极管 D 不亮。当用手触摸金属片 M 时，相当于 2 端输入一负脉冲，555 的输出 u_o 变为高电平"1"，发光二极管 D 亮，555 内部的放电管 T 截止，电源 U_{CC} 通过 R 向 C_p 充电，直到 $u_C=2U_{CC}/3$ 为止。发光二极管亮的时间为

$$t_w = 1.1RC = 1.1\ \text{s}$$

图 2-14 所示的触摸延时开关电路可以用于触摸报警、触摸报时、触摸控制等。

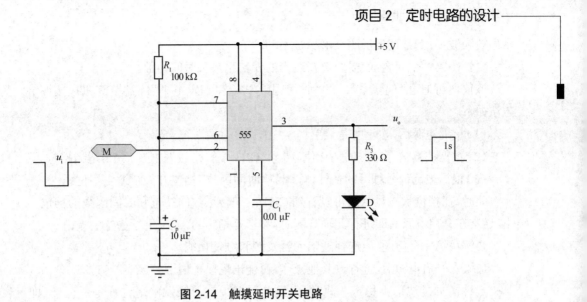

图 2-14 触摸延时开关电路

2.7 项目所需仪器使用介绍

本项目使用的仪器有万用表、直流稳压电源、示波器。万用表用来进行元器件的性能检测、电路调试时通断路检测及信号测试等;直流稳压电源为电路提供 5 V 的直流电压;本电路产生的方波信号的频率大于人眼的临界闪烁频率(45.8 Hz),因而无法直接观察到,需要借助示波器来观察输出波形并进行定量分析。万用表在前面已经介绍,这里不再赘述,这里主要介绍示波器的使用。

示波器是一种用途十分广泛的电子测量仪器。它能把肉眼看不见的电信号变换成看得见的图像,便于人们研究各种电现象的变化过程。示波器利用狭窄的、由高速电子组成的电子束,打在涂有荧光物质的屏面上,可产生细小的光点(这是传统的模拟示波器的工作原理)。在被测信号的作用下,电子束就好像一支笔的笔尖,可以在屏面上描绘出被测信号的瞬时值的变化曲线。利用示波器能观察各种不同信号幅度随时间变化的波形曲线,还可以用它测试各种不同的电量,如电压、电流、频率、相位差、调幅度等。而数字示波器是由数据采集、A/D 转换、软件编程等一系列的技术制造出来的高性能示波器。数字示波器的工作方式是通过模拟转换器把被测电压转换为数字信息。数字示波器捕获的是波形的一系列样值,并对样值进行存储,存储限度是累计的样值能描绘出波形,随后数字示波器重构波形。这里以 YB54100 示波器为例进行介绍。

YB54100 示波器是一种便携式数字存储示波器。其主要特点是具有数据存储、光标和参数自动测量、波形运算、FFT 分析等功能。

2.7.1 基本控制键的操作

与通用示波器一样,YB54100 示波器使用时首先需要解决两个问题:一是在屏幕上显示出被测波形;二是使显示的波形稳定不动。

要解决第一个问题,就需要选择适当的偏转系数和时间因数。

该仪器可通过"偏转系数"和"时间因数"以及"触发电平"的调节旋钮直接调节。具体方法如下。

(1)接通电源后,显示的是菜单。

(2)根据被测信号电压的估计值,调节"CH1 偏转系数"挡位开关至适当挡位。

(3)根据被测信号频率的估计值,调节"时间因数"挡位开关至适当挡位。

此时,在挡位状态显示区可以看到 CH1 的偏转系数的挡位和时间因数的挡位。应当指出,通常在开启电源后即进行此项观测时,波形是稳定的,无须进行稳定的调节。

要解决第二个问题,应选择适当的触发源和触发功能。

如果在开启电源后,进行过其他操作,可能出现以下情形。

一种情形是波形不稳定。此时,应先从屏幕上查看触发电平位置是否正确(即触发电平的绿色指示灯光标应不超过显示波形的范围),若超出范围,可调节"触发电平"旋钮使光标位于显示波形范围的中部;若绿色光标指示正确,则需按下"触发"键,在显示的菜单中检查"触发源"是否为 CH1,若不是,可按该键选择 CH1 即可,菜单中其他键可根据需要选择或不变;或者再按一次 CH1 键,波形当可稳定。

另一种情形是出现上下两个波形。此时,需按下"扫描"键,再按下菜单中"扫描选择"键选择 A,菜单中其他各键一般可不必调节。

以上各键选择只是方法之一,有些键可有几种选择,如"电平锁定"键选择"关",此时需要调节"触发电平"旋钮,让波形稳定下来;若选择"开",此时无须调节"触发电平"旋钮。

若观测信号是脉冲波,如电视信号中的行、场同步脉冲,则应按两次"触发"键,在其菜单中,如"同步""高频抑制""负极性"中选择相应的选项即可。

这里只对 3 个常用的功能键(指 CH1 或 CH2,"扫描"和"触发")及其菜单中某些键的选择和调节做一个简单介绍,掌握它们的调整,就能进行基本的测试。

2.7.2　基本测试的操作方法

示波器测试交流信号:

(1)定性观察波形及细节;

(2)定量测量波形的参数,如电压、频率、周期、脉宽等。

由于波形的多样化,下面分别以正弦波和矩形脉冲为例,简述使用该示波器进行定量测量或定性观察的操作方法。

示例 1:一个正弦交流信号的基本测试,不外乎测量电压值和频率。

先按基本控制键的操作中所述方法调出稳定波形(此时可直接观察波形的失真情形,为得到清晰的波形,建议调节"时间因数"调节开关,让屏幕上显示出两个完整周期的波形为宜),然后用测量功能,即可以方便地测量出正弦波的有效值和频率。操作方法如下:按两次"测量"键,在显示的菜单中选择"均方根值"和"频率"选项,即可读出正弦波的均方根值(即有效值)和频率。与通用示波器相比,这里省去读格数与计算步骤,减小了误差。若要测量其他参数,可在 16 种测量功能中选择。

示例 2:一个矩形波的基本测试,主要是周期、脉宽、上升和下降时间。

仍先按基本控制键的操作中所述方法调出稳定波形,再进行以下操作:按 3 次"测量"键,在显示的菜单中选中"周期""正脉宽""上升时间""下降时间"选项,即可读出矩形波的周期、脉宽、上升和下降时间。若要测负脉宽或占空比等,则需要第 4 次按下"测量"键。

以上是利用测量功能键进行测量,此法较简易。也可利用光标测量功能进行测量,这里不做介绍。

【项目小结】

本项目从对定时电路的工作原理分析,到设计电路并在点阵板上布局、焊接,最后调试电路,排除电路故障,得出相应的结论。

1. 定时电路的分析与设计:分析时钟脉冲发生器的工作原理、555 定时器的结构和特点,分析 555 定时器的应用及工作原理,依据电路的工作原理设计电路,并在点阵板上进行布局、焊接。

2. 电路主要元器件介绍识别与检测:介绍了电阻、电容、晶体二极管、555 定时器的特性,讲解它们的识别与检测方法。

3. 电路的调试及故障分析:根据电路原理图焊接好电路后,对电路进行不通电调试、通电调试,找出电路故障并排除,直到达到电路要求的性能。

【实验与思考题】

1. 利用 555 定时器组成的单稳态触发器设计一个触摸控制灯(发光二极管)电路,手触摸金属片时灯亮时间为 10 s。

2. 利用 555 定时器组成的单稳态触发器设计分频器,设时钟脉冲的频率为 1 kHz,要求输出脉冲的频率为 10 Hz。

3. 利用 555 定时器组成的多谐振荡器设计运放测试器,设被测运放为 uA741,如果 uA741 是好的,则两个发光二极管轮流导通发光;如果发光二极管不亮,说明 uA741 已坏。

项目 3 译码电路的设计

译码器属于组合逻辑电路,它的逻辑功能是将二进制代码按其编码时的原意译成对应的输出高、底电平信号,其又叫解码器。在数字电子技术中,它具有非常重要的地位,应用也很广泛。它除了常为其他集成电路产生片选信号外,还可以作为数据分配器、函数发生器使用,而且在组合逻辑电路设计中可替代繁多的逻辑门,简化设计电路。

本项目通过模拟汽车尾灯的显示,让学生熟悉各种常用中规模时序逻辑电路的功能和使用方法,学会中规模数字电路的分析方法、设计方法、组装和测试方法。

【教学导航】

教	知识重点	1. 译码器(74LS138、CD4511)逻辑功能及应用 2. 集成逻辑门(74LS00、74LS04)逻辑功能及应用 3. 由译码器与逻辑门设计的汽车尾灯电路的工作原理与应用电路的设计方法 4. 电阻、晶体二极管、译码器与集成逻辑门的识别与测试 5. 译码电路调试的方式方法 6. 译码电路设计的注意事项
	知识难点	1. 译码器应用电路的设计 2. 译码器电路的工作原理分析
	推荐教学方式	教 - 学 - 做一体化,通过教师分析电路工作原理,分解项目任务,让学生逐渐理解电路的工作原理,将设计电路 PCB 板的全局观、布局观等应用于本电路的搭建与焊接,通过理解译码电路的工作原理分析和排除故障,调试出电路的现象
	建议学时	8 学时
学	推荐学习方法	手动焊接,学会中规模数字电路的布局、调试;学会中规模数字电路的排除故障方法;进行器件识别与检测训练,对一般元器件进行识别与性能好坏的辨别
	必须掌握的理论知识	1. 译码器 74LS138 的逻辑功能及应用 2. 集成逻辑门 74LS00、74LS04 的逻辑功能及应用 3. 由译码器与逻辑门设计的汽车尾灯电路的工作原理
	必须掌握的技能	能独立完成中规模译码电路的设计及调试与故障排除

【相关知识】

本项目译码电路是模拟汽车尾灯的显示,假设汽车尾部左右两侧各有 3 个指示灯。

(1)汽车正常运行时指示灯全灭;

(2)汽车右转弯时,右侧 3 个指示灯按右循环顺序点亮;

(3)汽车左转弯时,左侧 3 个指示灯按左循环顺序点亮;

(4)临时刹车或其他紧急情况时,所有指示灯同时闪烁。

3.1 设计方案（微课视频扫二维码观看）

由于汽车尾灯在左右转弯时，3 个指示灯循环点亮，可以用三进制计数器控制译码电路顺序输出低电平；亦可以用单片机的口线控制，通过程序来控制指示灯的显示，这将在扩展中实现，本项目先实现基本部分。通过将 6 个与非门的一个输入脚连成一体总控制 6 个指示灯，根据需要送不同的信号来实现正常直行和急转弯；通过译码器单独控制每个指示灯的点亮。由此得出在每种运行状态下各指示灯与各给定条件的关系，其逻辑功能表见表 3-1（表中 0 表示灯灭状态，1 表示灯亮状态）。汽车尾灯控制电路原理框图如图 3-1 所示。

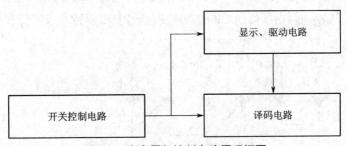

图 3-1 汽车尾灯控制电路原理框图

表 3-1 汽车尾灯控制逻辑功能表

汽车运行状态	控制线					6 个指示灯					
	A	G	A_2	A_1	A_0	D_6	D_5	D_4	D_3	D_2	D_1
正常运行	1	0	×	×	×	0	0	0	0	0	0
临时刹车	CP	0	×	×	×	CP	CP	CP	CP	CP	CP
右转弯	1	1	1	0	0	0	0	1	0	0	0
			1	0	1	0	1	0	0	0	0
			1	1	0	1	0	0	0	0	0
左转弯	1	1	0	1	0	0	0	0	1	0	0
			0	0	1	0	0	0	0	1	0
			0	0	0	0	0	0	0	0	1

133

3.2 译码电路的分析（微课视频扫二维码观看）

3.2.1 汽车尾灯电路

汽车尾灯电路如图 3-2 所示。译码电路由一片 74LS138 和两片 74LS00 及其外围电路组成，显示驱动电路由 6 个普通发光二极管和一片 74LS04 组成。

3.2.2 电路工作原理

汽车尾灯电路的显示、驱动电路由 6 个发光二极管和 6 个反相器构成;译码电路由 3-8 线译码器和 6 个与非门构成。当使能信号 A=G=1,$A_2 A_1 A_0$ 状态为 010,001,000 时,74LS138 对应输出端 $\bar{Y}_2$,$\bar{Y}_1$,$\bar{Y}_0$ 依次为 0 有效,即反相器 $G_3 \sim G_1$ 的输出端也依次为 0,故指示灯按 $D_3 \rightarrow D_2 \rightarrow D_1$ 的顺序点亮示意汽车左转弯。当使能信号 A=G=1,$A_2 A_1 A_0$ 状态为 100,101,110 时,74LS138 对应输出端 $\bar{Y}_4$,$\bar{Y}_5$,$\bar{Y}_6$ 依次为 0 有效,即反相器 $G_4 \sim G_6$ 的输出端也依次为 0,故指示灯按 $D_4 \rightarrow D_5 \rightarrow D_6$ 的顺序点亮示意汽车右转弯。当使能信号 G=0,A=1 时,74LS138 的输出端全为 1,$G_6 \sim G_1$ 的输出端也全为 1,指示灯全灭,示意汽车正常直行。当使能信号 G=0,A=CP(脉冲信号)时,指示灯随 CP 的频率变化而闪烁,示意汽车紧急刹车。

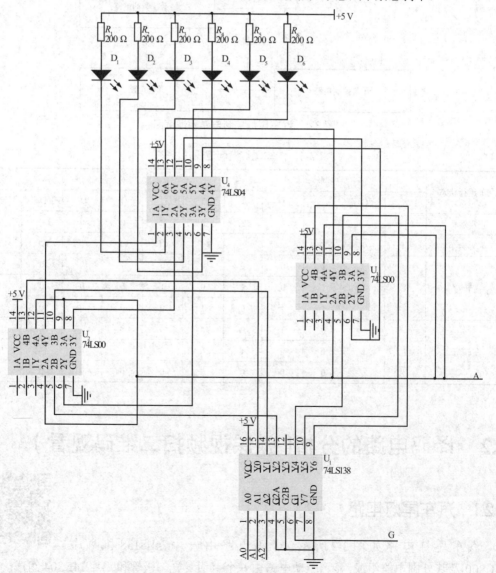

图 3-2 汽车尾灯电路原理图

汽车尾灯电路测试功能表见表 3-2。

表 3-2　汽车尾灯电路测试功能表

输入信号					输出现象						指示现象
A	G	A_2	A_1	A_0	D_1	D_2	D_3	D_4	D_5	D_6	
1	1	0	1	0	灭	灭	亮	灭	灭	灭	按 $D_3 \to D_2 \to D_1$ 顺序点亮示意汽车左转弯
			0	1	灭	亮	灭	灭	灭	灭	
			0	0	亮	灭	灭	灭	灭	灭	
1	1	1	0	0	灭	灭	灭	亮	灭	灭	按 $D_4 \to D_5 \to D_6$ 顺序点亮示意汽车右转弯
			0	1	灭	灭	灭	灭	亮	灭	
			1	0	灭	灭	灭	灭	灭	亮	
1	0	—	—	—	全灭						汽车直行
CP	0	—	—	—	随脉冲信号闪烁						汽车急刹车

说明:"1"代表高电平,"0"代表低电平,"CP"代表脉冲信号。

3.3　电路主要元件介绍

通过分析设计要求，6 个指示灯需要用至少具有 6 路输出的译码器,因而选用 3-8 线译码器 74LS138;需要有对 6 个指示灯总体控制的能力,因而选用两输入的与非门,用其中的一个输入脚作为总控制开关,因而选用两片 74LS00(四个 2 输入与非门)来实现。

3.3.1　译码器(微课视频扫二维码观看)

译码器是一类多输入多输出组合逻辑电路,其可以分为变量译码器和显示译码器两类。变量译码器一般是一种较少输入变为较多输出的器件,常见的有 n 线 -2^n 线译码和 8421BCD 码译码两类;显示译码器用于将二进制数转换成对应的七段码,其一般可分为驱动 LED 和驱动 LCD 两类。

1. 变量译码器

变量译码器是一个将 n 个输入变为 2^n 个输出的多输出端组合逻辑电路。其模型如图 3-3 所示,其中输入变化的所有组合中,每个输出为 1 的情况仅一次,由于最小项在真值表中仅有一次为 1,所以输出端为输入变量的最小项的组合。故译码器又可以称为最小项发生器电路。

135

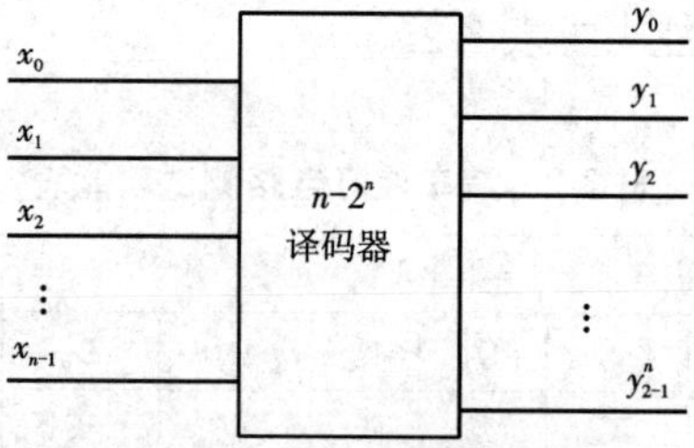

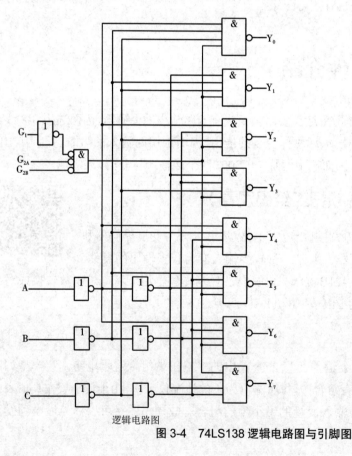

图 3-3　译码器组合图

74LS138 是 3-8 线译码器，74LS154 是 4-16 线译码器。这些译码器的特点是对应一组二进制代码，只有一个输出与之对应进入低电平，其他输出全为高电平。74LS138 逻辑电路图及引脚结构图如图 3-4 所示

74LS138 的功能表见表 3-3。值得指出的是，该译码器有 3 个输入使能控制端 G_1、$\overline{G}_{2A}$、$\overline{G}_{2B}$，只有 $G_1=1$，$\overline{G}_{2A} = \overline{G}_{2B} =0$ 同时满足时才允许译码，3 个条件中有一个不满足就禁止译码。设置多个使能控制端的目的是灵活应用、组成各种电路。

逻辑电路图 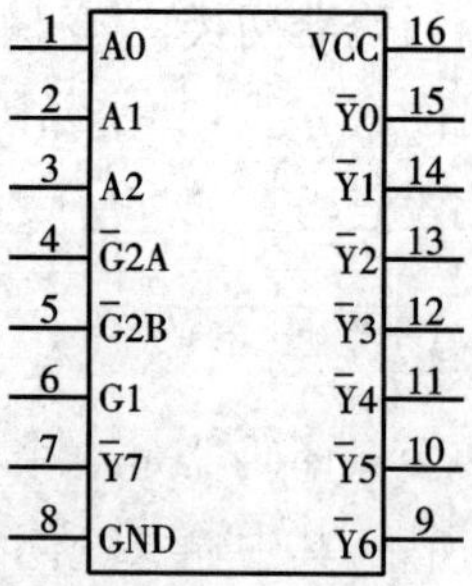　　　　　　　　　　　　　引脚图

图 3-4　74LS138 逻辑电路图与引脚图

表 3-3　74LS138 的功能表

输入				输出							
G_1　$\bar{G}_{2A} + \bar{G}_{2B}$	A_2　A_1　A_0	$\bar{Y}_0$	$\bar{Y}_1$	$\bar{Y}_2$	$\bar{Y}_3$	$\bar{Y}_4$	$\bar{Y}_5$	$\bar{Y}_6$	$\bar{Y}_7$
×　1	×　×　×	1	1	1	1	1	1	1	1
0　×	×　×　×	1	1	1	1	1	1	1	1
1　0	0　0　0	0	1	1	1	1	1	1	1
1　0	0　0　1	1	0	1	1	1	1	1	1
1　0	0　1　0	1	1	0	1	1	1	1	1
1　0	0　1　1	1	1	1	0	1	1	1	1
1　0	1　0　0	1	1	1	1	0	1	1	1
1　0	1　0　1	1	1	1	1	1	0	1	1
1　0	1　1　0	1	1	1	1	1	1	0	1
1　0	1　1　1	1	1	1	1	1	1	1	0

由 74LS138 功能表可以写出（在各使能端有效的前提下）输出与输入的逻辑表达式：

$$\left\{ \begin{array}{l} \bar{Y}_0 = \overline{\overline{A_2}\,\overline{A_1}\,\overline{A_0}} \\ \bar{Y}_1 = \overline{\overline{A_2}\,\overline{A_1}\,A_0} \\ \cdots\cdots \end{array} \right. \tag{3-1}$$

COMS 通用译码器有 CC4514、CC4515，两者均为 4-16 线译码器，不同之处是 CC4514 译码输出为高电平有效，而 CC4515 译码输出为低电平有效。

2. 显示译码器

在数字系统中常见的数码显示器通常有发光二极管数码管（LED 数码管）和液晶显示数码管（LCD 数码管）两种。发光二极管数码管是用发光二极管构成显示数码的笔画来显示数字，由于发光二极管会发光，故 LED 数码管适用于各种场合。液晶显示数码管是利用液晶材料在交变电压作用下会吸收光线，而没有交变电压作用下有笔画不会吸光，这样就可以显示数码。但由于液晶材料须有光时才能使用，故不能用于无外界光的场合（现在便携式电脑的液晶显示器在背光灯的作用下可以在夜间使用），但液晶显示器有一个最大的优点就是耗电相当节省，所以广泛用于小型计算器等小型设备的数码显示。

1）LED 驱动译码电路

发光二极管点亮只需使其正向导通即可，根据 LED 的公共极是阳极还是阴极，该译码器可以分为两类，即针对共阳极 LED 的低电平输出有效的译码器和针对共阴极 LED 的高电平输出有效的译码器。

CD4511 是输出高电平有效的 CMOS 显示译码器，用于驱动共阴极 LED 显示器，其输入为 8421BCD 码。CD4511 具有锁存、译码、消隐功能，通常以反相器为输出级，通常用以驱动 LED。CD4511 引脚图如图 3-5 所示。

137

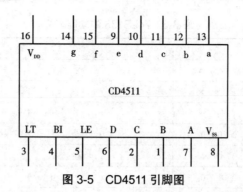

图 3-5　CD4511 引脚图

CD4511 引脚功能介绍如下。

BI：消隐输入控制端，当 BI=0 时，不管其他输入端状态如何，七段数码管均处于熄灭（消隐）状态，不显示数字。

LT：测试输入端，当 BI=1，LT=0 时，译码输出全为 1，不管输入端 D、C、B、A 状态如何，七段均发亮，显示"8"。它主要用于检测数码管是否损坏。

LE：锁定控制端，当 LE=0 时，允许译码输出；当 LE=1 时，译码器是锁定保持状态，译码器输出被保持在 LE=0 时的数值。

D、C、B、A：8421BCD 码输入端。

a、b、c、d、e、f、g：译码输出端，输出为高电平有效。

CD4511 的内部有上拉电阻，在输入端与数码管笔段端接上限流电阻就可工作。

CD4511 的工作真值表见表 3-4。其具有如下功能。

（1）锁存功能。译码器的锁存电路由传输门和反相器组成，传输门的导通或截止由控制端 LE 的电平状态决定。当 LE 为"0"电平时，TG_1 导通，TG_2 截止；当 LE 为"1"电平时，TG_1 截止，TG_2 导通，此时有锁存作用。

（2）译码。CD4511 译码用两级或非门担任，为了简化线路，先用 2 输入端与非门对输入数据 B、C 进行组合，得出 $\overline{BC}$、$\overline{\overline{B}C}$、$\overline{B\overline{C}}$、$\overline{\overline{B}\,\overline{C}}$ 四项，然后将输入的数据 A、D 一起用或非门译码。

（3）消隐。BI 为消隐功能端，该端施加某一电平后，迫使 B 端输出为低电平，字形消隐。消隐输出 J 的电平为

$$J=\overline{\overline{\overline{\overline{BCD}}\cdot\overline{BI}}}=(C+B)D+BI \tag{3-2}$$

如不考虑消隐 BI 项，便得

$$J=(B+C)D$$

根据上式，当输入 BCD 代码从 1010~1111 时，J 端都为"1"电平，从而使显示器中的字形消隐。

表 3-4 CD4511 的真值表

输入							输出							
LE	BI	LT	D	C	B	A	a	b	c	d	e	f	g	字
×	×	×	×	×	×	×	1	1	1	1	1	1	1	8
×	0	×	×	×	×	×	0	0	0	0	0	0	0	暗
0	1	1	0	0	0	0	1	1	1	1	1	1	0	0
0	1	1	0	0	0	1	0	1	1	0	0	0	0	1
0	1	1	0	0	1	0	1	1	0	1	1	0	1	2
0	1	1	0	0	1	1	1	1	1	1	0	0	1	3
0	1	1	0	1	0	0	0	1	1	0	0	1	1	4
0	1	1	0	1	0	1	1	0	1	1	0	1	1	5
0	1	1	0	1	1	0	0	0	1	1	1	1	1	6
0	1	1	0	1	1	1	1	1	1	0	0	0	0	7
0	1	1	1	0	0	0	1	1	1	1	1	1	1	8
0	1	1	1	0	0	1	1	1	1	0	0	1	1	9
0	1	1	A 到 F				0	0	0	0	0	0	0	暗
1	1	1	×				输出及显示取决于锁存前数据							

2）LCD 译码驱动电路

LCD 译码驱动电路与 LED 译码驱动电路不同,其输出不是高电平或低电平,而是脉冲电压,当输出有效时,其输出为交变的脉冲电压,否则为高电平或低电平。

3.3.2 基本逻辑门电路(微课视频扫二维码观看)

由于数字电路中最基本的器件为电子开关,它只有两个状态,即开关开和开关关,数字电路中的电子开关电路就是逻辑门电路。

逻辑门电路又叫逻辑电路。逻辑门电路的特点是只有一个输出端,而输入端可以只有一个,也可以有多个,一般输入端多于 1 个。逻辑门电路的输入端和输出端只有两种状态:一是输出高电平状态,此时用 1 表示;二是输出低电平状态,此时用 0 表示。

1. 基本门电路种类

1）按逻辑功能划分

按逻辑功能划分,基本逻辑门电路主要有下列几种:

（1）或门电路;

（2）与门电路;

（3）非门电路;

（4）或非门电路;

（5）与非门电路。

139

2）按门电路器件划分

按构成门电路的电子元器件种类划分,基本逻辑门电路主要有下列几种:

（1）二极管门电路;

（2）TTL 门电路;

（3）MOS 门电路。

2. 三种基本的逻辑关系

1）与逻辑（AND）

决定某一事件的所有条件都满足时,结果才会发生,这种条件和结果之间的关系称为与逻辑关系。

2）或逻辑（OR）

在决定某一事件的各个条件中,只要有一个或一个以上的条件具备,结果就会发生,这种条件与结果之间的关系称为或逻辑关系。

3）非逻辑（NOT）

当决定某一事件的条件不成立时,结果就会发生,条件成立时结果反而不会发生,这种条件和结果之间的关系称为非逻辑关系（相反）。

3. 逻辑变量

逻辑变量是用来表示条件或事件的变量,常用大写英文字母表示,如 A, B, C, D…其有 0 和 1 两种取值。其中,1 表示条件具备或事件发生,0 表示条件不具备或事件不发生。

4. 门电路

电路是数字电路的基本组成单元,它有一个或多个输入端和一个输出端,输入和输出为低电平和高电平,又称为逻辑门电路。

门电路分为以下两类。

（1）基本逻辑门电路,包括与门电路、或门电路、非门电路。

（2）复合逻辑门电路。

5. 三种基本逻辑门电路

三种基本逻辑门电路如图 3-6 所示。

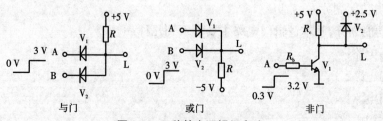

图 3-6　三种基本逻辑门电路

6. 集成逻辑门 74LS00

7400 为四组 2 输入与非门（正逻辑），共有 5400/7400、54H00/74H00、54S00/74S00、54LS00/74LS00 四种线路结构形式,其主要电特性的典型值见表 3-5。

表 3-5　7400 四种线路结构主要电特性的典型值

型号	$t(PLH)$	$t(PHL)$	$P(D)$
5400/7400	11 ns	7 ns	40 mW
54H00/74H00	5.9 ns	6.2 ns	90 mW
54S00/74S00	3 ns	3 ns	75 mW
54LS00/74LS00	9 ns	10 ns	9 mW

74LS00 的逻辑图和引脚端符号如图 3-7 所示。

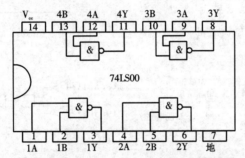

图 3-7　双列直插式 74LS00 的逻辑图和引脚端符号

四组 2 输入与非门除 74LS00 外,外还有 COMS 系列 CD4011。CD4011 是四组 2 输入与非门,当两输入端有一个为 0 时,输出就为 1;当两输入端均为 1 时,输出为 0;当两个输入端均为 0 时,输出为 1。其逻辑表达式为

$$Y=AB$$

当 X=0,Y=0 时,将使两个与非门的输出均为"1",违反触发器的功用,故禁止使用。

当 X=0,Y=1 时,由于 X=0 导致与非门 A 的输出为"1",使得与非门 B 的两个输入均为"1",因此与非门 B 的输出为"0"。

当 X=1,Y=0 时,由于 Y=0 导致与非门 B 的输出为"1",使得与非门 A 的两个输入均为"1",因此与非门 A 的输出为"0"。

当 X=1，Y=1 时,因为一个"1"不影响与非门的输出,所以两个与非门的输出均不改变状态。其真值表见表 3-6。

表 3-6　CD4011 的逻辑真值表

X	Y	Q	动作
0	0	?	禁止

续表

X	Y	Q	动作
0	1	1	设定
1	0	0	重置
1	1	不变	无

CD4011 的芯片功能图、引脚图、内部保护网、逻辑图如图 3-8 所示。

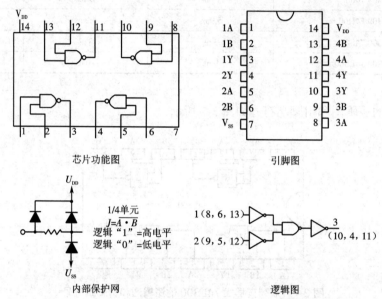

图 3-8　CD4011 的芯片功能图、引脚图、内部保护网、逻辑图

7. 集成逻辑门 74LS04

非门又称反相器，是逻辑电路的基本单元，有一个输入端和一个输出端。逻辑符号中输出端的圆圈代表反相的意思。当其输入端为高电平（逻辑 1）时，输出端为低电平（逻辑 0）；当其输入端为低电平时，输出端为高电平。也就是说，输入端和输出端的电平状态总是反相的。非门是基本的逻辑门，因此在 TTL 和 CMOS 集成电路中都可以使用。标准的集成电路有 74X04 和 CD4049。74X04 TTL 芯片有 14 个引脚，CD4049 CMOS 芯片有 16 个引脚，两种芯片都各有 2 个引脚用于电源供电和基准电压，12 个引脚用于 6 个反相器的输入和输出（CD4049 有 2 个引脚悬空）。

在数字电路中最具代表性的 CMOS 非门集成电路是 CD4069。74LS04 是由 6 个非门集成的一个 TTL 芯片，有 14 个引脚，其引脚结构图如图 3-9 所示。

其逻辑表达式为

$$Y = \overline{A}$$

其逻辑真值表见表 3-7。

142

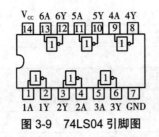

图 3-9 74LS04 引脚图

表 3-7 74LS04 的逻辑真值表

输入	输出
A	Y
1	0
0	1

注:"1"为高电平,"0"为低电平。

【项目实施】

3.4 电路设计

3.4.1 电路设计步骤

(1)各小组按电路要求领取相应元器件,分工检测元器件的性能。

(2)依据图 3-2 所示电路原理图,各小组讨论如何布局,最后确定一最佳方案在点阵板上搭建好图 3-2 所示电路图。

(3)检查电路无误后,从直流稳压电源送入 5 V 的电压供电。

(4)按照测试功能表 3-2 送入测试信号,观察测试结果。

(5)记录结果,并撰写技术文档。

3.4.2 电路元器件清单

分析电路原理图 3-2,译码电路所需元器件清单见表 3-8。

表 3-8 汽车尾灯电路元器件清单

元件名称	数量	备注
译码器	1	74LS138
集成与非门	2	74LS00
集成非门	1	74LS04

元件名称	数量	备注
发光二极管	6	
200 Ω 电阻	6	
小按键	3	调试用
带锁开关	1	调试用

3.5　电路元器件的识别与检测

3.5.1　电阻的识别与检测

本电路用到 6 个 200 Ω 的普通电阻,作为发光二极管的分压限流电阻,通过色环法即可读出其阻值。

200 Ω 电阻色环为"红 黑 黑 黑 棕",电阻记数值为 $200×10^0$ Ω,最后一位为误差位。

因为制作工艺的问题,有的厂家制造出来的色环电阻的色环色彩不是很清晰,如果不能通过色环辨别,也可用万用表直接测量其阻值。

用万用表检测电阻的性能时,要选用合适的欧姆挡,通过测量电阻的阻值即可分辨其性能的好坏。

3.5.2　二极管的识别与检测

本电路中采用 6 个发光二极管来模拟汽车的尾灯显示。一般根据制作材料的区别,供电电压也不相同:红黄一般是 1.8~2.2 V,蓝绿一般是 3.0~3.6 V。电流小功率尽量控制在 20 mA,做指示用的发光二极管用 10 mA 以下比较好,一般到 5 mA 就比较亮了。

在焊接前要检测发光二极管好坏,用万用表或信号发生器均可检测,用信号发生器检测调整合适的输出幅度电压,将红、黑夹子夹在发光二极管的两端,能发出正常的亮度,则表明发光二极管的性能良好。

144

3.5.3　集成芯片的识别与检测

首先要正确识别引脚排列顺序,本电路采用双列直插式的集成芯片,将其水平放置,引脚向下,即其型号、商标向上,定位标记在左边(若无定位标记,看芯片上的标识,按正常看书的方式拿),从左下角第一个引脚数起,按逆时针方向,依次为 1 脚,2 脚,3 脚……

本电路设计用到 3 种集成芯片,集成与非门 74LS00、集成非门 74LS04、译码器 74LS138,其中 74LS00 和 74LS04 是 14 引脚的芯片,74LS138 是 16 引脚的芯片,通过读取芯片上的标识即可识别各个芯片,再结合其引脚结构图确定各引脚的功能。

检测其好坏的方法:用万用表电阻挡测量集成电路各脚对地的正、负电阻值。具体方法如下:将万用表拨至"R×1""R×100"或"R×10"挡上,先让红表笔接集成电路的接地引脚,然后将黑表笔从第一根引脚开始,依次测出各脚相对应的阻值(正阻值);再让黑笔表接集成电路的同一接地脚,用红表笔按以上方法与顺序,测出另一电阻值(负阻值)。将测得的两组正、负阻值和标准值比较,从中发现问题。

3.6　电路调试(微课视频扫二维码观看)

3.6.1　不通电调试

在搭建好图 3-2 所示电路后,首先用万用表测试电源和地之间是否短接,若用模拟万用表,则用欧姆挡测试地和电源之间的阻值来判断,电阻值为无穷大说明没有短接,电阻值为零说明有短接;若用数字万用表,则可以使用测二极管的性能挡,若短路万用表会发出蜂鸣声和二极管点亮指示,若没有短路则不会发出声音,二极管也不会点亮。

3.6.2　通电调试

如果经过不通电测试电路没有发现问题,且电源和地之间没有出现短接,则可以给电路通电进行测试。将电路中的"+5 V"和"GND"端子分别接在直流稳压电源的正极("+")和负极("−"),即完成电路的供电,此时不要急于测量数据和观察结果,首先要观察有无异常现象发生,包括有无冒烟,是否闻到异常气味,手摸元器件是否发烫,电源是否有短路现象等。如果出现异常现象,应立即关断电源,待排除故障后方可重新通电。如果没有观察到异常现象,可用万用表测试电路的总电压是否为 5 V,再测量各元件引脚的电源电压是否正常,有芯片的电路一定要测量芯片的电源和地之间是否形成所需的电势差,以保证元器件正常工作。

3.6.3　输入信号的连接

本项目的信号发生器采用 YB1610H 数字合成函数波形发生器,它可以提供正弦波、方波、三角波等基本波形。本项目的汽车急转弯状态的 A 端输入信号由示波器提供脉冲信号,需要一个人眼可以观察到闪烁现象的脉冲信号,该信号设置步骤可参考如下。

(1)按面板上的"波形"按键,选择波形为方波信号,再按"确定"键确定。

(2)按面板上的"频率"按键,通过调整对应的"量程",调整频率为 1~10 Hz 范围内的任一频率(这是为了能很好地观看到现象而设定的),再按"确定"键确定。

(3)按面板上的"幅度"按键,通过调整对应的"量程",调整电压峰 - 峰值为 5 V,再按"确定"键确定。

这样输入信号 A 的 CP 信号被设置完成,信号线接在"电压输出端",红表笔连接在图

3-2 所示的 A 端,黑表笔连接在地端,从而完成输入信号的连接。

3.6.4 电路整体调试

连接好电路后,用万用表的 10 V 电压挡测试电路的电压供电是否正常。若不正常,检查电路的连接,若一切正常按照电路测试功能表(表 3-1)输入信号。

1. 实现左转弯

首先将 A 端接入 +5 V 电源(一般不连接,即悬空状态也为高电平),G 引脚拨到 +5 V 端子,再按下开关"SW3"和"SW1",此时 D_3 亮,其他灯均灭;同理按下开关"SW3"和"SW2",此时 D_2 亮,其他灯均灭;按下开关"SW3""SW2"和"SW1",此时 D_1 亮,其他灯均灭。

2. 实现右转弯

首先将 A 端接入 +5 V 电源(一般不连接,即悬空状态也为高电平),G 引脚拨到 +5 V 端子,再按下开关"SW2"和"SW1",此时 D_4 亮,其他灯均灭;同理按下开关"SW2",此时 D_5 亮,其他灯均灭;按下开关"SW1",此时 D_6 亮,其他灯均灭。

3. 实现直行

首先将 A 端接入 +5 V 电源(一般不连接,即悬空状态也为高电平),G 引脚拨到 GND 端子,所有的灯全灭。

4. 实现急转弯或刹车

首先将 A 端接入信号发生器的红表笔,G 引脚拨到 GND 端子,所有的灯将随着信号发生器发送的脉冲信号闪烁。

3.6.5 电路故障分析与排除

如果译码电路一切正常,在电路的 V_{CC} 和 GND 端接入 5 V 电压,在图 3-2 中的 74LS138 译码器的输入端 A_2、A_1、A_0 按表 3-1 输入相应的信号,则可以观察到相应的现象。但在实际应用中会出现一定的故障,学会排除电路的故障是本项目设计的一个重要环节,下面列举本项目常见的故障现象及排除方法。

1.138 译码器输入端的按键不起作用

出现这种故障,首先要检查开关电路是否有漏接和错接问题,排除漏接和错接问题,还要注意购买到的 138 译码器集成芯片的型号,常用的 74HC138 N 是飞利浦公司生产的一款 COMS 工作电平,SN74HC138 N 是德州仪器公司生产的一款 COMS 工作电平,它们的电源工作电压为 2~6 V;HD74LS138P 是日立公司生产的一款低功耗肖特基,是 TTL 器件,电源工作电压为 5 V。两者功能一样,74HC138 采用高速 CMOS 工艺制作,自身功耗低,输出高低电平范围宽；74LS138 采用早期的双极型工艺,驱动能力相对较大些。因而,在驱动电路的连接上存在少许的差异。根据不同的芯片选择图 3-10 中不同的输入端开关控制电路(考虑制作成本,轻触式按键开关成本比自锁开关低很多)。

2. 接入电压后 6 个指示灯有被点亮的

若电路一切正常,接入 5 V 电压,6 个指示灯均不会发光,如果有发光的指示灯,说明该指示灯对应的连接线路有故障,因而可以从上往下检查该线路的问题。

3. 指示灯点亮错乱

当按照表 3-1 输入相应的信号,指示灯点亮不对应,该故障是由电路不是按 D_1-Y_0、D_2-Y_1、D_3-Y_2、D_4-Y_4、D_5-Y_5、D_6-Y_6 这样的顺序连接引起的,因而按照表 3-1 的逻辑表则出现混乱,可以从上往下调整线路,也可以根据自己的连接调整功能表。

3.6.6　调试注意事项

(1)注意电路的焊接,避免虚焊。
(2)将电路中所有芯片的共地端子和电源端子分别连在一起。
(3)焊接时指示灯顺序对应位置不能出错。

【知识拓展】

3.7　译码电路拓展设计

3.7.1　输入电路的连接

138 译码器的使能端 G_1 直接连接到高电平 +5 V 端,G_{2A}、G_{2B} 接 GND 端。3 个输入端用三个开关控制,如图 3-10 所示。图 3-10(a)中 S_1、S_2、S_3 三个开关可以为轻触式按键开关,图 3-10(b)中 S_1、S_2、S_3 三个开关可以为自锁开关。

3.7.2　单片机控制输入信号

接入单片机小系统,用 P1.4、P1.3、P1.2、P1.1、P1.0 分别控制 A、G、A_2、A_1、A_0 的输入,通过编写软件程序设定 4 种运行状态,按照不同的状态给 P_1 口不同的值,实现控制目的,其电路原理图如图 3-11 所示。当然作为电子产品而言,其硬件成本比较高,但可以训练学生的综合应用能力。

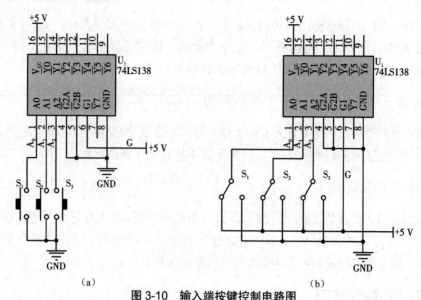

（a）　　　　　　　　　　　　　（b）

图 3-10　输入端按键控制电路图

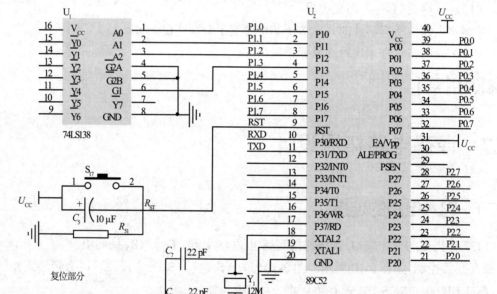

图 3-11　单片机控制输入端电路图

【项目小结】

本项目从译码电路的工作原理分析,到设计电路并在点阵板上布局、焊接,最后调试电路,排除电路故障,得出相应的结论。

1. 译码电路的分析与设计:本项目是模拟汽车尾灯电路,分析它的工作原理,依据电路的工作原理设计电路,并在点阵板上进行布局、焊接。

2. 电路主要元器件介绍、识别与检测：介绍译码器 74LS138、逻辑与非门 74LS00、逻辑非门 74LS04 的特性，讲解它们的识别与检测方法与应用。

3. 电路的调试及故障分析：根据电路原理图焊接好电路后，对电路进行不通电调试、通电调试，找出电路故障、排除故障，直到达到电路要求的性能。

【实验与思考题】

1. 用 74LS76 作为计数器实现自动控制尾灯电路的译码。
2. 利用所学的计数器，设计一个 30 s 计时电路。

项目 4　抢答器电路的设计

应用系统中会有需要人机交互功能的情况,最常见的输入方式就是采用按键。最常见的按键电路大致有一对一的直接连接和动态扫描矩阵式连接两种。本项目电路设计采用一对一的直接连接,通过模拟抢答器让学生掌握按键的使用及其相关电路的原理。

【教学导航】

教	知识重点	1.LED 数码管的结构及驱动原理 2. 液晶显示器 LCD 的结构及工作原理 3. 译码器(74LS48、CD4055)的逻辑功能及应用 4. 编码器(74LS148)的逻辑功能及应用 5. 锁存器(74LS373、74LS279)的逻辑功能及应用 6. 由锁存器、优先编码器、译码器设计的抢答器电路的工作原理与应用电路的设计方法 7. 电阻、开关、数码管、按键、译码器、编码器、锁存器的识别与测试 8. 按键电路调试的方式方法 9. 按键电路设计的注意事项
	知识难点	1. 锁存器、优先编码器应用电路的设计 2. 抢答器电路的工作原理分析
	推荐教学方式	教 - 学 - 做一体化,通过教师分析电路工作原理,分解项目任务,让学生逐渐理解电路的工作原理,将设计电路 PCB 板的全局观、布局观等应用于本电路的搭建与焊接,通过理解抢答器电路的工作原理和分析排除故障,调试出电路的现象
	建议学时	8 学时
学	推荐学习方法	手动焊接,学会中规模集成电路的布局、调试;学会中规模集成电路的故障排除方法;进行器件识别与检测训练,对一般元器件进行识别与性能好坏的辨别
	必须掌握的理论知识	1. 译码器 74LS48 的逻辑功能及应用 2. 优先编码器 74LS148 的逻辑功能及应用 2. 锁存器 74LS279 的逻辑功能及应用 3. 由锁存器、优先编码器、译码器设计的抢答器电路的工作原理
	必须掌握的技能	能独立完成中规模硬件电路的设计及调试与故障排除

【相关知识】

4.1　抢答器的功能要求

(1)设计一个智力竞赛抢答器,可同时供 8 名选手或 8 个代表队参加比赛,他们的编号分别是 0、1、2、3、4、5、6、7,各用一个抢答按钮,按钮的编号相对应分别是 S_0、S_1、S_2、S_3、S_4、S_5、

S_6、S_7。

（2）给节目主持人设置一个控制开关，用来控制系统的清零（编号显示数码管灭灯）和抢答的开始。

（3）抢答器具有数据锁存和显示的功能。抢答开始后，若有选手按动抢答按钮，编号立即锁存，并在 LED 数码管上显示出选手的编号。此外，要封锁输入电路，禁止其他选手抢答。优先抢答选手的编号一直保持到主持人将系统清零为止。

4.2　抢答器的设计方案（微课视频扫二维码观看）

抢答器总体框图如图 4-1 所示，当选手按动抢答按钮时，能显示选手的编号，同时能封存输入电路，禁止其他选手抢答。

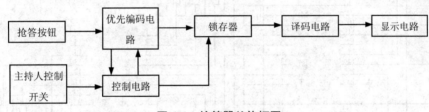

图 4-1　抢答器总体框图

其工作过程是接通电源时，节目主持人将开关置于"清零"位置，抢答器处于禁止工作状态，编号显示器灭灯，当节目主持人宣布抢答题目后，说一声"抢答开始"，同时将控制开关拨到"开始"位置，抢答器处于工作状态，当有选手按动抢答按钮时，抢答器要完成以下两项工作：

（1）优先编码器电路立即分辨出抢答者的编号，并由锁存器进行锁存，然后由译码器显示电路显示编号；

（2）控制电路对输入编码电路进行封锁，避免其他选手再次进行抢答。

当选手将问题回答完毕时，节目主持人操作控制开关，使系统恢复到禁止工作状态，以便进行下一轮抢答。

4.3　抢答器电路的分析（微课视频扫二维码观看）

4.3.1　电路设计

抢答器电路的功能有两个：一是能分辨出选手按按钮的先后，并锁存优先抢答者的编号，供译码显示电路显示；二是使其他选手的按按钮操作无效。选用优先编码器 74LS148 和 RS 锁存器 74LS279 可以完成上述功能，其电路原理图如图 4-2 所示。

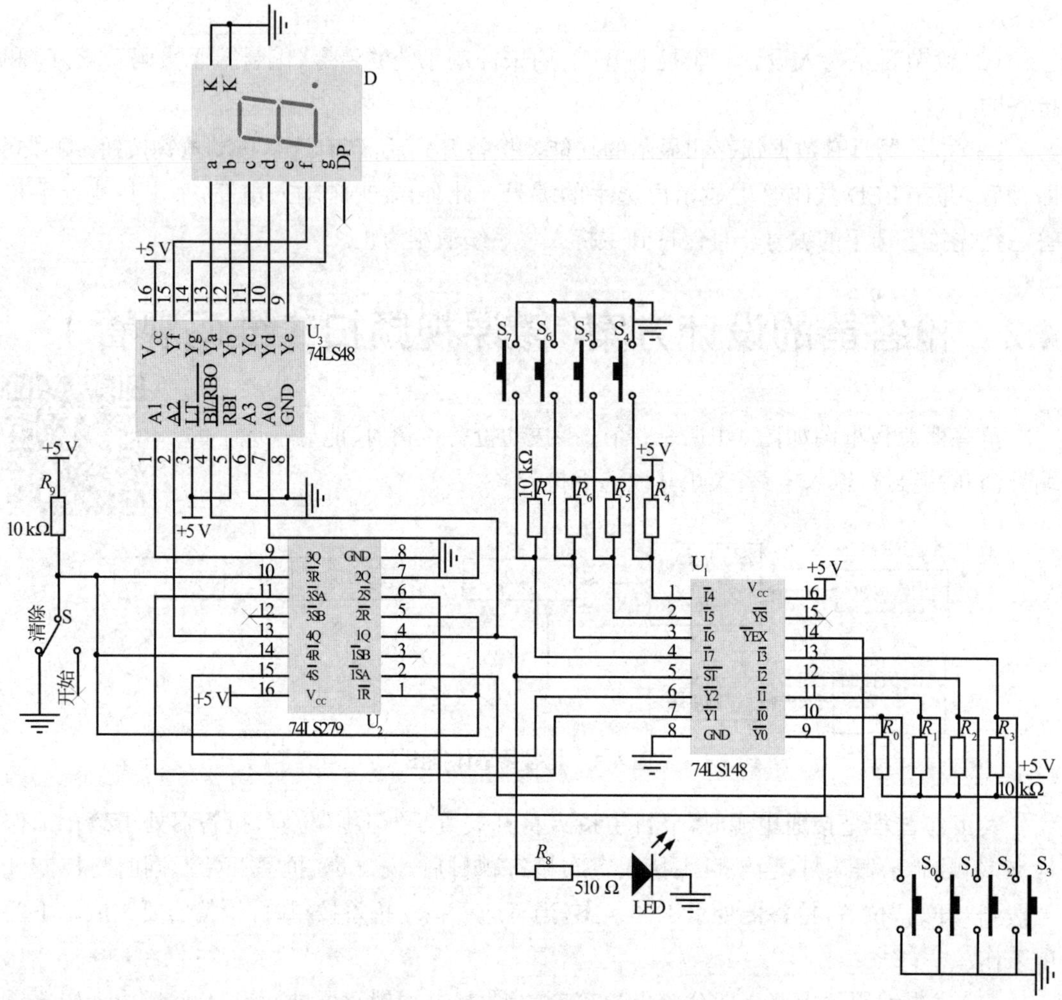

图 4-2　抢答器电路原理图

4.3.2　电路工作原理

当主持人将控制开关 S 处于"清除"位置时，RS 触发器的 R 端为低电平,输出端 (4Q~1Q)全部为低电平。于是，74LS48 的 $\overline{BI}$ =0,显示器灭灯；74LS148 的选通输入端 $\overline{ST}$ =0, 74LS148 处于工作状态,此时锁存电路不工作。当主持人将控制开关 S 拨到"开始"位置时,优先编码器电路和锁存电路同时处于工作状态,即抢答器处于等待工作状态,等待输入端 $\overline{I}_7\cdots\overline{I}_0$ 输入信号,当有选手将按钮按下时（如按下 S_5）, 74LS148 的输出 $\overline{Y}_2\overline{Y}_1\overline{Y}_0$ =010, $\overline{Y}_{EX}$ =0,经 RS 锁存器后,1Q=1, $\overline{BI}$ =1,74LS279 处于工作状态,4Q3Q2Q=101,经 74LS48 译码后,显示器上显示出"5"。此外,1Q=1,使 74LS148 的 $\overline{ST}$ 端为高电平,74LS148 处于禁止工作状态,封锁其他按钮的输入。当按下的按钮松开后,74LS148 的 $\overline{Y}_{EX}$ 为高电平,但由于 1Q 维持高电平不变,所以 74LS148 仍处于禁止工作状态,其他按钮的输入信号不会被接收。这就保证了抢答者的优先性以及抢答电路的准确性。当优先抢答者回答完问题后,由主持人操作控制开关 S,使抢答电路复位,以便进行下一轮抢答。

4.4 电路主要元器件介绍

4.4.1 电子元件开关(微课视频扫二维码观看)

开关是指一个可以使电路开路、使电流中断或使其流到其他电路的电子元件。最常见的开关是让人操作的机电设备,其中有一个或数个电子接点。接点的"闭合"表示电子接点导通,允许电流流过;接点的"开路"表示电子接点不导通形成开路,不允许电流流过。

1. 开关的分类

开关按照用途分类,有波动开关、波段开关、录放开关、电源开关、预选开关、限位开关、控制开关、转换开关、隔离开关、行程开关、墙壁开关、智能防火开关等。

开关按照结构分类,有微动开关、船型开关、钮子开关、拨动开关、按钮开关、按键开关,还有时尚潮流的薄膜开关、点开关。

开关按照接触类型分类,有 a 型触点开关、b 型触点开关和 c 型触点开关。接触类型是指"操作(按下)开关后,触点闭合"这种操作状况和触点状态的关系。需要根据用途选择合适接触类型的开关。

开关按照开关数分类,有单控开关、双控开关、多控开关、调光开关、调速开关、防溅盒、门铃开关、感应开关、触摸开关、遥控开关、智能开关、插卡取电开关、浴霸专用开关。

2. 开关的主要参数

额定电压:指开关在正常工作时所允许的安全电压,若加在开关两端的电压大于此值,会造成两个触点之间打火击穿。

额定电流:指开关接通时所允许通过的最大安全电流,当流通电流超过此值时,开关的触点会因电流过大而烧毁。

绝缘电阻:指开关的导体部分与绝缘部分的电阻值,绝缘电阻值应在 100 MΩ 以上。

接触电阻:指开关在开通状态下,每对触点之间的电阻值,一般要求在 0.1~0.5 Ω 以下,此值越小越好。

耐压:指开关对导体及地之间所能承受的最高电压。

寿命:指开关在正常工作条件下,能操作的次数,一般要求在 5 000~35 000 次。

3. 几种常见开关

1)按键开关

按键开关主要是指轻触式按键开关,也称为轻触开关,如图 4-3 所示。按键开关是一种电子开关,属于电子元器件类。最早出现在日本的敏感型开关使用时,以满足操作力的条件向开关操作方向施压使其闭合接通,当撤销压力时开关即断开,其内部结构是靠金属弹片受力变化来实现通断的。

图 4-3　轻触开关实物图

Ⅰ.结构

　　轻触开关由嵌件、基座、弹片、按钮、盖板组成,其中防水类轻触开关在弹片上加了一层聚酰亚胺薄膜。

　　轻触开关具有接触电阻荷小、操作力误差精确、规格多样化等方面的优势,在电子设备及白色家电等方面得到广泛的应用,如影音产品、数码产品、遥控器、通信产品、家用电器、安防产品、玩具、电脑产品、健身器材、医疗器材、验钞笔、激光笔按键等。由于轻触开关对环境条件的要求(如施压力小于 2 倍的弹力、环境温湿度条件以及电气性能),大型设备及高负荷的按钮都使用导电橡胶或锅仔开关五金弹片直接来代替,如医疗器材、电视机遥控器等。

　　轻触开关是随着电子技术发展的要求而开发的第四代开关产品,最早的体积为12 mm×12 mm、8 mm×8 mm 两种,现在为 6 mm×6 mm。其产品结构有立式、卧式和卧式带地端三种,现在又有组合式(3M、4M、SM、6M、SM)和电位器轻触开关组合两类,以满足国内各种电子产品要求。其安装尺寸有 6.5 mm×4.5 mm、5.5 mm×4 mm 和 6 mm×4 mm 三种。国外已有 4.5 mm×4.5 mm 的小型轻触开关和片式轻触开关,片式轻触开关适用于表面组装。目前,导电橡胶开关的应用也很普遍。

　　现在已有第五代开关——薄膜开关,其功能与轻触开关相同,主要用于电子仪器和数控机床,但电阻大、手感差。为了克服手感差的现象,有在薄膜开关内装上接触簧片,而不是用银层做接触点。

Ⅱ.分类

　　轻触开关分为两大类:利用金属簧片作为开关接触片的称为轻触开关,其接触电阻小,一般为 20 mΩ,手感好,有"滴答"清脆声;利用导电橡胶块作为接触通路的称为导电橡胶开关,其手感好,但接触电阻大,一般在 100~300 mΩ。轻触开关的结构是靠按键向下移动,使接触簧片或导电橡胶块接触焊片,形成通路。

轻触开关的操作力与簧片所处的状态有关。开始力与簧片的压缩距离成正比,当簧片压缩 50%~70% 时,操作力突然减小,并伴有"滴答"声。导电橡胶开关一般有两种结构,其操作力随橡胶块的几何形状不同而有很大的差异 。

Ⅰ)密封型直插式轻触开关

采用密封结构,引脚为直插式,故称为密封型直插式轻触开关。其防尘、防水能力很强,在空调、洗衣机等家电设备中应用广泛,如 STJ 系列的 STJF200R 型号。

Ⅱ)LED 高绝缘电阻型轻触开关

电路有发光二极管,加之绝缘电阻达大于 1 000 MΩ,故称为 LED 高绝缘电阻型轻触开关。其广泛应用于数字影音中,如 TJ 系列的 TJF200RGA20E 型号。

Ⅲ)超长寿命平型轻触开关

寿命高至 100 万次,执行机构为标准平型,故称为超长寿命平型轻触开关。其触点采用不锈钢镀银材质,降低了接通电阻,大大增强了导通可靠性。其适用于加工机床操作盘、家电设备,如 ST 系列的 ST5.0LF160Q 型号。

Ⅳ)短行程贴片式轻触开关

执行机构的行程仅为 0.15±0.05 mm,引脚为贴片式,故称为短行程贴片式轻触开关。其短行程也决定了其使用寿命高至 20 万次。其广泛应用于车载设备中,如汽车防盗遥控器等,如 CS1213 系列的 CS1213AJF160 型号。

Ⅴ)横向操作型直插式轻触开关

执行机构在侧面,且引脚为直插式,故称为横向操作型直插式轻触开关。其有四个引脚,其中两个起固定及接地作用,另外两个为触点通断端子。其广泛应用于通信设备中,如 CT1102 系列的 CT1102 V10.35 F100 型号。

Ⅵ)双作用键单刀双掷型轻触开关

有双执行机构,触点为单刀双掷,故称为双作用键单刀双掷型轻触开关。其绝缘电阻高达 1 000 MΩ,广泛应用于车载设备中,如 DSA 系列的 DSA3002 F600 F1250 型号。

Ⅶ)等边标准型轻触开关

表面形状为正方形,且执行机构在顶表面的标准型,故称为等边标准型轻触开关。这种轻触开关有很多种,如 6.0 mm×6.0 mm、12.0 mm×12.0 mm、6.2 mm×6.2 mm、5.2 mm×5.2 mm、4.9 mm×4.9 mm、7.2 mm×7.2 mm 等。此外,它们有贴片式(SMD)与直插式(DIP)两种,适用于多种操作面板,应用范围广泛,如 CS1103 系列的 CS1103TLF160R 型号。

Ⅷ)超薄型贴片式轻触开关

引脚为贴片式,且高度仅为 0.8 mm,故称为超薄型贴片式轻触开关。其超薄特性,决定了它适用于高密度安装,如 CS1214 系列的 CS1214JF160 型号。

Ⅲ. 性能测试

轻触开关的性能测试主要包括耐焊性能、耐冷性能、耐温性能及耐湿性能测试,具体需进行以下实验。

Ⅰ)可焊性实验

方式:将焊脚泡入锡池约 2 mm 深,测试温度为 230±5 ℃,保持时间为 3±0.5 s。

结果:所泡焊脚部分 80% 以上被锡覆盖。

Ⅱ)耐焊性试验

方式:焊炉焊锡的温度控制在 260±5 ℃,过炉焊接的保持时间在 5±1 s;手焊接的时候温度控制在 350±30 ℃,时间为 3±0.5 s,但不能对焊脚施加异常压力。

结果:开关无变形,能满足于电器性能,若施加异常压力此项结果作废。

Ⅲ)耐冷试验

方式:在 −20±3 ℃ 的环境中放置 4 天时间,再放在正常环境中,30 min 后进行测试。

结果:接触电阻、绝缘电阻均处在标准范围内,且无任何迹象显示开关性能损坏。

Ⅳ)耐高温试验

方式:在 280±30 ℃ 的环境中存放 2~3 min 取出,待散热后测试其手感、电阻。

结果:电阻、回弹、外形等均无任何损坏迹象,开关使用性能依旧如初。

Ⅴ)耐湿试验

方式:在 40±2 ℃、90%~95%RH 环境中存放 4 天,再放置在正常环境中,30 min 后进行测试。

结果:接触电阻、绝缘电阻均在标准范围内,且无任何迹象显示开关性能损坏。

Ⅵ)温度交变试验

在不同温度环境中循环五次后,再置于正常环境中 30 min 后进行测试。

Ⅳ. 挑选方法

轻触开关的好坏主要由轻触开关的防护性、可焊性、导通可靠性、寿命、手感、生产工艺和安装尺寸等方面因素决定。

(1)引脚基材。轻触开关的引脚基材为黄铜或磷铜(低档次的为铁),为降低接触电阻,引脚基本上做镀银处理。由于银遇空气中的 SO_2 气体氧化,而直接影响开关的可焊性和接触电阻,所以高品质的轻触开关首先要在引脚的基材镀银厚度和镀银工艺方面进行控制。市场上镀银优劣顺序如下。

①镀银厚度:0.3 μm 以上(厚银)、0.2 μm(薄银)、0.1 μm(镀白)。

②镀银工艺:基材预镀镍再镀银、基材预镀铜再镀银、基材直接镀银。

基材镀银后是否进行保护剂处理或开关是否具备防尘防水功能非常关键,不然即使最好的镀银处理,开关也会被氧化。

(2)导通可靠性。其关键影响因素是接触点的结构,因为轻触开关的功能是接触点和弹片进行接触导通,所以接触点的接触面越大越好,即接触面由结构决定,市场上大概有三类结构,其优劣顺序如下:大泡(火山口型)"O 型接触"、开槽型"2 点接触"、平泡型"1 点接触"。

(3)寿命和手感。其是由轻触开关的行程和弹片的配合决定的,行程越短,声音越轻,寿命越长;行程越长,则反之。在固定的弹片工艺情况下,主要由行程或声音决定轻触开关的寿命。另外,决定弹片寿命的关键因素是冲压技术。

(4)生产工艺。有了配件之后,最终影响品质的就是组装工艺,组装工艺由生产公司的管理能力、员工质量意识和品质保证能力等因素决定。组装方法有人工和机器,机器组装成本低但产品品质低,人工组装成本高但品质也高。

(5)出厂检验。出厂检验的方法和项目也会影响最终轻触开关的品质,如外观、手感、导通、电阻等项目是抽检还是全检,一些大厂要求的废品率由 PPM 来衡量或零缺陷,就要在出厂检验设置全检后,还要设置抽检或品质稽查等工序。

Ⅴ.轻触开关使用时的注意事项

(1)焊接轻触开关端子时,如果在端子上施加负荷,因条件不同会有松动、变形及电特性劣化的可能,在使用时需注意。

(2)使用通孔印刷电路板及推荐的电路板时,由于热应力的影响会发生变化,所以需事先就焊接条件进行充分的确认。

(3)进行两次焊接时,要在第一次焊接部分恢复到常温之后再进行第一次焊接。连续加热可能使外部变形,端子松动、脱落及电特性降低。

(4)关于焊接条件的设定,需要确认实际批量生产条件。

(5)产品以直流电阻负载为前提设计制造的,使用其他负荷(如感应性负荷、电容性负荷)时,需另行确认。

(6)印刷电路板安装孔及模式,需参照产品图中记载的推荐尺寸。

(7)用于直接由人操作按开关的结构,不要用于机械性的检测功能。

(8)轻触开关操作时,如果施加规定以上的负荷,开关将有被损坏的可能,故不要在开关上施加规定以上的力。

(9)避免从侧面按开关的用法。

(10)对于平轴杆型开关,尽量按开关中心部分;对于铰链结构,按下时轴杆按动位置将移动,需特别注意。

(11)开关安装后,当其他零部件的黏结剂硬化等通过蓄热硬化炉时,需与专业人士联系。

(12)如果使用开关的整机的周围材料产生腐蚀性气体,将有可能造成接触不良等现象,需事先进行充分的确认。

(13)碳接触点具有因推压负荷接触电阻发生变化的特性,当用于电压分压回路等时,需在充分确认之后使用。

(14)关于密闭型以外的型号,对异物的侵入,需充分注意。

2)波段开关

波段开关实际上应该称为多刀多掷开关,它不仅能做波段开关,也能用作其他用途,是电路的一种接插元件,可用来转换波段或选接不同电路,如图4-4所示。至于需要多少刀(就是多少组触点),根据电路的需要确定,当然至少两组以上才能称为波段开关。至于需要多少掷(就是多少个挡位),也根据电路的需要确定,从 2 挡到 10 多挡的都有。如果仅做波段开关,则最少 4 组触点、最多 6 组触点就足够。挡位的话,有多少个波段,就需要多少挡位,至少 2 挡。波段开关的形式也是多样的,常见的是旋转式的,也有推拉式的,还有按键(琴键)式的,其体积也是有大有小。

图 4-4　波段开关实物

Ⅰ. 分类

波段开关按操作方式可分为旋转式、拨动式及杠杆式,通常应用较多的是旋转式波段开关。

波段开关的各个触片都固定在绝缘基片上。绝缘基片通常由三种材料组成:高频瓷,主要适用于高频和超高频电路中,其高频损耗小,但价格高;环氧玻璃布胶板,适用于高频电路和一般电路,其价格适中,在普通收音机和收录机中应用较多;纸质胶板,其高频性能和绝缘性能都不及上面两种,但价格低廉,在普及型收音机、收录机和仪器中应用较多。

Ⅱ. 用途

波段开关主要用在收音机、收录机、电视机和各种仪器仪表中,一般为多极多位开关,其各个触片都固定在绝缘基片上。

波段开关在收音机中的作用是改变接入振荡电路的线圈的圈数。收音机的输入电路是一个电感与电容组成的振荡电路,不连续地改变电感量就可以改变振荡电路的固有频率范围,也就是改变接收波段。

Ⅲ. 常用型号

波段开关的国产型号有 KB××、KZ××、KZX××、KHT××、KC××、KCX××、KZZ 等,其中 Z 纸胶板型,C 表示瓷质型,H 表示环氧玻璃布板型,X 表示小型波段开关。

数字波段开关的应用日趋广泛,涉及数控机床、数控设备和精密仪表。

3)自锁开关

自锁开关一般是指开关自带机械锁定功能,是一种常见的按钮开关,在开关按钮第一次按时,松手后按钮是不会完全跳起来的,开关接通并保持,即自锁;在开关按钮第二次按时,开关断开,同时开关按钮弹出,如图 4-5 所示。早期的直接完全断电的电视机、显示器就是使用的这种开关。

带灯自锁开关与普通自锁开关的不同之处仅在于,带灯自锁开关充分利用其按键中的空间安放了一个小型指示灯泡或 LED,其一端接零线,另一端一般通过一个降压电阻与开关的常开触点并联,当开关闭合时,设备在运转的同时也为指示灯提供电源。其种类有对角式同时开关、平行式同时开关、跨越式同时开关。

图 4-5　自锁开关实物图

实际上,自锁开关与轻触开关是从不同方面描述开关性能。"自锁"是指开关能通过锁定机构保持某种状态(通或断),"轻触"是指操作开关使用的力量大小。一般来说,机械式开关也许可按以下方式区分。

开关从操作方式来说可分为旋钮式、扳动式(包括钮子开关、船形开关)、按钮式。其中,旋钮式和扳动式开关大都可以在操作后保持(锁定)在接通或断开状态,如日常使用的灯开关、风扇调速开关,这类开关大都不用强调是否带自锁,因为都有明显的"操作方向";只有按钮式开关使用时都是按动,大多数按钮开关用于按下时接通或断开电路,释放后状态即复原,所以有时称为"电铃开关",按钮式开关为了达到能保持"已被按下"状态,与普通开关一样,才加有自锁装置,利用自锁性能,使其同样可以自己保持接通或断开状态,这就是带自锁的开关,为某种需要,数个开关在工作时只允许其中一个处于连接状态,其余必须断开时,可将数个按钮开关并排组合,并使用"互锁机构",只允许其中一个开关处于连接锁定状态,当按下另一个开关时,该开关被锁定,但同时原锁定的开关被释放(如磁带录音机上的播放、快进、快退机械按钮)。这些开关,触点可以是一组或多组;锁定机构也有多种,其中应用较多的是利用弹簧钩沿心形槽滑动,心形槽的两个尖对应开关的锁定与释放位置。

顾名思义,"轻触"就是不必用多大力量接触就可以改变开关接点的状态,所以触点容量都很小,且结构简单,开关力量撤销后只能保持原来状态。也就是说,其相当于一个用很小的力量就可以按动的,不带锁定的单接点按钮开关。目前,薄膜开关、小型微动开关都可算作轻触开关,结构上大都采用在两片相互绝缘的薄膜上印刷导电线路,通过按压使线路相互连接;或使用薄弹性金属制作的蝶形弹片,按动弹片使印刷电路连接。

电饭锅、电热水壶上的开关,按下后被锁定,但加热到指定条件后,锁定开关状态的磁铁或双金属片动作,使开关复位,同时切断电源(电饭锅是转换到保温状态),也许不符合"断电后复位"要求。

断电后复位,即锁定机构工作应与电源相关,该要求可以使用一般按钮开关与继电器组成的电路实现;但如果仅使用一个继电器(或接触器),将其一组常开触点用来控制该继电器(或接触器)工作线圈电源,把继电器衡铁当作开关按钮,按下衡铁后,继电器控制线圈的触点闭合,线圈得电,继电器保持吸合(自锁),其余触点控制其他线路;一旦电源断电,继电器随即断电,衔铁复位,相当于按钮复位,需要再次按动继电器衔铁,电源才能再次接通。该继电器此时相当于一个带电锁定的按钮开关。

至于红外开关、IC卡开关等,带有其他元器件组成的开关,已不再是机械开关的范围,不能算作机械开关。

4)光电开关

光电开关是传感器大家族中的成员,它把发射端和接收端之间光的强弱变化转化为电流的变化以达到探测目的。由于光电开关输出回路和输入回路是电隔离的(即电缘绝),所以它可以在许多场合得到应用。

采用集成电路技术和表面安装工艺而制造的新一代光电开关器件,具有延时、展宽、外同步、抗干扰、可靠性高、工作区域稳定和自诊断等智能化功能。这种新颖的光电开关是一种采用脉冲调制的主动式光电探测系统型电子开关,它所使用的冷光源有红外光、红色光、绿色光和蓝色光等,可非接触、无损伤地迅速控制各种固体、液体、透明体、黑体、柔软体和烟雾等物质的状态和动作。接触式行程开关存在响应速度低、精度差、接触检测容易损坏被检测物及寿命短等缺点,而晶体管接近开关的作用距离短,不能直接检测非金属材料。但是新型光电开关则克服了它们的上述缺点,而且体积小、功能多、寿命长、精度高、响应速度快、检测距离远以及抗光、电、磁干扰能力强。

这种新型的光电开关已被用作物位检测、液位控制、产品计数、宽度判别、速度检测、定长剪切、孔洞识别、信号延时、自动门传感、色标检出、冲床和剪切机以及安全防护等诸多领域。此外,利用红外线的隐蔽性,其还可在银行、仓库、商店、办公室以及其他需要的场合作为防盗警戒之用。

Ⅰ.光电开关工作原理

由振荡回路产生的调制脉冲经反射电路后,由发光管辐射出光脉冲。当被测物体进入受光器作用范围时,被反射回来的光脉冲进入光敏三极管,并在接收电路中将光脉冲解调为电脉冲信号,再经放大器放大和同步选通整形,然后用数字积分或 RC 积分方式排除干扰,最后经延时(或不延时)触发驱动器输出光电开关控制信号。

光电开关一般都具有良好的回差特性,因而即使被检测物在小范围内晃动也不会影响驱动器的输出状态,从而可使其保持在稳定工作区。同时,自诊断系统还可以显示受光状态和稳定工作区,以随时监视光电开关的工作。

Ⅱ.光电开关特点

MGK系列光电开关是现代微电子技术发展的产物,是HGK系列红外光电开关的升级换代产品。与以往的光电开关相比,其具有自己显著的特点:

(1)具有自诊断稳定工作区指示功能,可及时告知工作状态是否可靠;

(2)对射式、反射式、镜面反射式光电开关都有防止相互干扰功能,安装方便;

(3)对外同步(外诊断)控制端进行设置,可在运行前预检测光电开关是否正常工作,并

可随时接收计算机或可编程控制器的中断或检测指令,外诊断与自诊断的适当组合可使光电开关智能化;

(4)响应速度快,高速光电开关的响应速度可达到 0.1 ms,每分钟可进行 30 万次检测操作,能检测出高速移动的微小物体;

(5)采用专用集成电路和先进的表面安装工艺,具有很高的可靠性;

(6)体积小(最小仅 20 mm×31 mm×12 mm)、质量轻、安装调试简单,并具有短路保护功能。

III. 光电开关使用注意事项

1)光电开关可用于各种应用场合,避免强光源,光电开关在环境照度较高时,一般都能稳定工作。但应回避将传感器光轴正对太阳光、白炽灯等强光源。在不能改变传感器(受光器)光轴与强光源的角度时,可在传感器上方四周加装遮光板或套上遮光长筒。

2)防止相互干扰,MGK 系列新型光电开关通常都具有自动防止相互干扰的功能,因而不必担心相互干扰。然而,HGK 系列对射式红外光电开关在几组并列靠近安装时,则应防止邻组干扰和相互干扰。防止这种干扰最有效的方法是投光器和受光器交叉设置,超过 2 组时还要拉开组距。当然,使用不同频率的机种也是一种好方法。HGK 系列反射式光电开关防止相互干扰的有效方法是拉开间隔。而且检测距离越远,间隔也应越大,具体间隔应根据调试情况来确定。当然,也可使用不同工作频率的机种。

3)当被测物体有光泽或遇到光滑金属面时,一般反射率都很高,有近似镜面的作用,这时应将投光器与被检测物体安装成 10°~20° 的夹角,以使其光轴不垂直于被检测物体,从而防止误动作。

4)使用反射式扩散型投光器、受光器时,有时由于检出物离背景物较近,光电开关或者背景是反射率较高的物体而可能会使光电开关不能稳定检测。因此,可以改用距离限定型投光器、受光器,或者采用远离背景物、拆除背景物、将背景物涂成无光黑色,或设法使背景物粗糙、灰暗等方法加以排除。

5)在安装或使用时,有时可能会由于台面或背景影响以及使用振动等原因而造成光轴的微小偏移、透镜沾污、积尘、外部噪声、环境温度超出范围等问题。这些问题有可能会使光电开关偏离稳定工作区,这时可以利用光电开关的自诊断功能而使其通过绿色稳定指示灯发出通知,以提醒使用者及时对其进行调整。

6)接近开关

接近开关又称无触点行程开关,它除可以完成行程控制和限位保护外,还是一种非接触型的检测装置,可用作检测零件尺寸和测速等,也可用于变频计数器、变频脉冲发生器、液面控制和加工程序的自动衔接等。其特点有工作可靠、寿命长、功耗低、复定位精度高、操作频率高以及适应恶劣的工作环境等。

I. 性能特点

在各类开关中,有一种对接近它的物件有"感知"能力的元件——位移传感器。利用位移传感器对接近物体的敏感特性达到控制开关通或断的目的,这就是接近开关。

161

当有物体移向接近开关,并接近到一定距离时,位移传感器才有"感知",开关才会动作。通常把这个距离叫检出距离。不同的接近开关检出距离也不同。

有时被检测物体是按一定的时间间隔,一个接一个地移向接近开关,又一个一个地离开,这样不断地重复。不同的接近开关,对检测对象的响应能力是不同的。这种响应特性被称为响应频率。

Ⅱ. 分类

因为位移传感器可以根据不同的原理和不同的方法做成,而不同的位移传感器对物体的"感知"方法也不同,所以常见的接近开关有以下几种。

Ⅰ)涡流式接近开关

这种开关有时也叫电感式接近开关。它是利用导电物体在接近这个能产生电磁场的接近开关时,使物体内部产生涡流。这个涡流反作用到接近开关,使开关内部电路参数发生变化,由此识别出有无导电物体移近,进而控制开关的通或断。这种接近开关所能检测的物体必须是导电体。

Ⅱ)电容式接近开关

这种开关的测量通常是构成电容的一个极板,而另一个极板是开关的外壳。这个外壳在测量过程中通常是接地或与设备的机壳相连接。当有物体移向接近开关时,不论它是否为导体,由于它的接近,总要使电容的介电常数发生变化,从而使电容量发生变化,使得和测量头相连的电路状态也随之发生变化,由此便可控制开关的接通或断开。这种接近开关检测的对象,不限于导体,可以是绝缘的液体或粉状物等。

Ⅲ)霍尔接近开关

霍尔元件是一种磁敏元件。利用霍尔元件做成的开关,叫霍尔开关。当磁性物件移近霍尔开关时,开关检测面上的霍尔元件因产生霍尔效应而使开关内部电路状态发生变化,由此识别附近有无磁性物体存在,进而控制开关的通或断。这种接近开关的检测对象必须是磁性物体。

Ⅳ)光电式接近开关

利用光电效应做成的开关叫光电开关。将发光器件与光电器件按一定方向装在同一个检测头内,当有反光面(被检测物体)接近时,光电器件接收到反射光后便有信号输出,由此便可"感知"有物体接近。

Ⅴ)热释电式接近开关

利用能感知温度变化的元件做成的开关叫热释电式接近开关。这种开关是将热释电器件安装在开关的检测面上,当有与环境温度不同的物体接近时,热释电器件的输出便变化,由此便可检测出有物体接近。

Ⅵ)其他形式的接近开关

当观察者或系统对波源的距离发生改变时,接收到的波的频率会发生偏移,这种现象称为多普勒效应。声呐和雷达就是利用这个效应的原理制成的。利用多普勒效应可制成超声波接近开关、微波接近开关等。当有物体移近时,接近开关接收到的反射信号会产生多普勒频移,由此可以识别出有无物体接近。

Ⅲ. 主要用途

接近开关在航空、航天技术以及工业生产中都有广泛的应用。在日常生活中,如宾馆、饭店、车库的自动门和自动热风机上都有应用。在安全防盗方面,如资料档案、财会、金融、博物馆、金库等重地,通常都装有由各种接近开关组成的防盗装置。在测量技术中,如长度、位置的测量;在控制技术中,如位移、速度、加速度的测量和控制,也都使用着大量的接近开关。

Ⅳ. 选用注意事项

在一般的工业生产场所,通常都选用涡流式接近开关和电容式接近开关。因为这两种接近开关对环境的要求条件较低。当被测对象是导电物体或可以固定在一块金属物上的物体时,一般都选用涡流式接近开关,因为它的响应频率高、抗环境干扰性能好、应用范围广、价格较低。若被测对象是非金属(或金属)、液位高度、粉状物高度、塑料、烟草等,则应选用电容式接近开关。这种开关的响应频率低,但稳定性好,安装时应考虑环境因素的影响。若被测对物为导磁材料或者为了区别和它在一同运动的物体而把磁钢埋在被测物体内时,应选用霍尔接近开关,它的价格最低。

在环境条件比较好、无粉尘污染的场合,可采用光电式接近开关。光电式接近开关工作时对被测对象几乎无任何影响。因此,在要求较高的传真机和烟草机械上被广泛使用。

在防盗系统中,自动门通常使用热释电式接近开关、超声波接近开关、微波接近开关。有时为了提高识别的可靠性,上述几种接近开关往往被复合使用。

无论选用哪种接近开关,都应注意对工作电压、负载电流、响应频率、检测距离等各项指标的要求。

4.4.2　显示器

当前显示器的种类很多,在此仅介绍常用的两种显示器,即 LED 数码管和液晶显示器(LCD)。

1.LED 数码管(微课视频扫二维码观看)

数码管是一类价格便宜、使用简单,通过对其不同的管脚输入相对的电流,使其发亮,从而显示出数字(能够显示时间、日期、温度等所有可用数字表示的参数)的器件。其在电器特别是家电领域应用极为广泛,如显示屏、空调、热水器、冰箱等。绝大多数热水器用的都是数码管,其他家电也用液晶屏与荧光屏。

数码管实际上是由 7 个发光二极管组成"8"字形构成的,再加上小数点,就是 8 个发光二极管。这些段分别由字母 a, b, c, d, e, f, g, dp 表示。当数码管特定的段加上电压后,这些特定的段就会发亮,形成能看到的字样。如显示一个"2"字,那么应当是 a 亮、b 亮、g 亮、e 亮、d 亮、f 不亮、c 不亮、dp 不亮。LED 数码管有一般亮和超亮等之分,也有 0.5 寸、1 寸等不同的尺寸。小尺寸数码管的显示笔画常用一个发光二极管组成,而大尺寸数码管由两个或多个发光二极管组成。一般情况下,单个发光二极管的管压降为 1.8 V 左右,电流不超过 30 mA。发光二极管的阳极连接到一起,再连接到电源正极的称为共阳数码管;发光二极管的阴极连接到一起,再连接到电源负极的称为共阴数码管,其外形和等效电路如图 4-6 所示。常用 LED 数码管显示的数字和字符是 0、1、2、3、4、5、6、7、8、9、A、B、C、D、E、F。

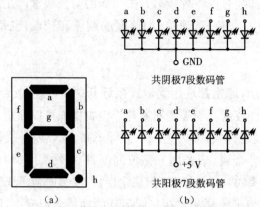

图 4-6 发光二极管显示器外形及等效电路

1)结构原理

LED 数码管是由多个发光二极管封装在一起组成"8"字形的器件,引线已在内部连接完成,只需引出它们的各个笔画,公共电极。LED 数码管常用段数一般为 7 段,有的另加一个小数点,还有一种是类似于 3 位"+1"型。其位数有半位,1,2,3,4,5,6,8,10 位等,LED 数码管根据发光二极管的接法不同分为共阴和共阳两类。了解 LED 数码管的这些特性,对编程很重要,因为不同类型的数码管,除了它们的硬件电路有差异外,编程方法也是不同的。图 4-6(b)是共阴极和共阳极数码管的内部电路,它们的发光原理是一样的,只是它们的电源极性不同而已。其颜色有红、绿、蓝、黄等几种。LED 数码管广泛用于仪表、时钟、车站、家电等场合,选用时要注意产品尺寸、颜色、功耗、亮度、波长等。

2)数码管的分类

(1)按段数多少,数码管可分为七段数码管和八段数码管,八段数码管比七段数码管多一个发光二极管单元(即多一个小数点显示)。

(2)按能显示多少个"8",数码管可分为 1 位、2 位、3 位、4 位等数码管,如图 4-7 所示。

(3)按发光二极管单元连接方式,数码管可分为共阳极数码管和共阴极数码管。共阳数码管是指将所有发光二极管的阳极接到一起形成公共阳极(COM)的数码管。共阳数码管在应用时应将公共极 COM 接到 +5 V,当某一字段发光二极管的阴极为低电平时,相应字段就点亮;当某一字段的阴极为高电平时,相应字段就不亮。共阴数码管是指将所有发光二极管的阴极接到一起形成公共阴极(COM)的数码管。共阴数码管在应用时应将公共极 COM 接到地线上,当某一字段发光二极管的阳极为高电平时,相应字段就点亮;当某一字段的阳极为低电平时,相应字段就不亮。

1 位数码管   3 位数码管

2 位数码管   4 位数码管

图 4-7   几种位数的数码管

3）驱动原理

LED 数码管要正常显示，就要用驱动电路来驱动数码管的各个段码，从而显示数字。根据 LED 数码管的驱动方式不同，可以分为静态显示和动态显示两类。

Ⅰ. 静态显示

静态驱动也称直流驱动。静态驱动是指每个数码管的每一个段码都由一个单片机的 I/O 端口进行驱动，或者使用如 BCD 码二 - 十进制译码器译码（如 74LS48、74LS47 等）进行驱动。静态驱动的优点是编程简单、显示亮度高，缺点是占用 I/O 端口多，如驱动 5 个数码管静态显示则需要 5×8=40 个 I/O 端口来驱动，要知道一个 89S51 单片机可用的 I/O 端口才32 个，实际应用时必须增加译码驱动器进行驱动，从而增加硬件电路的复杂性。

Ⅱ. 动态显示

LED 数码管动态显示接口是单片机中应用最为广泛的一种显示方式之一，动态驱动是将所有数码管的 8 个显示笔画 a，b，c，d，e，f，g，dp 的同名端连在一起，另外为每个数码管的公共极 COM 增加位选通控制电路，位选通由各自独立的 I/O 线控制，当单片机输出字形码时，单片机对位选通 COM 端电路控制，所以只要将需要显示的数码管的选通，该位就显示出字形，没有选通的数码管就不会亮。通过分时轮流控制各个数码管的 COM 端，可使各个数码管轮流受控显示，这就是动态驱动。在轮流显示过程中，每位数码管的点亮时间为1~2 ms，由于人的视觉暂留现象及发光二极管的余辉效应，尽管实际上各位数码管并非同时点亮，但只要扫描的速度足够快，给人的印象就是一组稳定的显示数据，不会有闪烁感。动态显示的效果和静态显示是一样的，能够节省大量的 I/O 端口，而且功耗更低。

4）国产数码管命名规则

国产 LED 数码管的型号命名由四部分组成，各部分含义见表 4-1。

165

表 4-1　国产 LED 数码管的型号命名及含义

第一部分：主称		第二部分：字符高度	第三部分：发光颜色		第四部分：公共极性	
字母	含义	用数字表示数码管的字符高度，单位是 mm	字母	含义	数字	含义
BS	半导体发光数码管		R	红	1	共阳
			G	绿	2	共阴
			OR	橙红		

例 4-1　BS 12.7 R-1（字符高度为 12.7 m 的红色共阳极 LED 数码管），具体含义如下：

BS——半导体发光数码管；

12.7——字符高度为 12.7 mm；

R——红色；

1——共阳。

例 4-2　SMS3651BR10（BW）（8 字（米字）数码管），具体含义如下。

（1）SM——公司名称缩写。

（2）类型：S——8 字数码管；M——米字管。

（3）8 字高度：0.36 英寸，大概为 9.1 mm，1 英寸 =25.4 mm。

（4）8 字位数：一般为 1~6 个 8。

（5）模具号：外形相同为同一个模具号；不同外形依次以 2,3,4 排下去。

（6）极性：A、B 为相同线路，A 为共阴，B 为共阳；C、D 为相同线路，C 为共阴，D 为共阳；依序排列下去。

（7）发光颜色：R 为红，SR 为超亮红，G 为黄绿，Y 为黄，B 为蓝，PG 为翠绿，W 为白。如果为双色产品，颜色编排原则：按波长从大到小排列，即红橙黄绿青蓝紫的顺序。红为 620~640 nm，橙为 600~610 nm，黄为 590 nm 左右，黄绿为 570 nm 左右，绿为 515 nm 左右，蓝为 465 nm 左右。

（8）PIN 针长度：10~10.28 mm（常规），一般长度有 7~7.5 mm、7.5~8 mm、8.3~9 mm、11~12.8 mm、12~15 mm、13~20 mm、14~25 mm、15~30 mm。PIN 针长度可以根据客户要求定制，但一般情况下都是向现有的几种规格靠，可以提供客户相近的长度要求供参考。

（9）表面颜色：默认为黑色，B 为黑色，G 为灰色。

（10）胶体颜色：默认为白色，W 为白色，R 为红色。

例 4-3　如图 4-8 所示。

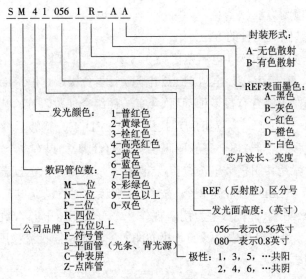

图 4-8　数码管命名规则说明图

5）数码管参数

8 字高度：8 字上沿与下沿的距离，比数码管外高度小，通常用英寸来表示，范围一般为0.25~20 英寸。

长 × 宽 × 高：长为数码管正放时，水平方向的长度；宽为数码管正放时，垂直方向的长度；高为数码管的厚度。

时钟点：四位数码管中，第二位 8 与第三位 8 字中间的两个点，一般用于显示时钟中的秒。

6）数码管使用条件

电流：静态时，推荐使用 10~15 mA；16/1 动态扫描时，平均电流为 4~5 mA，峰值电流为50~60 mA。

电压：查引脚排布图，确定每段的芯片数量，当为红色时，使用 1.9 V 乘以每段的芯片串联的个数；当为绿色时，使用 2.1 V 乘以每段的芯片串联的个数。

7）恒流驱动与非恒流驱动对数码管的影响

（1）显示效果。由于发光二极管基本上属于电流敏感器件，其正向压降的分散性很大，并且还与温度有关，为了保证数码管具有良好的亮度均匀度，就需要使其具有恒定的工作电流，且不能受温度及其他因素的影响。另外，当温度变化时，驱动芯片还要能够自动调节输出电流的大小，以实现色差平衡温度补偿。

（2）安全性。即使是短时间的电流过载也可能对发光二极管造成永久性的损坏，采用恒流驱动电路后可防止由于电流故障所引起的数码管的大面积损坏。

另外，我们所采用的超大规模集成电路还具有级联延时开关特性，可防止反向尖峰电压对发光二极管的损害。

超大规模集成电路还具有热保护功能，当任何一片的温度超过一定值时可自动关断，并且可在控制室内看到故障显示。

8）LED 数码管检测方法

Ⅰ.区分共阴 / 共阳数码管的方法

首先，找一个直流稳压电源（电压范围为 3~5 V）和 1 个 1 kΩ（几百欧的也行）的电阻，电源正极端（用 V_{CC} 表示）串接该电阻（1 kΩ 电阻）后与负极端（用 GND 表示）接在被测数码管的任意 2 个引脚上，组合有很多种，但总会有一种组合使数码管的某个 LED 点亮（数码管的每一段均是用一个发光二极管组成），找到一个 LED 点亮就够了；然后保持 GND 端不动，V_{CC} 端（串电阻后的端子）逐个碰触数码管剩下的管脚，如果有多个 LED（一般是 8 个）被点亮，那该数码管就是共阴极数码管。相反，保持 V_{CC} 端不动，GND 端逐个碰触数码管剩下的管脚，如果有多个 LED（一般是 8 个）被点亮，那该数码管就是共阳极数码管。也可以直接用数字万用表来测量（即把数字万用表视作一个直流稳压电源），数字万用表的红表笔代表电源的正极 V_{CC}，黑表笔代表电源的负极 GND，测量方法同直流稳压电源的测试方法。

Ⅱ.性能检测方法

Ⅰ）用二极管挡检测

将数字万用表置于二极管挡时，其开路电压为 +2.8 V。用此挡测量 LED 数码管各引脚之间是否导通，可以识别该数码管是共阴极型还是共阳极型，并可判别各引脚所对应的笔段有无损坏。

（1）检测已知引脚排列的 LED 数码管。将数字万用表置于二极管挡，黑表笔与数码管的 h 点（LED 的共阴极）相接，然后用红表笔依次触碰数码管的其他引脚，触到哪个引脚，哪个笔段就应发光。若触到某个引脚时，所对应的笔段不发光，则说明该笔段已经损坏。

（2）检测引脚排列不明的 LED 数码管。有些市售 LED 数码管不注明型号，也不提供引脚排列图。遇到这种情况，可使用数字万用表方便地检测出数码管的结构类型、引脚排列以及全笔段发光性能。下面举一实例，说明该测试方法。

被测器件是一台彩色电视机用来显示频道的 LED 数码管，外形尺寸为 20 mm×10 mm×5 mm，字形尺寸为 8 mm×4.5 mm，发光颜色为红色，采用双列直插式，共 10 个引脚。

检测公共极：将数字万用表置于二极管挡，红表笔接在①脚，然后用黑表笔去接触其他各引脚，只有当接触到⑨脚时，数码管的 a 笔段发光，而接触其余引脚不发光。由此可知，被测管是共阴极结构类型，⑨脚是公共阴极，①脚则是 a 笔段。

判别引脚排列：仍使用数字万用表二极管挡，将黑表笔固定接在⑨脚，然后用红表笔依次接触②、③、④、⑤、⑧、⑩、⑦脚时，数码管的 f、g、e、d、c、b、p 笔段先后分别发光，据此绘出该数码管的内部结构和引脚排列（面对笔段的一面），如图 4-9 所示。

检测全笔段发光性能：前两步已将被测 LED 数码管的结构类型和引脚排列测出。接下来还应该检测数码管的各笔段发光性能是否正常。将数字万用表置于二极管挡，把黑表笔固定接在数码管的公共阴极上（⑨脚），并把数码管的 a~p 笔段端全部短接在一起，然后将红表笔接触 a~p 的短接端，此时所有笔段均应发光，显示出"8"字。

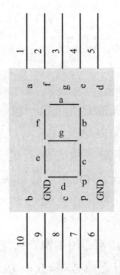

图 4-9　LED 数码管的内部结构和引脚图

在做上述测试时,应注意以下几点。

(1)检测中,若被测数码管为共阳极类型,则只有将红、黑表笔对调才能测出上述结果。特别是在判别结构类型时,操作要灵活掌握,反复实验,直到找出公共电极(h)为止。

(2)大多数 LED 数码管的小数点在内部是与公共电极连通的。但是,有少数产品的小数点是在数码管内部独立存在的,测试时要注意正确区分。

Ⅱ)用 h_{FE} 挡检测

利用数字万用表的 h_{FE} 挡,能检查 LED 数码管的发光情况。若使用 NPN 插孔,这时 C 孔带正电,E 孔带负电。例如,在检查 LTS547R 型共阴极 LED 数码管时,从 E 孔插入一根单股细导线,导线引出端接负极(③脚与⑧脚在内部连通,可任选一个作为负极);再从 C 孔引出一根导线依次接触各笔段电极,可分别显示所对应的笔段。若按图 4-10 所示电路,将第④、⑤、①、⑥、⑦脚短路后,再与 C 孔引出线接通,则能显示数字“2”。把 a~g 段全部接 C 孔引线,就显示全亮笔段,显示数字“8”。

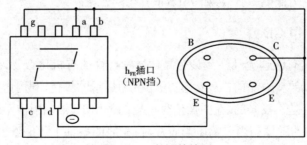

图 4-10　数码管检测

检测时,若某笔段发光黯淡,说明器件已经老化,发光效率变低;如果显示的笔段残缺不全,说明数码管已经局部损坏。注意,检查共阳极 LED 数码管时,应改变电源电压的极性。

如果被测 LED 数码管的型号不明,又无引脚排列图,则可用数字万用表的 h_{FE} 挡进行如下测试：

（1）判定数码管的结构类型（共阴或共阳）；

（2）识别引脚列图；

（3）检查全笔段发光情况。

具体操作时，可预先把 NPN 插孔的 C 孔引出一根导线，并将导线接在假定的公共电极（可任设一引脚）上，再从 E 孔引出一根导线，用此导线依次触碰被测管的其他引脚。根据笔段发光或不发光的情况进行判别验证。测试时，若笔段引脚或公共引脚判断正确，则相应的笔段就能发光。当笔段电极接反或公共电极判断错误时，该笔段就不能发光。

数字万用表的 h_{FE} 挡所提供的正向工作电流约 20 mA，做上述检查绝对不会损坏被测器件。

需注意的是，用 h_{FE} 挡或二极管挡不适用于检查大型 LED 数码管。由于大型 LED 数码管是将多个发光二极管的单个字形笔段按串、并联方式构成的，因此需要的驱动电压高（17 V 左右）、驱动电流大（50 mA 左右）。检测这种管子时，可采用 20 V 直流稳压电源，配上滑线电阻器作为限流电阻兼调节亮度，来检查其发光情况。

9）数码管使用注意事项

（1）需要使其具有恒定的工作电流。采用恒流驱动电路后，可防止短时间的电流过载可能对发光二极管造成永久性损坏，以此避免电流故障所引起的七段数码管的大面积损坏。

（2）数码管表面不要用手触摸，不要用手去弄引脚。

（3）焊接温度为 260 ℃，焊接时间为 5 s。

（4）表面有保护膜的产品，可以在使用前撕下来。

10）数码管应用实例

七段发光二极管数码显示器 BS201/202 为共阴极，BS211/212 为共阳极，其中，BS201 和 BS211 每段的最大驱动电流为 10 mA，BS202 和 BS212 每段的最大驱动电流为 15 mA。驱动共阴极显示器的译码器输出为高电平有效，如 74LS48、74LS49、CC4511；而驱动共阳极显示器的译码器输出为低电平有效，如 74LS46、74LS47 等。

2. 液晶显示器（LCD）

液晶是一种既具有液体流动性又具有晶体光学特性的有机化合物，外加电场的作用和入射光线的照射可以改变液晶的排列状态、透明度和显示的颜色，利用这一特性可做成数码显示器。液晶体本身是不发光的，在图像信号电压的作用下，液晶板上不同部位的透光性不同，每一瞬间（一帧）的图像相当一幅电影胶片，在光照的条件下才能看到图像。因此，在液晶板的背部要设有一个矩形平面光源。

液晶显示器的剖面图如图 4-11 所示，在液晶板的背部设有光源，在前面观看屏幕的显示图像是透过液晶层的光图像，液晶层的不同部位的透光性随图像信号的规律变化，就可以看到活动图像。

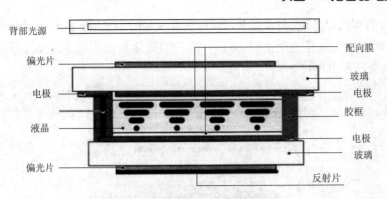

图 4-11　液晶显示器的剖面图

将电信号变成驱动水平和垂直排列的液晶单元的控制晶体管,就可以实现液晶显示器的驱动,这些驱动集成电路安装在液晶板的四周就可以组装成液晶显示器组件,如图 4-12所示。

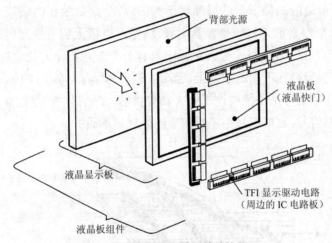

图 4-12　液晶显示器组件结构图

1)液晶显示器的工作原理

液晶于 1888 年由奥地利植物学者 Reinitzer 发现,是一种介于固态和液态之间,具有规则性分子排列的有机化合物。液晶是一种既具有晶体性质,又具有液体性质的物质,故取名为液态晶体,简称液晶。通过研究发现,液晶有 4 个相态,分别为晶态、液态、液晶态、气态,且 4 个相态可相互转化,称为"相变"。相变时,液晶的分子排列发生变化,从一种有规律的排列转向另一种排列。引起这一变化的原因是外部电场或外部磁场的变化。同时,液晶分子的排列变化必然会导致其光学性质的变化,如折射率、透光率等性能的变化。于是,利用这一性质做出了液晶显示器,它利用外加电场作用于液晶板改变其透光性能的特性来控制光通过的多少,从而显示图像。

液晶显示器的原理如图 4-13 所示。在液晶层的前面设置由 R、G、B 栅条组成的滤光器,光穿过 R、G、B 栅条,就可以看到彩色光,由于每个像素单元的尺寸很小,从远处看就是

R、G、B 混合的颜色,与彩色晶体管 R、G、B 栅条混合的彩色效果相同。这样液晶层设在光源和栅条之间实际上很像一个快门,每秒钟快门的变化与画面同步。如果液晶层前面不设彩色栅条,就会显示单色(如黑白)图像。

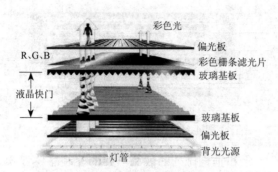

图 4-13　彩色液晶显示器的显示原理图

　　2)液晶显示器的结构

　　如图 4-14 所示是液晶显示器的局部解剖视图,液晶层封装在两块玻璃基之间,上部有一个公共电极,每个像素单元有一个像素电极,当像素电极上加有控制电压时,该像素中的液晶体便会受到电场的作用,每个像素单元中设有一个为像素单元提供控制电压的场效应管,由于它制成薄膜紧贴在下面的基板上,因而被称为薄膜晶体管(TFT)。每个像素单元薄膜晶体管栅极的控制信号是由横向设置的 X 轴提供的,X 轴提供的是扫描信号,Y 轴为薄膜晶体管提供的数据信号,数据信号是视频信号经处理后形成的。

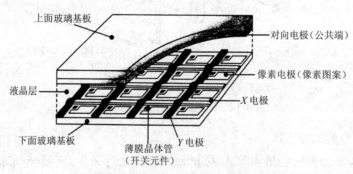

图 4-14　液晶显示器的局部解剖视图

　　图像数据信号的电压加到场效应管的源极,扫描脉冲加到栅极,当栅极上有正极性脉冲时,场效应管导通,源极的图像数据电压便通过场效应管加到与漏极相连的像素电极上,于是像素电极与公共电极之间的液晶体便会受到 Y 轴图像电压的控制。如果栅极无脉冲,则场效应管便截止,像素电极上无电压。所以,场效应管实际上是一个电子开关。

　　整个液晶显示器的驱动电路如图 4-15(a)所示,经图像信号处理电路形成的图像数据电压作为 Y 方向的驱动信号,同时图像信号处理电路为同步及控制电路提供水平和垂直同步信号,形成 X 方向的驱动信号,驱动 X 方向的晶体管栅极。

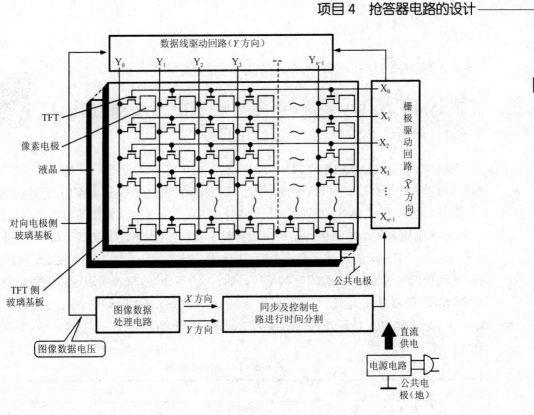

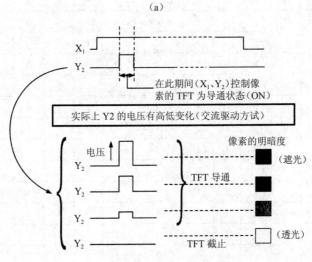

图 4-15　液晶显示器的驱动电路和脉冲信号与液晶透光率

当垂直和水平脉冲信号同时加到某一场效应管时,该像素单元的晶体管便会导通。如图 4-15(b)所示,Y 信号的脉冲幅度越高,图像越暗,Y 信号的脉冲幅度越低,图像越亮,当 Y 轴无电压时,TFT 截止,液晶体 100% 透光成白光。

驱动液晶显示器的显示译码器是专用芯片,如 BCD-7 段译码/液晶驱动器 CC4055,其内部已经设置异或门电路。

4.4.3 译码器

1. 发光二极管显示器的译码 / 驱动器（74LS47/74LS48）（微课视频扫二维码观看）

74LS47、74LS48 为 BCD-7 段译码 / 驱动器，用于将 BCD 码转化成数码块中的数字，通过解码可以直接把数字转换为数码管的显示数字，从而简化了程序，节约了单片机的 I/O 端口开销，因此是一个非常好的芯片。其中，74LS47 可用来驱动共阳极的发光二极管显示器，而 74LS48 则用来驱动共阴极的发光二极管显示器。74LS47 为集电极开路输出，使用时要外接电阻；而 74LS48 的内部有升压电阻，因此无须外接电阻（可以直接与显示器相连接）。译码为编码的逆过程，它将编码时赋予代码的含义"翻译"过来。实现译码的逻辑电路成为译码器。译码器输出与输入代码有唯一的对应关系。74LS48 的功能表见表 4-2，其中 $A_3 A_2 A_1 A_0$ 为 8412BCD 码输入端，a~g 为 7 段译码输出端。

表 4-2 74LS48 功能表

功能或数字	输入						输出								显示字形
	$\overline{LT}$	$\overline{RBI}$	A_3	A_2	A_1	A_0	$\overline{BI}/\overline{RBO}$	a	b	c	d	e	f	g	
灭灯	×	×	×	×	×	×	0（输入）	0	0	0	0	0	0	0	灭灯
试灯	0	×	×	×	×	×	1	1	1	1	1	1	1	1	8
动态灭零	1	0	0	0	0	0	0	0	0	0	0	0	0	0	灭灯
0	1	1	0	0	0	0	1	1	1	1	1	1	1	0	0
1	1	×	0	0	0	1	1	0	1	1	0	0	0	0	1
2	1	×	0	0	1	0	1	1	1	0	1	1	0	1	2
3	1	×	0	0	1	1	1	1	1	1	1	0	0	1	3
4	1	×	0	1	0	0	1	0	1	1	0	0	1	1	4
5	1	×	0	1	0	1	1	1	0	1	1	0	1	1	5
6	1	×	0	1	1	0	1	0	0	1	1	1	1	1	6
7	1	×	0	1	1	1	1	1	1	1	0	0	0	0	7
8	1	×	1	0	0	0	1	1	1	1	1	1	1	1	8
9	1	×	1	0	0	1	1	1	1	1	0	0	1	1	9
10	1	×	1	0	1	0	1	0	0	0	1	1	0	1	无效
11	1	×	1	0	1	1	1	0	0	1	1	0	0	1	无效
12	1	×	1	1	0	0	1	0	1	0	0	0	1	1	无效
13	1	×	1	1	0	1	1	1	0	0	1	0	1	1	无效
14	1	×	1	1	1	0	1	0	0	0	1	1	1	1	无效
15	1	×	1	1	1	1	1	0	0	0	0	0	0	0	全暗

注：$\overline{BI}$/RBO 是一个特殊端，有时用作输入，有时用作输出。

74LS47/74LS48 的引脚结构图如图 4-16 所示，其各使能端功能简介如下。

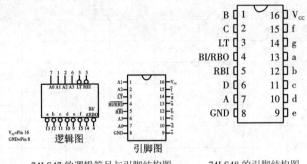

74LS47 的逻辑符号与引脚结构图　　74LS48 的引脚结构图
图 4-16 74LS47/74LS48 引脚结构图

$\overline{LT}$：灯测试输入使能端，为了检查数码管各段是否能正常发光而设置。当 $\overline{LT}$=0 时，译码器各段均为高电平，显示器各段全亮，因此 $\overline{LT}$=0 可用来检查 74LS48 和显示器的好坏。

$\overline{RBI}$：动态灭零输入使能端，为使不希望显示的 0 熄灭而设定。在 $\overline{LT}$=1 的前提下，当 $\overline{RBI}$=0 且输入 $A_3A_2A_1A_0$=0000 时，译码器各段输出全为低电平，显示器各段全灭，而当输入数据为非零数码时，译码器和显示器正常译码显示。利用此功能可以实现对无意义位的零进行消隐。

$\overline{BI}$：静态灭灯输入使能端，为控制多位数码显示的灭灯而设置。只要 $\overline{BI}$=0，不论输入 $A_3A_2A_1A_0$ 为何种电平，译码器各段输出全为低电平，显示器各段全灭（此时 $\overline{BI}$/RBO 为输入使能）。

RBO：动态灭零输出端，在不使用 $\overline{BI}$ 功能时，$\overline{BI}$/RBO 为输出使能（其功能是只有在译码器实现动态灭零时 RBO=0，其他时候 RBO=1）。该端主要用于多个译码器级联时，实现对无意义位的零进行消隐。实现整数位的零消隐是将高位的 RBO 接到相邻低位的 $\overline{RBI}$，实现小数位的零消隐是将低位的 RBO 接到相邻高位的 $\overline{RBI}$。

2.BCD-7 段译码 / 液晶驱动器（CC4055）

CMOS 集成电路 CC4055 是驱动液晶显示器的专用译码器，其输入电平可与 TTL、CMOS 电平兼容。CC4055 为单位数字 BCD- 七段译码器 / 驱动器电路，在单片机上具有电平移动功能。此特性允许 BCD 输入信号变化范围（$V_{DD} \sim V_{SS}$）与七段输出信号变化范围（$V_{DD} \sim V_{EE}$）相同或不同。七段输出由 f_{DI} 输入端控制，可使所选择的段输出为高电平。反之，为低电平，当 f_{DI} 输入一方波时，所选择的段输出也为一方波，且其相位与 f_{DI} 输入相差 180°。那些没被选择的段的输出是与输入同相的方波，用于液晶显示的 f_{DO}，即方波重复频率通常在 30 Hz（正好高于闪烁率）至 200 Hz（正好低于液晶显示频率响应的上限）的范围内。提供了电平位移高幅值 f_{DO} 输出，可用来驱动液晶显示的公共电极，所有输入组合的译码提供了 0~9 及 L、P、H、A 及空白显示。CC4055 功能表见表 4-3。

表 4-3 CC4055 功能表

输入				输出（$f_{DI}=0$）							
A_3	A_2	A_1	A_0	Y_a	Y_b	Y_c	Y_d	Y_e	Y_f	Y_g	显示
0	0	0	0	1	1	1	1	1	1	0	0
0	0	0	1	0	1	1	0	0	0	0	1
0	0	1	0	1	1	0	1	1	0	1	2
0	0	1	1	1	1	1	1	0	0	1	3
0	1	0	0	0	1	1	0	1	1	1	4
0	1	0	1	1	0	1	1	0	1	1	5
0	1	1	0	0	0	1	1	1	1	1	6
0	1	1	1	1	1	1	0	0	0	0	7
1	0	0	0	1	1	1	1	1	1	1	8
1	0	0	1	1	1	1	1	0	1	1	9
1	0	1	0	0	0	0	1	1	1	0	L
1	0	1	1	0	1	0	1	1	1	1	H
1	1	0	0	1	1	0	0	1	1	1	P
1	1	0	1	1	1	1	0	1	1	1	A
1	1	1	0	0	0	0	0	0	0	1	—
1	1	1	1	0	0	0	0	0	0	0	

注：当 $f_{DI}=1$ 时，输出状态为该表的反码。

  CC4055 有 16 个引脚，且有多层陶瓷双列直插（D）、熔封陶瓷双列直插（J）、塑料双列直插（P）和陶瓷片状载体（C）4 种封装形式。

  CC4055 的逻辑符号与引脚排列如图 4-17 所示，其各使能端功能简介如下：A_0~A_3 为十进制码输入端；f_{DI} 为取反控制输入端；f_{DO} 为取反控制输出端；V_{DD} 为正电源；V_{EE} 为驱动信号地；V_{SS} 为数字信号地；Y_a~Y_f 为译码输出端。其内部逻辑图如图 4-18 所示。

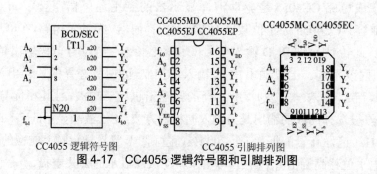

图 4-17 CC4055 逻辑符号图和引脚排列图

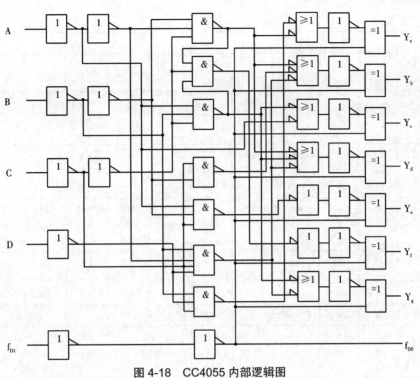

图 4-18　CC4055 内部逻辑图

CC4055 工作条件如下。

电源电压范围：3~5 V。

输入电压范围：0 V~U_{DD}。

工作温度范围：M 类为 55~125 ℃；E 类为 -40~85 ℃。

CC9055 极限值如下。

电源电压：-0.5~18 V。

输入电压：-0.5 V~U_{DD}+0.5 V。

储存温度：-65~150 ℃。

CC9055 静态特性见表 4-4。

表 4-4　CC4055 静态特性表

参数	测试条件					规范值					
	U_{EE} (V)	U_{SS} (V)	U_O (V)	U_I (V)	U_{DD} (V)	-55℃	-40℃	25℃	85℃	12.5℃	单位
U_{OL} 输出低电平电压 （最大）	0	0	-5/0		5.0			0.05V			
	0	0		10/0	10.0						
	0	0		15/0	15.0						
U_{OH} 输出高电平电压 （最小）	0	0	-5/0		5.0			4.95			V
	0	0		10/0	10.0			9.95			
	0	0		15/0	15.0			14.95			

续表

参数	测试条件					规范值					单位
	U_{EE} (V)	U_{SS} (V)	U_O (V)	U_I (V)	U_{DD} (V)	-55℃	-40℃	25℃	85℃	12.5℃	
U_{IL} 输入低电平电压 （最大）	0	0	0.5/4.5	-5.0				1.5			V
	0	0	1.0/9.0		10.0			3.0			
	0	0	1.5/13.5		15.0			4.0			
U_{IH} 输入高电平电压 （最小）	-5	0	4.5/0.5	-5.0				3.5			V
	0	0	9.5/1.0		10.0			7.0			
	0	0	13.5/1.5		15.0			11.0			
I_{OH} 输出高电平电流 （最小）	-5	0	4.5	-5.0		-0.6	-0.55	-0.45	-0.35	-0.3	mA
	0	0	9.5		10.0	-0.6	0.55	-0.45	-0.35	-0.3	
	0	0	13.5		15.0	-1.9	-1.8	-1.5	-1.2	-1.1	
I_{OL} 输出低电平电流 （最小）	-5	0	-0.4	5/0	5.0	1.6	1.5	1.3	1.1	0.9	mA
	0	0	0.5	10/0	10.0	1.6	1.5	1.3	1.1	0.9	
	0	0	1.5	15/0	15.0	4.2	4.0	3.4	2.8	2.4	
I_I 输入电流	0	0	-15/0		15.0	±0.1			±1.0		μA
I_{DD} 电源电流 （最大）	-5	0	-5/0		5.0	5.0		5.0	150.0		μA
	0	0		10/0	10.0	10.0		10.0	300.0		
	0	0		15/0	15.0	20.0		20.0	600.0		

4.4.4　编码器（微课视频扫二维码看）

赋予若干位二进制码以特定含义称为编码,能实现编码功能的逻辑电路称为编码器。优先编码器则允许同时在几个输入端有输入信号时,编码器按输入信号排定的优先顺序,只对同时输入的几个信号中优先权最高的一个进行编码。

在优先编码电路中,允许同时输入两个以上编码信号。不过在设计优先编码器时,已经将所有的输入信号按优先顺序排了队。在同时存在两个或者两个以上输入信号时,优先编码器只对优先级高的输入信号编码,优先级低的信号则不起作用。74LS148 优先编码器是 8 线输入、3 线输出的二进制编码器(简称 8-3 线二进制编码器),其作用是将输入的 $\overline{I}_0 \sim \overline{I}_7$ 8 个二进制码输出。其功能表见表 4-5,可知 74LS148 的输入为低电平有效,优先级别从 $\overline{I}_7$ 至 $\overline{I}_0$ 递降。另外,它有输入使能 $\overline{ST}$,输出使能 $\overline{Y}_S$ 和 $\overline{Y}_{EX}$。

表 4-5　优先编码器 74LS148 功能表

输入									输出				
$\overline{ST}$	$\overline{I}_0$	$\overline{I}_1$	$\overline{I}_2$	$\overline{I}_3$	$\overline{I}_4$	$\overline{I}_5$	$\overline{I}_6$	$\overline{I}_7$	$\overline{Y}_2$	$\overline{Y}_1$	$\overline{Y}_0$	$\overline{Y}_{EX}$	$\overline{Y}_S$
1	×	×	×	×	×	×	×	×	1	1	1	1	1
0	1	1	1	1	1	1	1	1	1	1	1	1	0
0	0	1	1	1	1	1	1	1	1	1	1	0	1

输入									输出				
$\overline{ST}$	$\overline{I_0}$	$\overline{I_1}$	$\overline{I_2}$	$\overline{I_3}$	$\overline{I_4}$	$\overline{I_5}$	$\overline{I_6}$	$\overline{I_7}$	$\overline{Y_2}$	$\overline{Y_1}$	$\overline{Y_0}$	$\overline{Y_{EX}}$	$\overline{Y_S}$
0	×	0	1	1	1	1	1	1	1	1	0	0	1
0	×	×	0	1	1	1	1	1	1	0	1	0	1
0	×	×	×	0	1	1	1	1	1	0	0	0	1
0	×	×	×	×	0	1	1	1	0	1	1	0	1
0	×	×	×	×	×	0	1	1	0	1	0	0	1
0	×	×	×	×	×	×	0	1	0	0	1	0	1
0	×	×	×	×	×	×	×	0	0	0	0	0	1

　　74LS148 优先编码器为 16 脚的集成芯片,除电源脚 V_{CC}(16)和 GND(8)外,其余输入、输出脚的作用和脚号如图 4-19 所示。其中,$\overline{I_0}$ ~ $\overline{I_7}$ 为输入信号,$Y_2 Y_1 Y_0$ 为三位二进制编码输出信号,$\overline{ST}$ 为使能输入端,$\overline{Y_S}$ 为使能输出端,$\overline{Y_{EX}}$ 为片优先编码输出端。

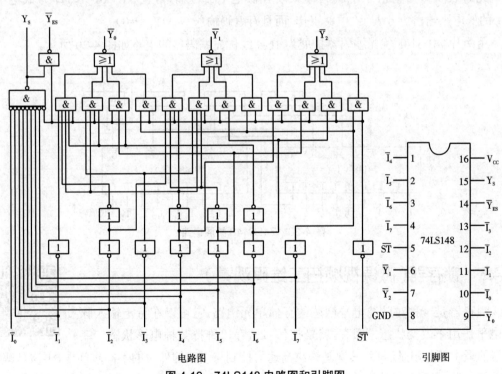

电路图　　　　　　　　　　　　　　　　引脚图

图 4-19　74LS148 电路图和引脚图

　　由 74LS148 真值表(表 4-5)可列出输出逻辑方程为

$$Y_2 = (I_4 + I_5 + I_6 + I_7) \cdot \overline{ST}$$

$$Y_1 = (I_2 I_4 I_5 + I_3 I_4 I_5 + I_6 + I_7) \cdot \overline{ST}$$

$$Y_0 = (I_1 I_2 I_4 I_6 + I_3 I_4 I_6 + I_5 I_6 + I_7) \cdot \overline{ST}$$

当使能输入 $\overline{ST}$ =1 时,禁止编码,所有输出端均被封锁在高电平,即 $\overline{Y}_2\overline{Y}_1\overline{Y}_0$ =111。

当使能输入 $\overline{ST}$ =0 时,允许编码,在 I_0~I_7 输入中,输入 I_7 优先级最高,其余依次为 I_6,I_5,I_4,I_3,I_2,I_1,I_0 等级排列。

$\overline{Y}_S$ 主要用于多个编码器电路的级联控制,即 $\overline{Y}_S$ 总是接在优先级别低的相邻编码器的 $\overline{ST}$ 端,当优先级别高的编码器允许编码,而无输入申请时,$\overline{Y}_S$ =0,从而允许优先级别低的相邻编码器工作;反之,当优先级别高的编码器有编码时,$\overline{Y}_S$ =1,禁止相邻级别低的编码器工作。使能输出端 $\overline{Y}_S$ 的逻辑方程为

$$\overline{Y}_S = I_0 \cdot I_1 \cdot I_2 \cdot I_3 \cdot I_4 \cdot I_5 \cdot I_6 \cdot I_7 \cdot \overline{ST}$$

此逻辑表达式表明当所有的编码输入端都是高电平(即没有编码输入),且 $\overline{ST}$ =0 时,$\overline{Y}_S$ 才为 0,表明 $\overline{Y}_S$ 的低电平输出信号表示"电路工作,但无编码输入"。

$\overline{Y}_{EX}$ =0 表示 $\overline{Y}_2\overline{Y}_1\overline{Y}_0$ 是编码输出,$\overline{Y}_{EX}$ =1 表示 $\overline{Y}_2\overline{Y}_1\overline{Y}_0$ 不是编码输出,$\overline{Y}_{EX}$ 为输出标志位。$\overline{Y}_{EX}$ 的逻辑方程为

$$\overline{Y}_{EX} = (I_0 + I_1 + I_2 + I_3 + I_4 + I_5 + I_6 + I_7) \cdot \overline{ST}$$

此时表明只要任何一个编码输入段有低电平信号输入,且 $\overline{ST}$ =0,$\overline{Y}_{EX}$ 即为低电平。$\overline{Y}_{EX}$ 的低电平输出信号表示"电路工作,而且有编码输入"。($\overline{Y}_{EX}$ =0)

用两片 74LS148 优先编码器扩展为 16-4 线优先编码器的电路如图 4-20 所示。

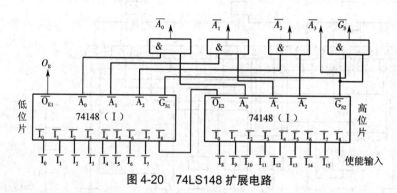

图 4-20　74LS148 扩展电路

4.4.5　锁存器(微课视频扫二维码观看)

锁存器是一种对脉冲电平敏感的存储单元电路,它可以在特定输入脉冲电平作用下改变状态。锁存,就是把信号暂存以维持某种电平状态。锁存器的最主要作用是缓存,其次是解决高速的控制与慢速的外设的不同步问题,再次是解决驱动的问题,最后是解决一个 I/O 口既能输出也能输入的问题。

从有锁存信号时输入的状态被保存到输出,直到下一个锁存信号,通常只有 0 和 1 两个值。典型的逻辑电路是 D 触发器,有 74LS273、74LS373、74LS378 等;还有 RS 触发器组成的锁存器,有 74LS279 等;还有 JK 触发器组成的锁存器,有 74LS276 等。由若干个钟控 D 触发器构成的一次能存储多位二进制代码的时序逻辑电路,叫锁存器。

1. 锁存器 74LS373

锁存器 74LS373 的引脚图和逻辑图如图 4-21 所示。其中,使能端 G 加入 CP(脉冲)信号,D 为数据信号。输出控制信号为 0 时,锁存器的数据通过三态门进行输出。

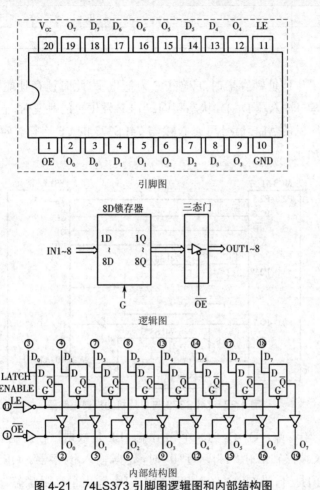

图 4-21　74LS373 引脚图逻辑图和内部结构图

1 脚是输出使能端(OE),低电平有效,当 1 脚是高电平时,不管输入脚 3、4、7、8、13、14、17、18 如何,也不管 11 脚(锁存控制端 G)如何,输出脚 2、5、6、9、12、15、16、19 全部呈现高阻状态(或叫浮空状态);当 1 脚是低电平时,只要 11 脚(锁存控制端 G)上出现一个下降沿,输出脚 2、5、6、9、12、15、16、19 立即呈现输入脚 3、4、7、8、13、14、17、18 的状态。

锁存端 LE 由高变低时,输出端 8 位信息被锁存,直到 LE 端再次有效。当三态门使能信号 OE 为低电平时,三态门导通,允许 $Q_0 \sim Q_7$ 输出;OE 为高电平时,输出悬空。其功能表见表 4-6。

表 4-6　74LS373 功能表

D_n	LE	OE	Q_n
1	1	0	0
0	1	0	0
×	0	0	Q0
×	×	1	高阻态

当 74LS373 用作地址锁存器时,应使 OE 为低电平,此时锁存使能端 LE 为高电平时,输出端 $Q_0 \sim Q_7$ 状态与输入端 $D_1 \sim D_7$ 状态相同;当 LE 发生负的跳变时,输入端 $D_0 \sim D_7$ 数据锁入 $Q_0 \sim Q_7$。51 单片机的 ALE 信号可以直接与 74LS373 的 LE 连接。74LS373 与单片机接口电路如图 4-22 所示。

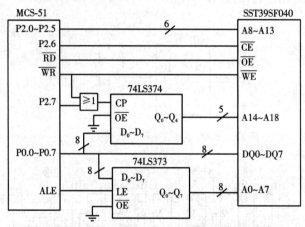

图 4-22　74LS373 与单片机的接口电路图

$D_0 \sim D_7$ 为 8 个输入端,$Q_0 \sim Q_7$ 为 8 个输出端。LE 是数据锁存控制端,当 LE=1 时,锁存器输出端同输入端;当 LE 由"1"变为"0"时,数据输入锁存器。OE 为输出允许端,当 OE="0"时,三态门打开;当 OE="1"时,三态门关闭,输出呈高阻状态。在 MCS-51 单片机系统中,常采用 74LS373 作为地址锁存器使用,其连接方法如图 4-22 所示。其中,输入端 $D_0 \sim D_7$ 接至单片机的 P0 口,输出端提供的是低 8 位地址,LE 端接至单片机的地址锁存允许信号 ALE。输出允许端 OE 接地,表示输出三态门一直打开。

2. 锁存器 74LS279

279 为四个 $\overline{R}$-$\overline{S}$ 锁存器,共有 54/74 279 和 54/74LS279 两种线路结构形式。

四个锁存器中有两个具有置位端($\overline{S}_1$、$\overline{S}_2$)。当 $\overline{S}$ 为低电平、$\overline{R}$ 为高电平时,输出端(Q)为高电平。当 $\overline{S}$ 为高电平、$\overline{R}$ 为低电平时,Q 为低电平。当 $\overline{S}$ 和 $\overline{R}$ 均为高电平时,Q 被锁在已建立的电平。当 $\overline{S}$ 和 $\overline{R}$ 均为低电平时,Q 为稳定的高电平状态。

对 $\overline{S}_1$ 和 $\overline{S}_2$,$\overline{S}$ 的低电平表示只要有一个为低电平,$\overline{S}$ 的高电平表示 $\overline{S}_1$ 和 $\overline{S}_2$ 均为高电平。其引脚图如图 4-23 所示。

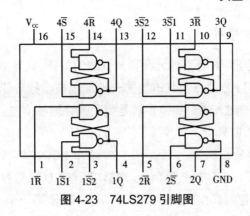

图 4-23 74LS279 引脚图

引脚功能定义:1Q~4Q 为输出端;1S~4S 为置位端(低电平有效);1R~4R 为复位端(低电平有效)。其功能表见表 4-7。

表 4-7 74LS279 功能表

输入		输出
$\overline{S}$	$\overline{R}$	Q
1	1	Q0
0	1	1
1	0	0
0	0	不定

注:1 为高电平,0 为低电平,Q0 为规定的稳态输入条件建立前 Q 的电平。

3. 锁存器的应用

数据有效迟后于时钟信号有效。这意味着时钟信号先到,数据信号后到。在某些运算器电路中,有时采用锁存器作为数据暂存器。所谓锁存器,就是输出端的状态不会随输入端的状态变化而变化,仅在有锁存信号时输入的状态被保存到输出,直到下一个锁存信号到来时才改变。典型的锁存器逻辑电路是 D 触发器电路。

在某些应用中,单片机的 I/O 口上需要外接锁存器。例如,当单片机连接片外存储器时,要接上锁存器,这是为了实现地址的复用。假设 MCU 端口其中的 8 路 I/O 管脚既要用于地址信号,又要用于数据信号,这时就可以用锁存器先将地址锁存起来。

8051 访问外部存储器时,P0 口和 P2 口共做地址总线,P0 口常接锁存器再接存储器。以防止总线间的冲突;而 P2 口直接接存储器。因为单片机内部时序只能锁住 P2 口的地址,如果用 P0 口传输数据时不用锁存器的话,地址就改变了。查看 8051 单片机总线操作的时序图对我们很有帮助。由于数据总线、地址总线共用 P0 口,所以要分时复用。先送地址信息,由 ALE 使能锁存器将地址信息锁存在外设的地址端,然后送数据信息和读写使能信号,在指定的地址进行读写操作。使用锁存器来区分单片机的地址和数据,8051 系列的单片机用得比较多,也有一些单片机内部有地址锁存功能,如 8279 就不用锁存器了。

4.使用锁存器注意事项

并不是一定要接锁存器,要看其地址线和数据线的安排,只有数据线和地址线复用的情况下才会需要锁存器,其目的是防止在传数据时地址线被数据所影响。这是由单片机数据与地址总线复用造成的,接 RAM 时加锁存器是为了锁存地址信号。

如果单片机的总线接口只做一种用途,不需要接锁存器;如果单片机的总线接口要做两种用途,就要用两个锁存器。例如,一个口要控制两个 LED,对第一个 LED 送数据时,"打开"第一个锁存器,而"锁住"第二个锁存器,使第二个 LED 的数据不变;对第二个 LED 送数据时,"打开"第二个锁存器,而"锁住"第一个锁存器,使第一个 LED 的数据不变。如果单片机的一个口要做三种用途,则可用三个锁存器,操作过程相似。然而,在实际应用中,并不这样做,只用一个锁存器即可,并用一根 I/O 口线用作对锁存器的控制(接 74LS373 的LE,而 OE 可恒接地)。所以,就这一种用法而言,可以把锁存器视为单片机的 I/O 口的扩展器。

【项目实施】

4.5 电路设计

4.5.1 电路设计步骤

(1)各小组按电路要求领取所需元器件,分工检测元器件的性能。

(2)依据图 4-2 所示电路原理图,各小组讨论如何布局,最后确定一最佳方案在点阵板上搭建好图 4-2 所示电路图。

(3)检查电路无误后,从直流稳压电源送入 5 V 的电压供电。

(4)按电路工作原理进行测试,观察测试结果。(注意:当调试时遇到只显示偶数,不显示奇数,但是先按按键不放,再按主持人控制开关后却能正常显示,该问题是由于锁存器芯片坏了)

(5)记录结果,并撰写技术文档。

4.5.2 电路元器件清单

根据抢答器电路原理图 4-2,所需元器件清单见表 4-8,其实物图如图 4-24 所示。

表 4-8 抢答器电路元器件清单

元件名称	数量	备注
优先编码器	1	74LS148

元件名称	数量	备注
锁存器	1	74LS279
译码器	1	74LS48
共阴数码管	1	
10 kΩ 电阻	9	
510 Ω 电阻	1	
小按键	8	
定位开关	1	
发光二极管	1	

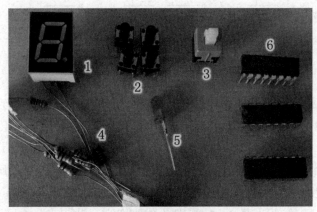

图 4-24　抢答器电路元器件实物图

4.6　电路元器件的识别与检测

4.6.1　数码管的识别与检测

用数字万用表直接测量,将数码管管脚直接接到红、黑表笔上,按前面讲解的方法检测。如果在识别笔段的过程中,每段都能正常地点亮,则说明数码管没有质量问题。

如果有信号发生器,也可以用信号发生器识别各笔段和检测其性能,例如检测共阴极数码管,将信号发生器的幅值调为 2 V,将负极端子(一般是黑色的夹子)直接夹在共阴极上,用正极端子(一般是红色的夹子)来触碰其他的各引脚,哪个笔段码亮表明正极端子碰触的引脚为该笔段,且该笔段正常,依次检测即可。

4.6.2　按键的识别与检测

本电路中用到两种按键:一种是普通的小按键,如图 4-24 中 2 所示,按着按键,信号改变,释放后信号又还原;另一种是带锁的按键,如图 4-24 中 3 所示,不按按键是一种状态,按下按键后释放不回弹,则转换为另一种状态。普通小按键有四个引脚,在此作为触发信号,当不按按键时,信号不变,当有按键时,信号改变,释放后回来最初状态,在本电路设计中是通过按键给优先编码器一个短时低电平触发,释放按键后又回到高电平状态。带锁按键有两个引脚,是两组单刀双掷开关,在本电路设计中作为主持人控制开关,主持人按按键时,处于低电平状态,锁定锁存器,使数码管不显示任何数据;当主持人按下按键后,锁定在高电平,这时只要有人抢答,锁存器工作,将抢答人的编号显示在数码管上,直到主持人再次按下按键,将电平拉为低电平,清除数码管上的显示内容。

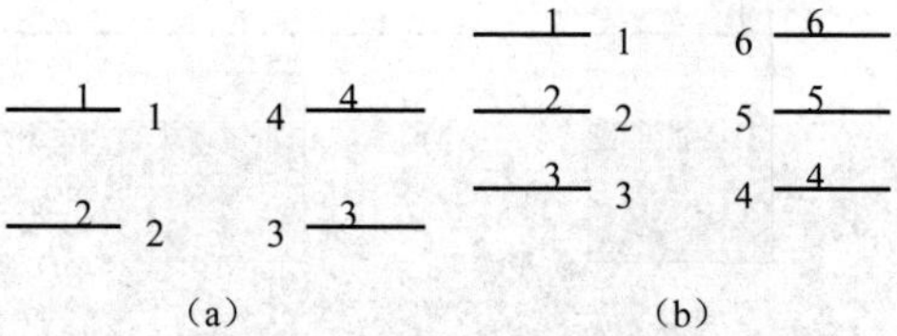

（a） （b）
图 4-25　4 脚按键与 6 脚带锁按键符号图

通过万用表来检测其性能即可,对普通小按键,电路中一般只需要连接两个引脚,一般建议连接对角线的两个引脚(如图 4-25(a)所示的 1、3 或 2、4),这样不会出错,一般不按按键时,1、3(或 2、4)是"断开"状态,按下按键时,1、3(或 2、4)是"短路"状态,则证明该按键可用。对于六脚带锁按键,如图 4-25(b)所示,只需用到同一侧的三个引脚 1、2、3 或 4、5、6,首先通过万用表找到公共引脚,未按按键只有两个引脚是导通的,假设是 1、2 脚;按下按键又只有两个引脚是导通,假设是 2、3 脚;那么 2 脚即为公共引脚。在图 4-2 电路中连接到 10 kΩ 电阻上,引脚 2 连接到"地"端,引脚 3 悬空。同样的,另一侧 4、5、6 引脚也可以如此检测来决定连接方式。

4.6.3　电阻的识别与检测

本电路用到 2 种型号的电阻,如图 4-24 中 4 所示,均作为分压限流电阻,通过色环法即可读出其阻值。

510 Ω 电阻色环为"绿 棕 黑 黑 棕",电阻记数值为 $510×10^0$ Ω,最后一位为误差位。

10 kΩ 电阻色环为"棕 黑 黑 红 棕",电阻记数值为 $100×10^2$ Ω=10 kΩ,最后一位为误差位。

因为制作工艺的问题,有的厂家制造出来的色环电阻的色环色彩不是很清晰,如果不能通过色环辨别,也可用万用表直接测量其阻值。

用万用表检测电阻的性能时,要选用合适的欧姆挡,通过测量电阻的阻值即可分辨其性能的好坏。

4.6.4　二极管的识别与检测

本电路用一个发光二极管作为主持人控制开关的电源指示灯,在焊接前要检测其好坏,用万用表或信号发生器均可检测,用信号发生器检测调整到合适输出幅度电压,将红、黑夹子夹在发光二极管的两端,能发出正常的亮度,则表明二极管的性能良好。

4.6.5　集成芯片的识别与检测

首先要正确识别引脚排列顺序,本电路采用双列直插式的集成块,将其水平放置,引脚向下,即其型号、商标向上,定位标记在左边(若无定位标记,看芯片上的标识,按正常看书的方式拿),从左下角第一个引脚数起,按逆时针方向,依次为 1 脚,2 脚,3 脚……

本电路设计用到 3 种集成芯片,优先编码器 74LS148、锁存器 74LS279、数码管译码器 74LS48,三片集成芯片均是 16 引脚,其实物图如图 4-24 中 6 所示,通过读取芯片上的标识即可识别各个芯片,再结合其引脚结构图来确定各引脚的功能。

检测其好坏的方法是用万用表电阻挡测量集成电路各脚对地的正、负电阻值。具体方法如下:将万用表拨在"R×1k""R×100"或"R×10"挡上,先让红表笔接集成电路的接地引脚,然后将黑表笔从第一个引脚开始,依次测出各脚相对应的电阻值(正阻值);再让黑笔表接集成电路的同一接地脚,用红表笔按以上方法与顺序,测出另一电阻值(负阻值)。将测得的两组正、负阻值和标准值比较,从中发现问题。

4.7　电路调试(微课视频扫二维码观看)

4.7.1　不通电测试

在搭建好图 4-2 电路后,首先用万用表测试电源和地之间是否短接,若用模拟万用表,则用欧姆挡测试地和电源之间的阻值来判断,电阻值无穷大说明没有短接,电阻值为零则说明短接;若用数字万用表,则可以使用测二极管的性能挡,若短路万用表会发出蜂鸣声和二极管点亮指示,若没有短路则不会发出声音,二极管也不会点亮。

187

4.7.2　通电测试

如果经过不通电测试电路没有发现问题,且电源和地之间没有出现短接,则可以给电路通电进行测试。将电路中的"+5 V"和"GND"端子分别接在直流稳压电源的正极("+")和负极("−"),这样即完成了电路的供电,此时不要急于测量数据和观察结果,首先要观察有无异常现象发生,包括有无冒烟,是否闻到异常气味,手摸元器件是否发烫,电源是否有短路现象等。如果出现异常现象,应立即关断电源,待排除故障后方可重新通电。如果没有观察到异常现象,则用万用表测试电路的总电压是否为 5 V,再测量各元件引脚的电源电压是否正常,有芯片的电路一定要测量芯片的电源和地之间是否形成所需的电势差,以保证元器件正常工作。

4.7.3 整体电路调试

连接好电路后,用万用表的电压 10 V 挡测试电路的电压供电是否正常。不正常的话,检查电路的连接;正常的话,按照要求进行电路测试。

当主持人控制开关 S 打到"开始"位置,宣布抢答开始,当先按下开关 S_0 时,数码管上显示"0",再按其他开关,显示保持数字"0"不变,从而实现了抢答。

若要进行下一轮抢答,主持人控制开关 S 先要切换到"清除"位置,将前一次的抢答信息清除,即刷新数码管显示,使数码管不点亮。再将主持人控制开关 S 切换到"开始"位置,准备新一轮的抢答,当此时按下开关 S_3 时,数码管上显示"3"。依次类推其他的抢答情况。

4.7.4 电路故障分析与排除

如果抢答器电路一切正常,在电路中接入 5 V 的电压,当主持人控制开关 S 打到"开始"位置,再按 $S_0 \sim S_7$ 中任意一个轻触开关,在数码管上则显示相应的数字。但在实际应用中都会出现一定的故障,学会排除电路的故障是电路设计中的一个重要环节。下面列举本项目常见的故障现象及排除方法。

1. 数码管上始终显示"0"

当电路接入 5 V 电压后,数码管上直接显示"0",这可能是译码器 74LS48 的 BI 端接入了高电平,导致灭灯失效,需要清查该处电路。

2. 主持人控制开关 S 失效

当按主持人控制开关 S 打到"开始"位置,并按下抢答按键,数码管上没有变化,这可能是主持人控制开关 S 的自锁开关电路设计错误,自锁开关有三个端子,其中有一个公共端,该端可以通过万用表来检测,没有按自锁开关时,该端和一个端子导通,当按下自锁开关后,该端与另一个端子导通,本项目中自锁开关的公共端接 $10 \text{ k}\Omega$ 电阻,另外两端一端接地 GND、一端悬空即不连接(在电路中悬空状态是虚高状态,可视为高电平)。如果电路连接没问题,可以检测是不是开关出了问题,可以通过万用表检测。

3. 数码管上显示的数字不能锁定

当主持人控制开关 S 打到"开始"位置,再按 $S_0 \sim S_7$ 的轻触开关,数码管上显示对应的数字,但放开轻触开关数字消失,该现象说明电路的锁存功能失效,检查 74LS279 相应的电路,若电路连接无误,检测集成芯片 74LS279,查看芯片是否损坏。

4. 数码管上只显示偶数数字

当主持人控制开关 S 打到"开始"位置,再按 $S_0 \sim S_7$ 的轻触开关,数码管上只能正常显示偶数数字,奇数数字不能正常显示,这是锁存器 74LS279 内部分电路损坏导致。

4.7.5　电路调试注意事项

(1)注意电路的焊接,避免虚焊。

(2)将电路中所有芯片的共地端子和电源端子分别连在一起。

(3)注意轻触开关与电阻并联,每个轻触开关对应的线路顺序不要出错,否则数码管上显示的数字会出错。

(4)注意七段数码管的型号以及相应型号电路的连接。

【知识拓展】

关于开关电路的识图主要说明以下几点。

(1)开关电路有机械式开关电路和电子式开关电路两种。机械式开关的开与关都比较彻底,而电子开关接通时不是理想的接通,断开时也不是理想的断开,但这并不影响电子开关的功能。

(2)理解电子开关电路的工作原理要从机械式开关电路入手,电子式开关也同机械式开关一样,要求有开与关的动作。

(3)电子开关电路中,作为电子开关器件可以是开关的二极管、开关三极管,也可以是其他电子器件。

(4)二极管开关电路与三极管开关电路是有所不同的,前者的开关动作直接受工作电压控制,而后者电路中有两个电压信号,一个是直流工作电压,另一个是加到三极管基极的控制电压,控制电压只控制开关三极管的饱和与截止,不参与对开关电路的负载供电工作。

(5)二极管开关电路中的工作电压可以加到二极管的正极(前面电路就是这样的),也可以加到二极管的负极,这两种情况下的直流工作电压极性是不同的。无论哪种情况,加到开关二极管上的直流工作电压都要足够大,大到足以让二极管处于导通状态。

(6)对于三极管开关电路而言,开关管可以用 PNP 型三极管,也可以用 NPN 型三极管,采用不同极性开关三极管时,加到开关三极管基极上的控制电压极性是不同的,它们要保证开关三极管能够进入饱和与截止状态。

189

【项目小结】

本项目从对抢答器电路的工作原理分析,到设计电路,并在点阵板上布局、焊接,最后调试电路,排除电路故障,得出相应的结论。

1. 抢答器电路的分析与设计:本项目模拟知识竞赛选手抢答题的过程,分析了抢答器的工作原理,依据电路的工作原理设计电路,并在点阵板上进行布局、焊接。

2. 电路主要元器件介绍、识别与检测：介绍七段数码管、开关、优先编码器 74LS148、译码器 74LS48、锁存器 74LS279 的特性，讲解它们的识别与检测方法与应用。

3. 电路的调试及故障分析：根据电路原理图焊接好电路后，对电路进行不通电调试、通电调试，找出电路故障、排除故障，直到达到电路要求的性能。

【实验与思考题】

1. 在图 4-2 的基础上设计一个 30 s 的定时抢答电路。

2. 标准秒脉冲信号是怎样产生的？振荡器的稳定度为多少？

3. 数字电路系统中，有哪些因素会产生脉冲干扰？其现象为何？

4. 电路调试中常见的问题有哪些？

项目 5　函数发生器电路的设计

函数发生器能自动产生正弦波、三角波、方波及锯齿波、阶梯波等电压波形。其电路中使用的器件可以是分立器件(如低频信号函数发生器 S101 全部采用晶体管),也可以是集成电路(如单片集成电路函数发生器 ICL8038)。本项目设计主要由运算放大器与晶体管差分放大器器组成的方波 - 三角波 - 正弦波函数发生器。

【教学导航】

教	知识重点	1. 比较器电路的分析与应用 2. 积分器电路的分析与应用 3. 差分放大器电路的分析与应用 4. 方波 - 三角波产生电路的分析与应用 5. 三角波 - 方波 - 正弦波函数发生器电路的工作原理与应用电路的设计方法 6. 电阻、电容、晶体三极管、波段开关与集成双运算放大器 TL062 的识别与测试 7. 函数发生器电路调试的方式方法 8. 函数发生器电路设计的注意事项
	知识难点	1. 方波 - 三角波产生电路的分析 2. 三角波 - 方波 - 正弦波函数发生器电路的设计 3. 三角波 - 方波 - 正弦波函数发生器电路的工作原理分析
	推荐教学方式	教 - 学 - 做一体化,通过教师分析电路工作原理,分解项目任务,让学生逐渐理解电路的工作原理,将设计电路 PCB 板的全局观、布局观等应用于本电路的搭建与焊接,通过理解函数发生器电路的工作原理和分析排除故障,调试出电路的现象
	建议学时	8 学时
学	推荐学习方法	手动焊接,学会模拟电路的布局、调试;学会中模拟电路的排除故障方法;进行器件识别与检测训练,对一般元器件进行识别与性能好坏的辨别
	必须掌握的理论知识	1. 比较器电路、积分器电路、差分放大器电路的分析及应用 2. 集成双运算放大器 TL062 的工作原理及应用 3. 三角波 - 方波 - 正弦波函数发生器电路的工作原理
	必须掌握的技能	能独立完成简单模拟电路的设计及调试与故障排除

191

【相关知识】

5.1　函数发生电路的性能指标

(1)输出波形:正弦波、方波、三角波等。

(2)频率范围:1~10 Hz,10~100 Hz 波段。

(3)输出电压:一般指输出波形的峰 - 峰值,方波 $U_{P-P} \leqslant 24\ V$,三角波 $U_{P-P}=8\ V$,正弦波

$U_{\text{P-P}}>1$ V。

（4）波形特性：表征正弦波特性的参数是非线性失真 γ_-，一般要求 $\gamma_-<3\%$；表征三角波特性的参数是非线性系数 γ_Δ，一般要求 $\gamma_\Delta<2\%$；表征方波特性的参数是上升时间 t_r，一般要求 $t_r<100$ ns（1 kHz，最大输出时）。一般方波 $t_r<30$ μs，三角波 $\gamma_\Delta<2\%$，正弦波 $\gamma_-<5\%$。

5.2　设计方案（微课视频扫二维码观看）

产生正弦波、方波、三角波的方案有很多种，如先产生正弦波，然后通过整形电路将正弦波变换成方波，再由积分电路将方波变换成三角波；也可以先产生三角波 - 方波，再将三角波变成正弦波或将方波变成正弦波。本项目介绍先产生三角波 - 方波，再将三角波变成正弦波的电路设计方法。其电路组成框图如图 5-1 所示。

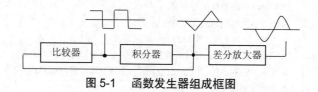

图 5-1　函数发生器组成框图

5.3　三角波 - 方波 - 正弦波函数发生器电路的分析（微课视频扫二维码观看）

5.3.1　电路原理图与工作原理

三角波 - 方波 - 正弦波函数发生器电路如图 5-2 所示。其中，TL062 是一个含双运放的集成芯片，差分放大器采用 4 个 NPN 型晶体管 9013 来实现三角波至正弦波的变换电路，运

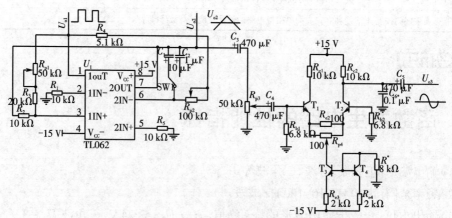

图 5-2　三角波 - 方波 - 正弦波函数发生器电路原理图

放 A_1（TL062 左边的运算放大器,由引脚 1、2、3 组成）与 R_1、R_2 及 R_3、R_{p1} 组成电压比较器,R_1 称为平衡电阻,C_1 称为加速电容,可加速比较器的翻转;运放 A_2（TL062 右边的运算放大器,由引脚 5、6、7 组成）与 R_4、R_{p2}、C_2 及 R_5 组成反相积分器。其中,R_{p1} 实现方波 - 三角波幅度微调,同时会影响方波 - 三角波的频率;R_{p2} 实现方波 - 三角波的输出频率调整,一般不会影响输出波形的幅度;R_{p3} 调节三角波的幅度,R_{p4} 调整电路的对称性,并联电阻 R_{e2} 用来减小差分放大器的线性区;C_3、C_4、C_5 为隔直电容,C_6^* 为滤波电容,以滤除谐波分量,改善输出波形。

5.3.2 计算元器件参数

比较器 A_1 与积分器 A_2 的元器件参数计算如下。

由 $U_{o2m} = \dfrac{R_2}{R_3 + R_{p1}} U_{CC}$ 得

$$\frac{R_2}{R_3 + R_{p1}} = \frac{U_{o2m}}{U_{CC}} = \frac{4}{12} = \frac{1}{3}$$

取 R_2=10 kΩ,R_3=20 kΩ,R_{p1}=47 kΩ,平衡电阻 $R_1 = R_2 // (R_3 + R_{p1}) \approx 10$ kΩ。

由输出频率的表达式 $f = \dfrac{R_3 + R_{p1}}{4R_2(R_4 + R_{p2}) C_2}$ 得

$$R_4 + R_{p2} = \frac{R_3 + R_{p1}}{4R_2 C_2 f}$$

当 1 Hz ≤ f ≤ 10 Hz 时,取 C_2=10 μF,R_4=5.1 kΩ,R_{p2}=100 kΩ。当 10 Hz ≤ f ≤ 100 Hz 时,取 C_2=1 μF,以实现频率波段的转换,R_4 及 R_{p2} 的取值不变。取平衡电阻 R_5=10 kΩ。

三角波到正弦波电路的参数选择原则:隔直电容 C_3、C_4、C_5 要取得较大,因为输出频率很低,取 $C_3 = C_4 = C_5$=470 μF,滤波电容 C_6^* 的取值视输出的波形而定,若含高次谐波成分较多,则 C_6^* 一般为几十皮法至 0.1 μF。R_{e2}=100 Ω 与 R_{p4}=100 Ω 相并联,以减小差分放大器的线性区。差分放大器的静态工作点可通过观测传输特性曲线、调整 R_{p4} 及电阻 R^* 来确定。

5.3.3 模块电路分析

1. 比较器(微课视频扫二维码观看)

对两个或多个数据进行比较,以确定它们是否相等,或大小关系及排列顺序,称为比较。 能够实现这种比较功能的电路或装置称为比较器。 比较器是将一个模拟电压信号与一个基准电压相比较的电路。比较器的两路输入为模拟信号,输出则为二进制信号,当输入电压的差值增大或减小时,其输出保持恒定。同时,也可以将其当作一个 1 位模 / 数转换器。运算放大器在不加负反馈时,从原理上讲可以用作比较器,但由于运算放大器的开环增益非常高,它只能处理输入差分电压非常小的信号。而且,一般情况下,运算放大器的延迟时间较长,无法满足实际需求。比较器经过调节可以提供极小的时间延迟,但其频响特性会受到一定限制。为避免输出振荡,许多比较器还带有内部滞回电路。比较器的阈值是固定的,有的只有一个阈值,有的具有两个阈值。

1)分类

一般比较器分为过零电压比较器、电压比较器、窗口比较器、滞回比较器。

Ⅰ. 过零电压比较器

过零电压比较器是将信号电压 U_i 与参考电压(OV)进行比较,如图 5-3 所示,电路由集成运放构成。对于高质量的集成运放而言,其开环电压放大倍数很大,输入偏置电流、失调电压都很小。若按理想情况(A_{od}= 无穷大, I_{in}=0, U_{io}=0)考虑,则集成运放开环工作时,有当 U_i>0 时,U_o 为高电平;当 U_i<0 时,U_o 为低电平。

集成运放输出的高低电平值一般为最大输出正负电压值,即 $\pm U_{om}$。

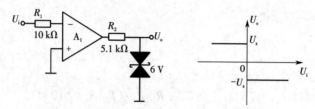

图 5-3　过零电压比较器电路和传输特性曲线

Ⅱ. 电压比较器

将过零电压比较器的一个输入端从接地改接到一个固定电压值上,就得到电压比较器。它是对输入信号进行鉴别与比较的电路,是组成非正弦波发生电路的基本单元电路。常用的电压比较器有单限比较器、滞回比较器、窗口比较器、三态电压比较器等。

电压比较器可以看作放大倍数接近"无穷大"的运算放大器。电压比较器的功能是比较两个电压的大小(用输出电压的高或低电平,表示两个输入电压的大小关系):

(1)当"+"输入端电压高于"-"输入端电压时,电压比较器输出为高电平;

(2)当"+"输入端电压低于"-"输入端电压时,电压比较器输出为低电平。

电压比较器可工作在线性工作区和非线性工作区。工作在线性工作区时,特点是虚短、虚断;工作在非线性工作区时,特点是跳变、虚断。由于电压比较器的输出只有低电平和高电平两种状态,所以其中的集成运放常工作在非线性区。从电路结构来看,运放常处于开环状态;为了使电压比较器输出状态的转换更加快速,以提高响应速度,一般在电路中接入正反馈。一种实用的实际电压比较器电路如图 5-4 所示。

Ⅲ. 窗口比较器

窗口比较器电路由两个幅度比较器和一些二极管与电阻构成。高电平信号的电位水平高于某规定值 U_H 的情况,相当于比较电路正饱和输出。低电平信号的电位水平低于某规定值 U_L 的情况,相当于比较电路负饱和输出。该比较器有两个阈值,传输特性曲线呈窗口状,故称为窗口比较器。

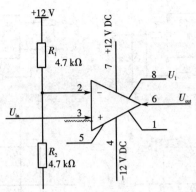

图 5-4　一种实用的实际电压比较器电路

图 5-5 所示是一典型的窗口比较器电路。其中，U_H 为上限电压，U_L 为下限电压，U_i 为输入电压；当 $U_i > U_H$ 或 $U_i < U_L$ 时，运算放大器 A_1 或 A_2 输出高电平，三极管 T 饱和导通，输出 $U_o \approx 0$ V；当 $U_L < U_i < U_H$ 时，运算放大器 A_1 和 A_2 均输出低电平，三极管 T 截止，输出 $U_o = 5$ V；电路中 A_1、A_2 的输入端所加的双向钳位二极管，具有保护作用。电阻 R_3 如需要，可以换成继电器或者指示灯。

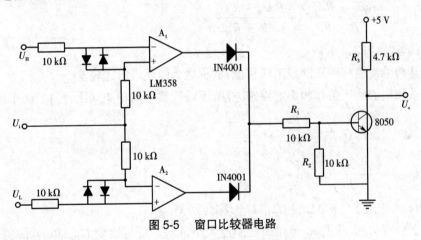

图 5-5　窗口比较器电路

Ⅳ. 滞回比较器

滞回比较器又称施密特触发器、迟滞比较器。从输出引一个电阻分压支路到同相输入端，形成正反馈，就可以构成滞回比较器。它的特点是当输入信号 u_i 从零逐渐增大或逐渐减小时，它有两个阈值，且不相等，其传输特性具有"滞回"曲线的形状。

滞回比较器也有反相输入和同相输入两种方式。图 5-6 所示是滞回比较器电路图及其传输特性。图中 U_R 是某一固定电压，改变 U_R 值能改变阈值及回差大小。

Ⅰ）正向过程

正向过程的阈值为

$$U_{TH1} = \frac{R_3 U_R + R_2 U_{oH}}{R_2 + R_3} = \frac{R_3 U_R + R_2 U_Z}{R_2 + R_3}$$

形成电压传输特性的 *abcd* 段。

195

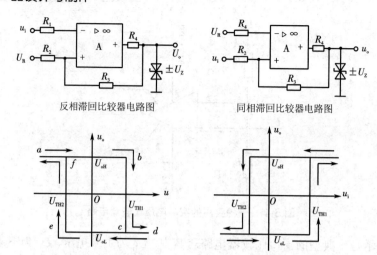

图 5-6　滞回比较器电路图及其传输特性

Ⅱ)负向过程

负向过程的阈值为

$$U_{TH2} = \frac{R_3 U_R + R_2 U_{oH}}{R_2 + R_3} = \frac{R_3 U_R - R_2 U_Z}{R_2 + R_3}$$

形成电压传输特性的 *defa* 段。

由于其传输特性与磁滞回线形状相似,故称之为滞回电压比较器。

利用求阈值的临界条件和叠加原理方法,不难计算出同相滞回比较器的两个阈值:

$$U_{TH1} = \left(1 + \frac{R_2}{R_3}\right) U_R - \frac{R_2}{R_3} U_{oL}$$

$$U_{TH2} = \left(1 + \frac{R_2}{R_3}\right) U_R - \frac{R_2}{R_3} U_{oH}$$

以上两个阈值的差值 $\Delta U_{TH} = U_{TH1} - U_{TH2}$ 称为回差。

由以上分析可知,改变 R_2 值可改变回差大小,调整 U_R 可改变 U_{TH1} 和 U_{TH2},但不影响回差大小,即滞回比较器的传输特性将平行右移或左移,但滞回曲线宽度不变。

Ⅲ)同相滞回比较器与反相滞回比较器的比较与应用

反相滞回比较器的电路接法是参考电位来自本比较器的输出端,并且接在同相端,输入信号接在反相端。当输入电压大于参考电压时,输出低电位(同相滞回比较器则反之)。当输出端输出低电位后,参考电压也随之变得更低,只有当输入电压降低到低于这个参考电压后,比较器的输出才能变成高电位。其常用于限定一个电压范围,如使用空调进行降温控制,假设温度设定在 25~28 ℃,当温度大于 25 ℃时,关闭空调。如果不用滞回比较器,温度在 25 ℃附近时,或者略低于 25 ℃时,空调会不断地开、关。空调中有压缩机,压缩机是靠电动机带动的,电动机启动时的电流很大,会造成费电。另外,过去用的是氟利昂制冷机,这种设备不可以停机后立刻开机,立刻开机会造成设备制冷效果变差。如果用滞回比较器,则只有等温度回升到 28 ℃以上,空调才会打开继续降温,这样就避免了空调频繁开关。

同相滞回比较器的分析方法和特点可类推。

2）性能指标

Ⅰ. 滞回电压

比较器两个输入端之间的电压在过零时输出状态将发生改变,由于输入端常常叠加有很小的波动电压,这些波动所产生的差模电压会导致比较器输出发生连续变化。为避免输出振荡,新型比较器通常具有几毫伏的滞回电压。滞回电压的存在使比较器的切换点变为两个:一个用于检测上升电压,另一个用于检测下降电压。高电压门限与低电压门限之差等于滞回电压,滞回比较器的失调电压是高电压门限和低电压门限的平均值。不带滞回的比较器的输入电压切换点为输入失调电压,而不是理想比较器的零电压。失调电压一般随温度、电源电压的变化而变化。通常用电源抑制比表示电源电压变化对失调电压的影响。

Ⅱ. 偏置电流

理想的比较器的输入阻抗为无穷大,因此理论上对输入信号不产生影响,而实际比较器的输入阻抗不可能做到无穷大,输入端有电流经过信号源内阻并流入比较器内部,从而产生额外的压差。偏置电流定义为两个比较器输入电流的中值,用于衡量输入阻抗的影响。MAX917 系列比较器的最大偏置电流仅为 2 nA。

Ⅲ. 超电源摆幅

为进一步优化比较器的工作电压范围,Maxim 公司利用 NPN 管与 PNP 管相并联的结构作为比较器的输入级,从而使比较器的输入电压得以扩展,这样其下限可低至最低电平,上限比电源电压还要高出 250 mV,因而达到超电源摆幅标准。这种比较器的输入端允许有较大的共模电压。

Ⅳ. 漏源电压

由于比较器仅有两个不同的输出状态(零电平或电源电压),且具有满电源摆幅特性的比较器的输出级为射极跟随器,这使得其输入和输出信号仅有极小的压差。该压差取决于比较器内部晶体管饱和状态下的发射结电压,对应于 MOS 场效应管的漏源电压。

Ⅴ. 输出延迟时间

输出延迟时间包括信号通过元器件产生的传输延时和信号的上升时间与下降时间。对于高速比较器,如 MAX961,其延迟时间的典型值可达到 4.5 ns,上升时间为 2.3 ns。设计时需注意不同因素对延迟时间的影响,其中包括温度、容性负载、输入过驱动等的影响。

3）常用作比较器的芯片

常见的芯片 LM324、LM358、uA741、TL081\2\3\4、TL062、OP07、OP27,都可以做成电压比较器(不加负反馈)。LM339、LM393 是专业的电压比较器,其切换速度快,延迟时间小,可用在专门的电压比较场合。下面介绍一款低功耗结晶型场效应晶体管输入运算放大器 TL062。

TL062 的特点是高输入阻抗,宽带宽,高回转率,以及低输入漂移和输入偏置电流。TL06 系列的端口设计与 TL07 和 TL08 系列一样,在一个单块集成电路中每个结晶型场效应晶体管输入运算放大器具有好匹配、高结晶型场效应晶体管电压和双极性晶体管。

TL062 的引脚结构图如图 5-7 所示,内部结构图如图 5-8 所示。

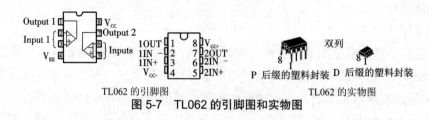

图 5-7　TL062 的引脚图和实物图

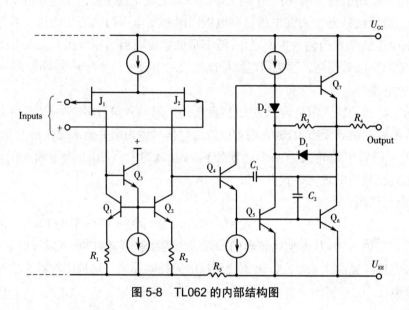

图 5-8　TL062 的内部结构图

2. 积分器(微课视频扫二维码观看)

在数学上,积分是求取某一曲线下面积的过程。如矩形法,就是把曲边梯形分成若干个窄曲边梯形,然后用窄矩形来近似代替窄曲边梯形,从而求得定积分的近似值。

在物理上,积分是一种能够执行积分运算的电路,其输出信号为输入信号的积分。同样的输入信号是输出信号的微分。

根据以上数学和物理上关于积分的阐述,应该首先知道在实际应用中对于一个连续信号的积分就是将连续信号根据一定的采样间隔变成一个离散信号(离散数值),再将离散数值进行累加,而且是逐步累加。也就是说,将前两次的数值累加和反馈回来再与第三次的数值累加,再将前三次的数值累加和反馈回来,依此类推逐渐累加,最后计算出各离散数值的和。

电容的充放电过程是一个典型的积分过程。用这个例子可以很好地理解积分器与低通滤波器之间的关系。电容充电的过程如下:当电路中突然加上电压之后,电容开始逐步充电,即电容两端的电压从 0 逐步增大,直到电容两端的电压与加在电路两端的电压相等为止。从信号与系统的角度看,电容与电阻组成的电路系统是一个积分器,系统的输入为加在电路两端的电压,输出为电容两端的电压。用电路的知识,可以很容易得到这个系统的响应函数,可以定量地验证积分器与低通滤波器之间的等效关系。从刚才所说的物理过程可知,充电过程的输入信号为一个阶跃信号。阶跃信号由于存在一个突变,即不连续,这个信号从傅里叶分析的观点来看,必定要包含直到无穷大的高频成分。也就是说,突然的变化包含着更多的高频分量。充电过程的输入信号为从 0 逐步变化到电压值的一个相对缓变的信号,即变化不是突然的,而是慢慢的,这表明输出信号中主要是低频成分。从输入输出信号的关系看,直观上理解是高频分量被抑制了,这正好就是一个低通滤波器。

本项目采用运放 TL062 构建一个积分滤波器,在此介绍一下运放积分器的工作原理。

运放积分器可以斜上升到饱和状态,电容放电式开关会重置积分器。或者,在三角波发生器应用中,输入转换积分器,使其冲高或跌落。通过在线常用电路的许多研究发现,运放积分器保持预设持续电压是没有意义的。典型运放积分器如图 5-4 所示。

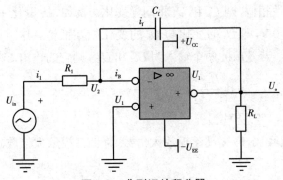

图 5-9　典型运放积分器

3. 差分放大器(微课视频扫二维码观看)

差分放大器属于一种特殊的仪表放大器,通常被设计用于需要较大的直流或交流共模干扰的场所。其中包括通用的电流检测应用,如电机控制、电池充电和电源转换;还包括大量高共模电平的汽车电流检测应用,如电池电平监测、传动控制、燃油喷射控制、发动机管理、悬挂控制、电控转向、电控刹车以及混合动力驱动和混合动力电池控制。由于此控制大多通过放大负载电路上分流电阻两端的电压差以获取电流,所以也常被称作电流分流放大器。

差分放大器是一种将两个输入端电压的差以一固定增益放大的电子放大器,有时简称为"差放"。差分放大器通常被用作功率放大器(简称"功放")和发射极耦合逻辑电路的输入级。差分放大器是普通的单端输入放大器的一种推广,只要将其一个输入端接地,即可得到单端输入放大器,由两个参数特性相同的晶体管用直接耦合方式构成的放大器。若两个输入端上分别输入大小相同且相位相同的信号,输出为零,从而可克服零点漂移,其适于用作直流放大器。图 5-10 所示为差分放大器电路图。

199

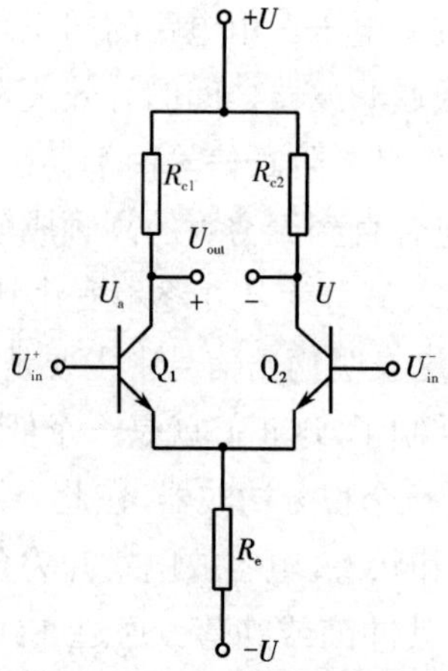

图 5-10　差分放大器电路

如果 Q_1、Q_2 的特性相似，则 U_a 和 U_b 将同样变化。例如，U_a 变化 +1 V，U_b 也变化 +1 V，输出电压 $U_{out}=U_a-U_b=0$ V，即 U_a 的变化与 U_b 的变化相互抵消。这就是差动放大器可以做直流信号放大的原因。若差放的两个输入为 U_{in}^+ 和 U_{in}^-，则它的输出 U_{out} 为

$$U_{out} = A_d(U_{in}^+ - U_{in}^-) + A_c \frac{U_{in}^+ + U_{in}^-}{2}$$

其中，A_d 是差模增益，A_c 是共模增益。

因此，为了提高信噪比，应提高差模放大倍数，降低共模放大倍数。共模放大倍数 A_c 可用下式求出：

$$A_c = R_c/2R_e$$

通常以差模增益和共模增益的比值，即共模抑制比（CMRR）衡量差分放大器消除共模信号的能力：

$$CMRR = \frac{A_d}{A_c}$$

由上式可知，当共模增益 $A_c \to 0$ 时，CMRR $\to \infty$。R_e 越大，A_c 就越小，共模抑制比也就越大。因此，对于完全对称的差分放大器来说，其 $A_c=0$，故输出电压可以表示为

$$U_{out} = A_d(U_{in}^+ - U_{in}^-)$$

所谓共模放大倍数，就是 U_a，U_b 输入相同信号时的放大倍数。如果共模放大倍数为 0，则输入噪声对输出没有影响。

要减小共模放大倍数，加大 R_e 就行，通常使用内阻大的恒流电路来代替 R_e。很多系统在差分放大器的一个输入端输入反馈信号，另一个输入端输入反馈信号，从而实现负反馈。其常用于电机或者伺服电机控制、稳压电源、测量仪器以及信号放大。在离散电子学中，实现差分放大器的一个常用手段是差动放大，可见于多数运算放大器集成电路中的差分电路。

单端输出的差动放大电路（不平衡输出，图 5-11），其较差动输出的幅度小一半，使用单端输出时，共模信号不能被抑制，由于 U_{i1} 与 U_{i2} 同时增加，U_{c1} 与 U_{c2} 则减少，而且 $U_{c1}=U_{c2}$，

但 $U_o = U_{c2}$，并非零（产生零点漂移）。但是加大 R_E 阻值可以增大负回输而抑制输出，并且抑制共模信号，当 $U_{i1} = U_{i2}$ 时，I_{i1} 及 I_{i2} 也同时增加，I_e 亦上升，而令 U_e 升高，这对 Q_1 和 Q_2 产生负回输，使 Q_1 和 Q_2 的增益减小，即 U_o 减小。当差动信号输入时，$U_{i1} = -U_{i2}$，I_{c1} 增加，而 I_{c2} 减少，总电流 $I_e = I_{c1} + I_{c2}$ 便不变，因此 U_e 也不变，加大 R_e，会使差动信号放大，不会对 Q_1 及 Q_2 产生负回输及抑制。即差动输入，则 I_{c1} 升而 I_{c2} 下降（并且 $\Delta I_{c1} = \Delta I_{c2}$）。

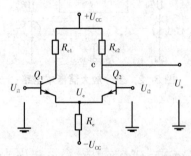

图 5-11　单端输出的差动放大电路

因电流镜像原理，$I_{c4} = I_{c1}$，故

$$I_o = I_{c4} - I_{c2} = I_{c1} - I_{c2}\,(\Delta I_o = 2\Delta I_{c1} \text{ 或 } 2\Delta I_{c2})$$

这说明输出电流是 I_{c1} 和 I_{c2} 的差，即将输出变为具有双端差动输出性能的单端输出（故对共模信号的抑制有改善，因双端差动输出，才能产生消除共模信号作用）。

I_{c2} 减少，使 Q_2 的 U_{ce} 增加，使 U_o 上升，而 I_{c4} 增加，使 Q_4 的 U_{ce} 减少，也使 U_o 增加，故 U_o 上升的幅度是使用电阻为负载的单端输出电压的 2 倍。

差分放大器可以用晶体三极管（晶体管）或电子管作为它的有源器件，如图 5-12 所示。输出电压 $u_o = u_{o1} - u_{o2}$，即晶体管 T_1 和 T_2 集电极输出电压 u_{o1} 和 u_{o2} 之差。当 T_1 和 T_2 的输入电压幅度相等但极性相反，即 $u_{s1} = -u_{s2}$ 时，差分放大器的增益 K_d（称差模增益）和单管放大器的增益相等，即 $K_d \approx R_c/r_e$，其中 $R_c = R_{c1} = R_{c2}$，r_e 是晶体管的射极电阻。通常 r_e 很小，因而 K_d 较大。当 $u_{s1} = u_{s2}$，即两输入电压的幅度与极性均相等时，放大器的输出 u_o 应等于零，增益也等于零。实际放大电路不可能完全对称，因而这时还有一定的增益。这种增益称为共模增益，记为 K_c。在实际应用中，温度变化和电源电压不稳等因素对放大作用的影响，等效于每个晶体管的输入端产生了一个漂移电压。利用电路的对称性可以使之互相抵消或予以削弱，使输出端的漂移电压大大减小。显然，共模增益越小，即电路对称性越好，这种漂移电压也越小。

201

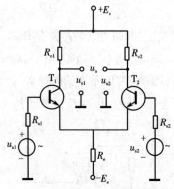

图 5-12　差分放大器基本电路

5.3.4　方波产生电路

滞回比较器和 RC（R_6、R_7 组成反馈回路电阻 R）负反馈回路构成方波发生器,其电路如图 5-13（a）所示。滞回比较器输出电压 U_o 被两个特性相同的稳压管限幅,在比较过程中,输出电压被稳定在 $\pm U_Z$（U_Z 为稳压管 DAZ 的稳定电压）,而保持恒定。R_1、R_2 为限流电阻,一般为 $10\sim100$ kΩ。电路的工作过程是电源接通时刻（$t=0$）,设 C 两端电压 $U_C=0$,比较器输出电压 $U_o=+U_Z$,此时运放通向端电压满足

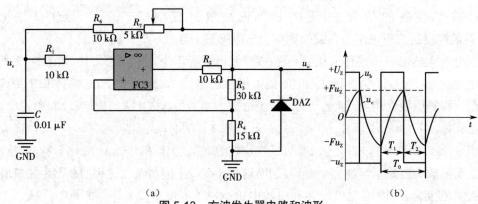

（a）　　　　　　　　　　　　　（b）

图 5-13　方波发生器电路和波形

$$\frac{R_4}{R_3+R_4}U_Z = FU_Z$$

式中:F 为正反馈系数,且 $F=\dfrac{R_4}{R_3+R_4}$。

当 $u_o=+U_Z$ 时,$+U_Z$ 通过 R 向 C 充电,u_C 随时间按正指数规律上升,当 u_C 上升到略高于 FU_Z 时,u_o 从 $+U_Z$ 跳变到 $-U_Z$。此后,C 经 R 放电,u_C 按复指数规律下降。在 C 放电期间,$u_o=-U_Z$,运放同相端电压为 $-FU_Z$。当 u_C 下除到略低于 $-FU_Z$ 时,u_o 又立刻跳到 $-FU_Z$,回到初始状态如此周而复始,便有方波输出。u_o 及 u_C 的波形如图 5-13（b）所示,图中

$$T_1 = T_2 = RC\ln\left(\frac{2R_4}{R_3}+1\right)$$

所以方波的周期 T_0 为

$$T_0 = T_1 + T_2 = 2RC\ln(\frac{2R_4}{R_3}+1)$$

由上可以看出，改变 R、R_3、R_4 或 C 均可改变振荡频率。在实际应用中，R 常用电位器代替实现对频率的调节。图 5-13（a）所示电路适用于产生 10 Hz~100 kHz 频率范围内的方波，但选用高速集成运放时频率可达 1 MHz 以上。频率低于 2 kHz 的方波产生器使用这种电路，性能较好。

图 5-14 所示是由 LM139 系列的运算放大器构成的方波发生电路。LM139 系列可用于几兆赫兹频率的振荡电路。该电路为使用较少元件构成的方波发生电路。电路的输出频率由 R_4、C_1 的时间常数以及由 R_1、R_2、R_3 所决定的迟滞电路共同决定。最高工作频率受比较器大信号传输滞后时间的影响。此外，工作频率还与负载性质有关。当为容性负载时，最高工作频率将降低。

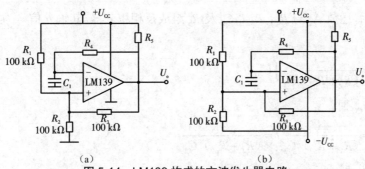

（a）　　　　　　　　　　　（b）

图 5-14　LM139 构成的方波发生器电路

图 5-14 中，图（a）为单电源电路，图（b）为双电源电路，其工作原理一样，但输出波形的基准不同。图 5-14（a）中，最低电平为 0，最高电平为 U_{cc}；图 5-14（b）中，最低电平为 $-U_{cc}$，最高电平为 U_{CC}。当电路中元件的选择满足 $R_1=R_2=R_3$ 且 R_3、$R_4>10R_5$ 时，振荡频率为 $f_1 = 0.694R_4C_1$。

5.3.5　方波 – 三角波产生电路

图 5-15 所示电路能自动产生方波 - 三角波。电路工作原理如下：若 a 点断开，运放 A_1 与 R_1、R_2 及 R_3、R_{p1} 组成电压比较器，R_1 为平衡电阻，C_1 为加速电容，可加速比较器的翻转；运放的反相端接基准电压，及 $U_-=0$，同相端接输入电压 U_{ia}；比较器的输出 U_{o1} 的高电平等于正电源电压 $+U_{CC}$，低电平等于负电源电压 $-U_{EE}$（$|+U_{CC}|=|-U_{EE}|$），当比较器的 $U_+= U_-=0$ 时，比较器翻转，输出 U_{o1} 从高电平 $+U_{CC}$ 跳到低电平 $-U_{EE}$，或从低电平 $-U_{EE}$ 跳到高电平 $+U_{CC}$。设 $U_{o1}=+U_{CC}$，则

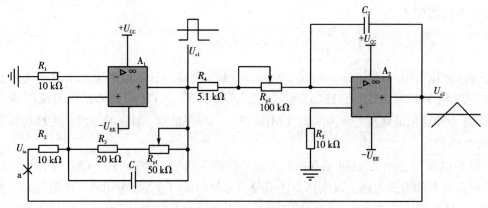

图 5-15　方波 - 三角波产生电路原理图

$$U_+ = \frac{R_2}{R_2 + R_3 + R_{p1}}(+U_{CC}) + \frac{R_3 + R_{p1}}{R_2 + R_3 + R_{P1}}U_{in} = 0$$

　　a 点断开后,运放 A_2 与 R_4、R_{p2}、C_2 及 R_5 组成反相积分器,其输入信号为方波 U_{o1},则积分器的输出为

$$U_{o2} = \frac{-1}{(R_4 + R_{p2})\,C_2}\int U_{o1}\mathrm{d}t$$

当 $U_{o1}=+U_{CC}$ 时,

$$U_{o2} = \frac{-(+U_{CC})}{(R_4 + R_{p2})\,C_2}t = \frac{-U_{CC}}{(R_4 + R_{p2})\,C_2}t$$

当 $U_{o1}=-U_{EE}$ 时,

$$U_{o2} = \frac{-(-U_{EE})}{(R_4 + R_{p2})\,C_2}t = \frac{-U_{CC}}{(R_4 + R_{p2})\,C_2}t$$

可见,当积分器的输入为方波时,输出是一个上升速率与下降速率相等的三角波。

　　a 点闭合,即比较器与积分器首尾相连,形成闭环电路,则自动产生方波 - 三角波。三角波的幅度

$$U_{o2m} = \frac{R_2}{R_3 + R_{p1}}U_{CC}$$

方波 - 三角波的频率

$$f = \frac{R_3 + R_{p1}}{4R_2(R_4 + R_{p2})\,C_2}$$

由此可以得出以下结论。

　　(1)电位器 R_{p2} 在调整方波 - 三角波的输出频率时,一般不会影响输出波形的幅度。若要求输出频率范围较宽,可用 C_2 改变频率范围,R_{p2} 实现频率微调。

　　(2)方波的输出幅度约等于电源电压 $+U_{CC}$,三角波的输出幅度不超过电源电压 $+U_{CC}$。电位器 R_{p1} 可实现幅度微调,但会影响方波 - 三角波的频率。

5.3.6　三角波 – 正弦波变换电路

　　为帮助学生学习多级电路的调试技术,下面选用差分放大器作为三角波到正弦波的变换电路。波形变换的原理是利用差分对管的饱和和截止特性。分析表明,差分放大器的输出 i_{C1} 的表达式为

$$i_{C1} = \alpha i_{E1} = \frac{\alpha I_0}{1 + e^{-v_{id}/V_T}}$$

式中:$\alpha = I_C/I_E \approx 1$;$I_0$ 为差分放大器的恒定电流;U_T 为恒温的电压当量,当室温为 25 ℃时,$U_T \approx 26$ mV。

　　为使输出波形更接近正弦波,要求:

　　(1)传输特性曲线尽可能对称,线性区尽可能窄;

　　(2)三角波的幅值 U_m 应接近晶体管的截至电压值。

　　图 5-16 所示为三角波到正弦波的变换电路,其中 R_{p3} 调节三角波的幅度,R_{P4} 调整电路的对称性,并联电阻 R_{e2} 用来减小差分放大器的线性区,C_3、C_4、C_5 为隔直电容,C_6^* 为滤波电容,以滤除谐波分量,改善输出波形。

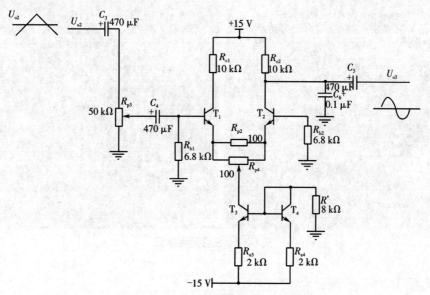

图 5-16　三角波到正弦波的变换电路

5.4 电路主要元器件介绍

5.4.1 晶体三极管(微课视频扫二维码观看)

1. 晶体三极管的特性

三极管的主要特点是具有电流放大功能,以共发射极接法为例(信号从基极输入,从集电极输出,发射极接地),当基极电压 U_b 有一个微小的变化时,基极电流 I_b 也会随之有一小的变化,受基极电流 I_b 的控制,集电极电流 I_c 会有一个很大的变化,基极电流 I_b 越大,集电极电流 I_c 也越大;反之,基极电流越小,集电极电流也越小,即基极电流控制集电极电流的变化。但是集电极电流的变化比基极电流的变化大得多,这就是三极管的放大作用。I_c 的变化量与 I_b 变化量之比称为三极管的放大倍数 β($\beta=\Delta I_c/\Delta I_b$,$\Delta$ 表示变化量),三极管的放大倍数 β 一般在几十到几百。三极管实物图如图 5-17 所示。

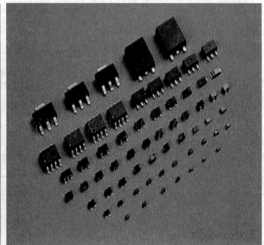

图 5-17 三极管实物图

2. 三极管的工作原理

晶体三极管按材料分有两种:锗管和硅管。而每一种又有 NPN 和 PNP 两种结构形式,但使用最多的是硅 NPN 和锗 PNP 两种三极管(其中,N 表示在高纯度硅中加入磷,取代一些硅原子,在电压刺激下产生自由电子导电,而 P 是加入硼取代硅,产生大量空穴,以利于导电)。两者除电源极性不同外,其工作原理是相同的,下面仅介绍 NPN 硅管的电流放大原理。

NPN 管由 2 块 N 型半导体中间夹一块 P 型半导体所组成,发射区与基区之间形成的 PN 结称为发射结,而集电区与基区之间形成的 PN 结称为集电结,三条引线分别称为发射极 e、基极 b 和集电极 c。当 b 极电位高于 e 极电位零点几伏时,发射结处于正偏状态,而 c 极电位高于 b 极电位几伏时,集电结处于反偏状态,集电极电源 E_c 要高于基极电源 E_b。在制造三极管时,有意识地使发射区的多数载流子浓度大于基区,同时基区做得很薄,而且要严格控制杂质含量。这样,一旦接通电源后,由于发射结正偏,发射区的多数载流子(电子)及基区的多数载流子(空穴)很容易越过发射结互相向对方扩散,但因前者的浓度大于后者,所以通过发射结的电流基本上是电子流,这股电子流称为发射极电流。由于基区很薄,加上集电结的反偏,注入基区的电子大部分越过集电结进入集电区而形成集电极电流 I_c,只剩下很少(1%~10%)的电子在基区的空穴进行复合,被复合掉的基区空穴由基极电源 E_b 重新补给,从而形成基极电流 I_b。根据电流连续性原理可得:$I_e = I_b + I_c$ 也这就是说在基极补充一个很小的 I_b,就可以在集电极上得到一个较大的 I_c,这就是所谓的电流放大作用,I_c 与 I_b 维持一定的比例关系,即:

$$\beta_1 = I_c / I_b$$

式中:β_1 称为直流放大倍数。

集电极电流的变化量 ΔI_c 与基极电流的变化量 ΔI_b 之比为

$$\beta = \Delta I_c / \Delta I_b$$

式中:β 称为交流电流放大倍数,由于低频时 β_1 和 β 的数值相差不大,所以有时为了方便起见,对两者不做严格区分,β 值为几十至一百多。

三极管是一种电流放大器件,但在实际使用中常常利用三极管的电流放大作用,通过电阻转变为电压放大作用。三极管放大时管内部的工作原理如下。

(1)发射区向基区发射电子。电源 U_b 经过电阻 R_b 加在发射结上,发射结正偏,发射区的多数载流子(自由电子)不断地越过发射结进入基区,形成发射极电流 I_e。同时,基区的多数载流子也向发射区扩散,但由于多数载流子浓度远低于发射区载流子浓度,可以不考虑这个电流,因此可以认为发射结主要是电子流。

(2)基区中电子的扩散与复合。电子进入基区后,先在靠近发射结的附近密集,渐渐形成电子浓度差,在浓度差的作用下,促使电子流在基区中向集电结扩散,被集电结电场拉入集电区形成集电极电流 I_c。也有很小一部分电子(因为基区很薄)与基区的空穴复合,扩散的电子流与复合电子流的比例决定了三极管的放大能力。

(3)集电区收集电子。由于集电结外加反向电压很大,这个反向电压产生的电场力将阻止集电区电子向基区扩散,同时将扩散到集电结附近的电子拉入集电区,从而形成集电极主电流 I_{cn}。另外,集电区的少数载流子(空穴)也会产生漂移运动,流向基区形成反向饱和电流,用 I_{cbo} 表示,其数值很小,但对温度却异常敏感。

三极管的主要参数如下。

(1)特征频率 f_T:当 $f = f_T$ 时,三极管完全失去电流放大功能,如果工作频率大于 f_T,电路将不正常工作。

(2)工作电压/电流:用这个参数可以指定该管的电压/电流使用范围。

(3)h_{FE}:电流放大倍数。

207

（4）V_{CEO}：集电极发射极反向击穿电压，表示临界饱和时的饱和电压。

（5）P_{CM}：最大允许耗散功率。

（6）封装形式：指定该管的外观形状，如果其他参数都正确，封装不同将导致组件无法在电路板上实现。

3. 三极管的检测

测试三极管要使用万用表的欧姆挡，并选择"R×100"或"R×1k"挡位。红表笔连接表内电池的负极，黑表笔则连接表内电池的正极。

假定并不知道被测三极管是 NPN 型还是 PNP 型，也分不清各管脚是哪个极。测试的第一步是判断哪个管脚是基极。这时任取两个电极（如这两个电极为 1、2），用万用表两支表笔颠倒测量它的正、反向电阻，观察表针的偏转角度；然后再取 1、3 两个电极和 2、3 两个电极，分别颠倒测量它们的正、反向电阻，观察表针的偏转角度。在这三次颠倒测量中，必然有两次测量结果相近，即颠倒测量中表针一次偏转大，一次偏转小，剩下一次必然是颠倒测量前后指针偏转角度都很小，这一次未测的那个管脚就是要寻找的基极。

找出三极管的基极后，就可以根据基极与另外两个电极之间 PN 结的方向来确定管子的导电类型。将万用表的黑表笔接触基极，红表笔接触另外两个电极中的任一电极，若表头指针偏转角度很大，则说明被测三极管为 NPN 型管；若表头指针偏转角度很小，则说明被测三极管为 PNP 型。

找出了基极 b，对于另外两个电极哪个是集电极 c，哪个是发射极 e，可以用测穿透电流 I_{CEO} 的方法确定。

（1）对于 NPN 型三极管，用万用表的黑、红表笔颠倒测量两极间的正、反向电阻 R_{ce} 和 R_{ec}，虽然两次测量中万用表指针偏转角度都很小，但仔细观察，总会有一次偏转角度稍大，此时电流的流向一定是：黑表笔→c 极→b 极→e 极→红表笔，电流流向正好与三极管符号中的箭头方向一致（"顺箭头"），所以此时黑表笔所接的一定是集电极 c，红表笔所接的一定是发射极 e。

（2）对于 PNP 型的三极管，道理也类似于 NPN 型，其电流流向一定是：黑表笔→e 极→b 极→c 极→红表笔，其电流流向也与三极管符号中的箭头方向一致，所以此时黑表笔所接的一定是发射极 e，红表笔所接的一定是集电极 c。

（3）测不出，动嘴巴 若在"顺箭头，偏转大"的测量过程中，若由于颠倒前后的两次测量指针偏转均太小难以区分时，就要"动嘴巴"了。具体方法是：在"顺箭头，偏转大"的两次测量中，用两只手分别捏住两表笔与管脚的结合部，用嘴巴含住（或用舌头抵住）基电极 b，仍用"顺箭头，偏转大"的判别方法即可区分开集电极 c 与发射极。

5.4.2 场效应管

各类场效应管（图 5-18）根据其沟道所采用的半导体材料，可分为 N 型沟道和 P 型沟道两种。所谓沟道，就是电流通道。

图 5-18 场效应管实物图

半导体的场效应是在半导体表面的垂直方向上加一电场时,电子和空穴在表面电场作用下发生运动,半导体表面载流子重新分布,因而半导体表面的导电能力受到电场的作用而改变,即改变所加电压的大小和方向,可以控制半导体表面层中多数载流子的浓度和类型,或控制 PN 结空间电荷区的宽度。

场效应管属于电压控制元件,这一点类似于电子管的三极管,但它的构造和工作原理与电子管是截然不同的。与双极型晶体管相比,场效应晶体管具有如下特点:

(1)场效应管是电压控制器件,它通过 V_{GS}(栅源电压)来控制 I_D(漏极电流);

(2)场效应管的输入端电流极小,因此它的输入电阻很大;

(3)场效应管是利用多数载流子导电,因此它的温度稳定性较好;

(4)场效应管组成的放大电路的电压放大系数要小于三极管组成的放大电路的电压放大系数;

(5)场效应管的抗辐射能力强;

(6)由于不存在杂乱运动的电子扩散引起的散粒噪声,所以噪声低。

1.场效应管的分类

场效应管分为结型场效应管(JFET)和绝缘栅场效应管(MOS 管)两大类。

按沟道材料,结型和绝缘栅型场效应管各分为 N 沟道和 P 沟道两种;按导电方式,分为耗尽型和增强型,结型场效应管均为耗尽型,绝缘栅型场效应管既有耗尽型也有增强型。

场效应晶体管可分为结型场效应晶体管和 MOS 场效应晶体管,而 MOS 场效应晶体管又分为 N 沟耗尽型和增强型以及 P 沟耗尽型和增强型四大类。

1)结型场效应管

Ⅰ.结型场效应管的分类

结型场效应管有两种结构形式,即 N 沟道结型场效应管和 P 沟道结型场效应管。

结型场效应管也具有三个电极,它们是栅极、漏极、源极。电路符号中栅极的箭头方向可理解为两个 PN 结的正向导电方向。

Ⅱ. 结型场效应管的工作原理(以 N 沟道结型场效应管为例)

N 沟道结构型场效应管的结构及符号,由于 PN 结中的载流子已经耗尽,故 PN 结基本上是不导电的,形成了所谓耗尽区,当漏极电源电压 E_D 一定时,如果栅极电压越负,PN 结交界面所形成的耗尽区就越厚,则漏、源极之间导电的沟道越窄,漏极电流 I_D 就越小;反之,如果栅极电压没有那么负,则沟道变宽,I_D 变大,所以用栅极电压 E_G 可以控制漏极电流 I_D 的变化,也就是说场效应管是电压控制元件。

2)绝缘栅场效应管

Ⅰ. 绝缘栅场效应管的分类

绝缘栅场效应管也有两种结构形式,即 N 沟道型和 P 沟道型。无论是什么沟道,它们又分为增强型和耗尽型两种。

绝缘栅场效应管是由金属、氧化物和半导体所组成,故又称为金属 - 氧化物 - 半导体场效应管,简称 MOS 场效应管。

Ⅱ. 绝缘栅型场效应管的工作原理(以 N 沟道增强型 MOS 场效应管为例)

它是利用 U_{GS} 来控制"感应电荷"的多少,以改变由这些"感应电荷"形成的导电沟道的状况,然后达到控制漏极电流的目的。在制造管子时,通过工艺使绝缘层中出现大量正离子,故在交界面的另一侧能感应出较多的负电荷,这些负电荷把高掺杂质的 N 区接通,形成导电沟道,即使在 $U_{GS}=0$ 时也有较大的漏极电流 I_D。当栅极电压改变时,沟道内被感应的电荷量也改变,导电沟道的宽窄也随之改变,因而漏极电流 I_D 随着栅极电压的变化而变化。

场效应管的工作方式有两种:当栅极电压为零时,有较大漏极电流的称为耗尽型;当栅极电压为零,漏极电流也为零,必须再加一定的栅极电压之后才有漏极电流的称为增强型。

2. 场效应管主要参数

1)直流参数

(1)饱和漏极电流 I_{DSS}:当栅、源极之间的电压等于零,而漏、源极之间的电压大于夹断电压时,对应的漏极电流。

(2)夹断电压 U_P:当 U_{DS} 一定时,使 I_D 减小到一个微小的电流时所需的 U_{GS}。

(3)开启电压 U_T:当 U_{DS} 一定时,使 I_D 到达某一个数值时所需的 U_{GS}。

2)交流参数

(1)低频跨导:描述栅、源电压对漏极电流的控制作用。

(2)极间电容:场效应管三个电极之间的电容,其值越小表示管子的性能越好。

3)极限参数

(1)漏、源极击穿电压:当漏极电流急剧上升时,产生雪崩击穿时的 U_{DS}。

(2)栅极击穿电压:结型场效应管正常工作时,栅、源极之间的 PN 结处于反向偏置状态,若电流过高,则产生击穿现象。

3. 型号命名

场效应管有两种命名方法。

第一种命名方法与双极型三极管相同,第三位字母 J 代表结型场效应管,O 代表绝缘栅场效应管;第二位字母代表材料,D 是 P 型硅 N 沟道;C 是 N 型硅 P 沟道。例如,3DJ6D 是结型 P 沟道场效应三极管,3DO6C 是绝缘栅型 N 沟道场效应三极管。

第二种命名方法是 CS××#,CS 代表场效应管,×× 以数字代表型号的序号,# 用字母代表同一型号中的不同规格,例如 CS14 A、CS45G 等。

4. 工作原理

场效应管的工作原理用一句话说,就是"漏极 - 源极间流经沟道的 I_D,用以栅极与沟道间的 PN 结形成的反偏的栅极电压控制 I_D"。更准确地说,I_D 流经通路的宽度,即沟道截面面积,它是由 PN 结反偏的变化,产生耗尽层扩展变化控制的缘故。在 $U_{GS}=0$ 的非饱和区域,表示的过渡层的扩展不很大,根据漏极 - 源极间所加 U_{DS} 的电场,源极区域的某些电子被漏极拉去,即从漏极向源极有电流 I_D 流动。从门极向漏极扩展的过渡层将沟道的一部分构成堵塞型,I_D 饱和。将这种状态称为夹断。这意味着过渡层将沟道的一部分阻挡,并不是电流被切断。

在过渡层由于没有电子、空穴的自由移动,在理想状态下几乎具有绝缘特性,通常电流也难流动。但是,此时漏极 - 源极间的电场,实际上是两个过渡层接触漏极与门极下部附近,由于漂移电场拉去的高速电子通过过渡层,因漂移电场的强度几乎不变产生 I_D 的饱和现象。其次,U_{GS} 向负的方向变化,让 $U_{GS}=U_{GS}(off)$,此时过渡层大致成为覆盖全区域的状态。而且 U_{DS} 的电场大部分加到过渡层上,将电子拉向漂移方向的电场,只有靠近源极的很短部分,这更使电流不能流通。

5. 作用

(1)场效应管可应用于放大。由于场效应管放大器的输入阻抗很高,因此耦合电容可以容量较小,不必使用电解电容。

(2)场效应管很高的输入阻抗非常适合做阻抗变换,故常用于多级放大器的输入级做阻抗变换。

(3)场效应管可以用作可变电阻。

(4)场效应管可以方便地用作恒流源。

(5)场效应管可以用作电子开关。

6. 测量方法

根据场效应管的 PN 结正、反向电阻值不一样的现象,可以判别出结型场效应管的三个电极。具体方法:将万用表拨在"R×1k"挡上,任选两个电极,分别测出其正、反向电阻值。当某两个电极的正、反向电阻值相等,且为几千欧姆时,则该两个电极分别是漏极和源极。因为对结型场效应管而言,漏极和源极可互换,剩下的电极肯定是栅极。也可以将万用表的黑表笔(红表笔也行)任意接触一个电极,另一支表笔依次去接触其余的两个电极,测其电阻值。当出现两次测得的电阻值近似相等时,则黑表笔所接触的电极为栅极,其余两电极分别为漏极和源极。若两次测出的电阻值均很大,说明是反向 PN 结,即都是反向电阻,可以判定是 N 沟道场效应管,且黑表笔接触的是栅极;若两次测出的电阻值均很小,说明是正向 PN 结,即是正向电阻,可以判定为 P 沟道场效应管,黑表笔接触的也是栅极。若不出现上述情况,可以调换黑、红表笔按上述方法进行测试,直到判别出栅极为止。

1)电阻法测好坏

电阻法是用万用表测量场效应管的源极与漏极、栅极与源极、栅极与漏极、栅极 G_1 与栅极 G_2 之间的电阻值同场效应管手册标明的电阻值是否相符,以判别管的好坏。具体方法:首先将万用表置于"R×10"或"R×100"挡,测量源极与漏极之间的电阻,通常在几十欧到几千欧范围(由手册可知,各种不同型号的管,其电阻值是各不相同的),如果测得阻值大于正常值,可能是由于内部接触不良;如果测得阻值是无穷大,可能是内部断极。然后把万用表置于"R×10k"挡,再测栅极 G_1 与 G_2 之间、栅极与源极、栅极与漏极之间的电阻值,若测得其各项电阻值均为无穷大,则说明管是正常的;若测得上述各阻值太小或为通路,则说明管是坏的。需要注意,若两个栅极在管内断极,可用元件代换法进行检测。

2)测放大能力

用感应信号法测放大能力。具体方法:用万用表电阻的"R×100"挡,红表笔接源极,黑表笔接漏极,给场效应管加上 1.5 V 的电源电压,此时表针指示出的漏、源极间的电阻值;然后用手捏住结型场效应管的栅极,将人体的感应电压信号加到栅极上,这样由于管的放大作用,漏源电压 U_{DS} 和漏极电流 I_D 都要发生变化,也就是漏、源间电阻发生了变化,由此可以观察到表针有较大幅度的摆动。如果手捏栅极,表针摆动较小,说明管的放大能力较差;表针摆动较大,说明管的放大能力大;若表针不动,说明管是坏的。根据上述方法,用万用表的"R×100"挡,测结型场效应管 3DJ2 F,先将管的栅极开路,测得漏源电阻 R_{DS} 为 600 Ω,用手捏住栅极后,表针向左摆动,指示的电阻 R_{DS} 为 12 kΩ,表针摆动的幅度较大,说明该管是好的,并有较大的放大能力。

运用以上方法时要说明以下几点。

(1)在测试场效应管用手捏住栅极时,万用表针可能向右摆动(电阻值减小),也可能向左摆动(电阻值增加)。这是由于人体感应的交流电压较高,而不同的场效应管用电阻挡测量时的工作点可能不同(或者工作在饱和区,或者工作在不饱和区)。实验表明,多数管的 R_{DS} 增大,即表针向左摆动;少数管的 R_{DS} 减小,即表针向右摆动。但无论表针摆动方向如何,只要表针摆动幅度较大,就说明管有较大的放大能力。

(2)此方法对 MOS 场效应管也适用。但要注意,MOS 场效应管的输入电阻高,栅极允许的感应电压不应过高,所以不要直接用手去捏栅极,必须用于握螺丝刀的绝缘柄,用金属杆去碰触栅极,以防止人体感应电荷直接加到栅极,引起栅极击穿。

(3)每次测量完毕,应当在栅、源极间短路一下。这是因为栅、源极间结电容上会充有少量电荷,建立起 U_{GS} 电压,造成再进行测量时表针可能不动,只有将栅、源极间电荷短路放掉才行。

3）无标示管的判别

首先用测量电阻的方法找出两个有电阻值的管脚，也就是源极和漏极，余下两个脚为第一栅极 G_1 和第二栅极 G_2。把先用两表笔测得的源极与漏极之间的电阻值记下来，对调表笔再测量一次，把其测得的电阻值记下来，两次测得阻值较大的一次，黑表笔所接的电极为漏极，红表笔所接的电极为源极。用这种方法判别出来的源、漏极，还可以用估测其管的放大能力的方法进行验证，即放大能力大的黑表笔所接的是漏极；红表笔所接的是源极，两种方法检测结果均应一样。当确定了漏极、源极的位置后，按漏极、源极的对应位置装入电路，一般 G_1、G_2 也会依次对准位置，这就确定了两个栅极 G_1、G_2 的位置，从而就确定了漏极、源极、G_1、G_2 管脚的顺序。

4）判断跨导的大小

测反向电阻值的变化，判断跨导的大小。对 N 沟道增强型 MDS 场效应管测量跨导性能时，可用红表笔接源极、黑表笔接漏极，这就相当于在源、漏极之间加了一个反向电压。此时栅极是开路的，管的反向电阻值是很不稳定的。将万用表的欧姆挡选在"R×10 k"的高阻挡，此时表内电压较高。当用手接触栅极时，会发现管的反向电阻值有明显变化，其变化越大，说明管的跨导值越高；如果被测管的跨导很小，用此法测时，反向阻值变化不大。

5）判断方法

Ⅰ. 结型场效应管脚识别

场效应管的栅极相当于晶体管的基极，源极和漏极分别对应晶体管的发射极和集电极。将万用表置于"R×1k"挡，用两表笔分别测量每两个管脚间的正、反向电阻。当某两个管脚间的正、反向电阻相等，均为数千欧姆时，则这两个管脚为漏极和源极（可互换），剩下的一个管脚即为栅极。对于有 4 个管脚的结型场效应管，另外一极是屏蔽极（使用中接地）。

Ⅱ. 判定栅极

用万用表黑表笔碰触管子的一个电极，红表笔分别碰触另外两个电极。若两次测出的阻值都很小，说明均是正向电阻，该管属于 N 沟道场效应管，黑表笔接的是栅极。制造工艺决定了场效应管的源极和漏极是对称的，可以互换使用，并不影响电路的正常工作，所以不必加以区分。源极与漏极间的电阻为几千欧。

需要注意，不能用此法判定绝缘栅场效应管的栅极。因为这种管子的输入电阻极高，栅源间的极间电容又很小，测量时只要有少量的电荷，就可在极间电容上形成很高的电压，容易将管子损坏。

Ⅲ. 估测放大能力

将万用表拨到"R×100"挡，红表笔接源极，黑表笔接漏极，相当于给场效应管加上 1.5 V 的电源电压。这时表针指示出的是漏、源极间的电阻值。然后用手指捏栅极，将人体的感应电压作为输入信号加到栅极上。由于管子的放大作用，U_{DS} 和 I_D 都将发生变化，也相当于漏、源极间的电阻发生变化，可观察到表针有较大幅度的摆动。如果手捏栅极时表针摆动很小，说明管子的放大能力较弱；若表针不动，说明管子已经损坏。由于人体感应的 50 Hz 交流电压较高，而不同的场效应管用电阻挡测量时的工作点可能不同，因此用手捏栅极时表针可能向右摆动,也可能向左摆动。少数管子的 R_{DS} 减小,使表针向右摆动;多数管子的 R_{DS} 增大,使表针向左摆动。无论表针的摆动方向如何,只要能有明显的摆动,就说明管子具有放大能力。

本方法也适用于测 MOS 管。为了保护 MOS 管,必须用手握住螺钉旋具绝缘柄,用金属杆去碰栅极,以防止人体感应电荷直接加到栅极上,将管子损坏。

MOS 管每次测量完毕,栅、源极间结电容上会充有少量电荷,建立起电压 U_{GS},再接着测时表针可能不动,此时将栅、源极间短路一下即可。

【项目实施】

5.5 电路设计

5.5.1 电路设计步骤

(1)各小组按电路要求领取所需元器件,分工检测元器件的性能。

(2)依据图 5-2 所示电路原理图,各小组讨论如何布局,最后确定一最佳方案在点阵板上搭建好图 5-2 所示电路图。

(3)检查电路无误后,从直流稳压电源送入 ±15 V 的电压供电。

(4)按电路工作原理进行测试,将示波器分别连接到 V_{o1}、V_{o2}、V_{o3} 端,观察它们的波形。

(5)记录结果,并撰写技术文档。

5.5.2 电路元器件清单

根据函数发生器电路原理图 5-2,所需元器件清单见表 5-1。

表 5-1 函数发生器电路元器件清单

元件名称	数量	备注
双运算放大器	1	TL062
NPN 三极管	4	9013
可调电阻 100 Ω	1	
可调电阻 50 kΩ	2	
可调电阻 100 kΩ	1	
波段开关	1	
10 kΩ	5	
20 kΩ	1	
5.1 kΩ	1	
6.8 kΩ	2	

元件名称	数量	备注
2 kΩ	2	
8.2 kΩ	1	
100 Ω	1	
0.1 μF（104）	1	
电解电容	1	10 μF
电解电容	3	470 μF
电解电容	1	1 μF

5.6　电路元器件的识别与检测

函数发生器电路所需元器件实物如图 5-19 所示。

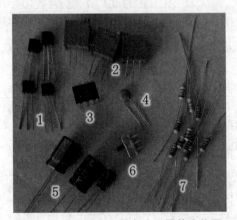

图 5-19　函数发生器电路元器件实物图

5.6.1　电阻的识别与检测

本电路用到两种电阻，即固定电阻和可变电阻器，其中 7 种型号的固定电阻，如图 5-19 中 7 所示，通过色环法可读出其阻值。

10 kΩ 电阻色环为"棕 黑 黑 红"，电阻记数值为 $100×10^2$ Ω，最后一位为误差位。

20 kΩ 电阻色环为"红 黑 黑 红"，电阻记数值为 $200×10^2$ Ω，最后一位为误差位。

5.1 kΩ 电阻色环为"绿 棕 黑 棕"，电阻记数值为 $510×10^1$ Ω，最后一位为误差位。

6.8 kΩ 电阻色环为"蓝 灰 黑 棕'，电阻记数值为 $680×10^1$ Ω，最后一位为误差位。

2 kΩ 电阻色环为"红 黑 黑 棕"，电阻记数值为 $200×10^1$ Ω，最后一位为误差位。

8.2 kΩ 电阻色环为"灰 红 黑 棕"，电阻记数值为 $820×10^1$ Ω，最后一位为误差位。

100 Ω 电阻色环为"棕 黑 黑 黑"，电阻记数值为 $100×10^0$ Ω，最后一位为误差位。

3 种型号可变电阻器 100 Ω、50 kΩ、100 kΩ，如图 5-19 中 2 所示。

阻值标称为 w101,其值为 $10 \times 10^1 \ \Omega = 100 \ \Omega$。

阻值标称为 w503,其值为 $50 \times 10^3 \ \Omega = 50 \ k\Omega$。

阻值标称为 w104,其值为 $10 \times 10^4 \ \Omega = 100 \ k\Omega$。

因为制作工艺的问题,有的厂家制造出来的色环电阻的色环色彩不是很清晰,如果不能通过色环辨别,也可用万用表直接测量其阻值。

用万用表检测电阻的性能时,要选用合适的欧姆挡,通过测量电阻的阻值即可分辨其性能的好坏。

5.6.2 电容的识别与检测

1. 无极性的电容识别与检测

本电路设计用到瓷片电容和电解电容。电容上一般标注有容量,瓷片电容一般用三位数表示容量的大小,前面两位数字为电容标称容量的有效数字,第三位数字表示有效数字后面零的个数,其单位是 pF。例如,这里用到的 0.1 μF 电容为 $104 = 10 \times 10^4 \ pF = 0.1 \ \mu F$。

用万用表的电阻挡直接测量,将数字万用表拨至合适的电阻挡,红表笔和黑表笔分别接触被测电容器 C 的两极,这时显示值将从"000"开始逐渐增加,直至显示溢出符号"1"。若始终显示"000",说明电容器内部短路;若始终显示溢出,则可能是电容器内部极间开路,也可能是所选择的电阻挡不合适。

2. 有极性的电容识别与检测

有极性电解电容的引脚极性表示方式如图 5-20 所示。

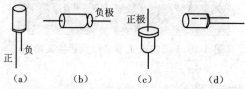

正 负   负极   正极

(a)   (b)   (c)   (d)

图 5-20 有极性电解电容的引脚极性表示方式

采用长短不同的引脚可表示引脚极性,通常长的引脚为正极性引脚,如图 5-20(a)所示。

采用不同的端头形状也可表示引脚的极性,这种方式往往出现在两根引脚轴向分布的电解电容中,如图 5-20(b)和(c)所示。

采用在电解电容的绝缘套上画出像负号的符号,以表示这一引脚为负极性引脚,如图 5-20(b),(c)所示。

因而,通过外形及电容上的标识即可识别其型号及极性。检测电解电容的性能可以用万用表的电阻挡直接测量,将数字万用表拨至合适的电阻挡,红表笔和黑表笔分别接触被测电容器 C 的两极,这时显示值将从"000"开始逐渐增加,直至显示溢出符号"1"。若始终显示"000",说明电容器内部短路;若始终显示溢出,则可能是电容器内部极间开路,也可能是所选择的电阻挡不合适。需要注意,红表笔(带正电)接电容器正极,黑表笔接电容器负极。

5.6.3　三极管的识别与检测

三极管,全称应为半导体三极管,也称双极型晶体管、晶体三极管,是一种电流控制电流的半导体器件。其作用是把微弱信号放大成幅值较大的电信号,也用作无触点开关。晶体三极管是半导体基本元器件之一,具有电流放大作用,是电子电路的核心元件。三极管是在一块半导体基片上制作两个相距很近的 PN 结,两个 PN 结把整块半导体分成三部分,中间部分是基区,两侧部分是发射区和集电区,排列方式有 PNP 和 NPN 两种。

1. 数字万用表检测管脚及性能

三极管的脚位有两种封装排列形式,如图 5-21 所示。三极管是一种结型电阻器件,它的三个引脚都有明显的电阻数据,测试时(以数字万用表为例,红表笔"+",黑表笔"-")将测试挡位切换至二极管挡(蜂鸣挡)标志符号如图 5-22 所示。正常的 NPN 的结构三极管的基极(B)对集电极(C)、发射极(E)的正向电阻是 430~680 Ω(根据型号的不同,放大倍数的差异,这个值有所不同),反向电阻无穷大;正常的 PNP 结构的三极管的基极(B)对集电极(C)、发射极(E)的反向电阻是 430~680 Ω,正向电阻无穷大。集电极对发射极在不加偏流的情况下,电阻为无穷大。基极对集电极的测试电阻约等于基极对发射极的测试电阻,通常情况下,基极对集电极的测试电阻要比基极对发射极的测试电阻小 5~100 Ω(大功率管比较明显),如果超出这个值,这个元件的性能已经变坏,不能再使用,如果误用于电路中可能会导致整个或部分电路的工作点变坏;这个元件也可能不久就会损坏,大功率电路和高频电路对这种劣质元件反应比较明显。

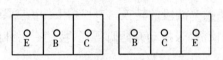

图 5-21　三极管的脚位排列顺序图

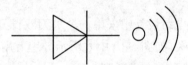

图 5-22　万用表二极管挡标志符号

尽管封装结构不同,但同参数的其他型号的管子功能和性能是一样的,不同的封装结构只是应用于电路设计中特定的使用场合。

需要注意,有些厂家生产一些不规范元件,例如 C945 正常的脚位排列是 BCE,但有的厂家生产的此元件脚位排列却是 EBC,这会造成那些粗心的工作人员将新元件在未检测的情况下装入电路,导致电路不能工作,严重时烧毁相关联的元器件,如电视机上用的开关电源。

在常用的万用表中,测试三极管的脚位排列图如图 5-23 所示。

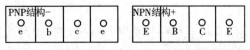

图 5-23　数字万用表上的三极管测试脚位排列图

先假设三极管的某极为"基极",将黑表笔接在假设基极上,再将红表笔依次接到其余两个电极上,若两次测得的电阻都大(几千欧到几十千欧),或者都小(几百欧至几千欧),对换表笔重复上述测量,若测得的两个阻值相反(都很小或都很大),则可确定假设的基极是正确的;否则另假设一极为"基极",重复上述测试,以确定基极。

当基极确定后,将黑表笔接基极,红表笔接其他两极,若测得电阻值都很小,则该三极管为 PNP,反之为 NPN。

判断集电极和发射极,以 NPN 为例,把黑表笔接至假设的集电极,红表笔接到假设的发射极,并用手捏住基极和集电极,读出表头所示集电极、发射极电阻值,然后将红、黑表笔反接重测,若第一次电阻比第二次小,说明原假设成立。

2. 万用表电阻挡检测管脚及性能

测试三极管使用万用表的欧姆挡,并选择"R×100"或"R×1k"挡位,红表笔所连接的是表内电池的负极,黑表笔则连接表内电池的正极。

假定并不知道被测三极管是 NPN 型还是 PNP 型,也分不清各管脚是什么电极。测试的第一步是判断哪个管脚是基极。这时,任取两个电极(如这两个电极为 1、2),用万用表两支表笔颠倒测量其正、反向电阻,观察表针的偏转角度;然后再取 1、3 两个电极和 2、3 两个电极,分别颠倒测量它们的正、反向电阻,观察表针的偏转角度。在这三次颠倒测量中,必然有两次测量结果相近,即颠倒测量中表针一次偏转大,一次偏转小,剩下一次必然是颠倒测量前后指针偏转角度都很小,这一次未测的那个管脚就是要寻找的基极。

具体方法前面已介绍,在此不再重复。

5.6.4　波段开关的识别与检测

本电路设计中采用一个单刀双掷开关来实现频率波段的转换,在此选用一个三端子的波段开关,如图 5-19 中 6 所示。用万用表电阻挡检测,未拨动有两脚导通,拨动有另外两脚导通,找到公共导通脚。

5.6.5　集成芯片的识别与检测

首先要正确识别引脚排列顺序,本电路采用双列直插式的集成块,将其水平放置,引脚向下,即其型号、商标向上,定位标记在左边(若无定位标记,看芯片上的标识,按正常看书的方式拿),从左下角第一根引脚数起,按逆时针方向,依次为 1 脚,2 脚,3 脚……

本电路设计用到集成双运算放大器 TL062,其实物图如图 5-19 中 3 所示,它是一款低功耗 JFET 输入运算放大器,特点是高输入阻抗、宽带宽、高回转率,以及低输入漂移和输入偏置电流。它是一个 8 引脚的芯片,通过读取芯片上的标识即可识别各个芯片,再结合其引脚结构图来确定各引脚的功能。

检测其好坏的方法是用万用表电阻挡测量集成电路各脚对地的正、负电阻值。具体方法如下:将万用表拨在"R×1k""R×100"挡或"R×10"挡上,先让红表笔接集成电路的接地引脚,然后将黑表笔从第一个引脚开始,依次测出各脚相对应的阻值(正阻值);再让黑笔表接集成电路的同一接地脚,用红表笔按以上方法与顺序,测出另一电阻值(负阻值)。将测得的两组正、负阻值和标准值比较,从中发现问题。

5.7　电路调试

5.7.1　差分对管的匹配(微课视频扫二维码观看)

如图 5-2 所示电路,本电路设计中差分放大电路采用模拟电路来实现,用 4 个 NPN 型晶体管 9013,为了保证输出,需要这 4 个晶体管 T_1~T_4 的特性参数一致,在此使用 YB4813半导体管特性图示仪来测试。先按照 9013 的性能设置半导体管特性图示仪,具体如下。

(1)按下电源开关,指示灯亮,预热 15 min 后,即可进行测试。

(2)调节辉度、聚焦及辅助聚焦,使光点清晰。

(3)将峰值电压旋钮调至零,峰值电压范围(0~10 V)、极性(+)、功耗电阻(250 Ω)等开关置于测试所需位置。

(4)对 X、Y 轴放大器进行 10 度校准。

(5)调节阶梯调零。

(6)选择需要的基极阶梯信号,将极性、串联电阻置于合适挡位,调节级 / 簇旋钮,使阶梯信号为 10 级 / 簇,阶梯信号置重复位置。

调整好半导体管特性图示仪后,将被测的两个晶体管分别插入测试台左、右插座内,然后按下测试选择按钮的"双簇"琴键,逐步增大峰值电压,即可在荧光屏上显示两簇特性曲线。本项目要用的 4 个晶体管 T_1~T_4 的特性曲线要一致,因此先固定一个插在测试台左插座内,再挑选另外的 3 个,分别插入测试台右插座内,与测试台左插座内的三极管的特性曲线比较,挑出特性曲线一致的晶体管,即完成差分晶体管的配对。

5.7.2　电路安装与调试技术(微课视频扫二维码观看)

在装调多级电路时,通常按照单元电路的先后顺序进行分级装调与级联。图 5-2 所示电路的装调顺序如下。

1. 方波 - 三角波发生器的装调

由于比较器 A_1 与积分器 A_2 组成正反馈闭环电路,同时输出方波与三角波,故这两个单元电路可以同时安装。需要注意的是,在安装电位器 R_{p1} 与 R_{p2} 之前,要先将其调整到设计值,否则电路可能会不起振。如果电路连接正确,则在接通电源后,A_1 的输出 U_{o1} 为方波,A_2的输出 U_{o2} 为三角波,微调 R_{p1},使三角波的输出幅度满足设计指标要求,调节 R_{p2},则输出频率连续可变。

219

2. 三角波到正弦波变换电路的装调

三角波到正弦波变换电路可利用图 5-16 的差分放大器电路来实现。电路的调试步骤如下。

1）差分放大器传输特性曲线调试

将 C_4 与 R_{p3} 的连线断开，经电容 C_4 输入差模信号电压 $U_{id}=50$ mV，$f_i=100$ Hz 的正弦波。调节 R_{p4} 及电阻 R^*，使传输特性曲线对称。再逐渐增大 U_{id}，直到传输特性曲线如图 5-24 所示，记下此时对应的峰值 U_{idm}。移去信号源，再将 C_4 左端接地，测量差分放大器的静态工作点 I_0、U_{C2Q}、U_{C3Q}、U_{C4Q}。

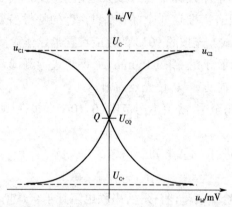

图 5-24 示波器上显示的差模传输特性曲线

2）三角波到正弦波变换电路调试

将 C_4 与 R_{p3} 连接，调节 R_{p3} 使三角波的输出幅度（经 R_{p3} 后输出）等于 U_{idm} 值，这时 U_{O3} 的波形应接近正弦波，调整 C_6^* 改善波形。如果 U_{O3} 的波形出现如图 5-25 所示的几种正弦失真，则应调整和修复电路参数，产生失真的原因及采取的相应处理措施如下。

（1）钟形失真：如图 5-25（a）所示，传输特性曲线的线性区太宽，应减小 R_{e2}。

（2）半波圆顶或平顶失真：如图 5-25（b）所示，传输特性曲线对称性差，静态工作点 Q 偏上或偏下，应调整电阻 R^*。

（3）非线性失真：如图 5-25（c）所示，三角波的线性度较差引起的失真，主要受运放性能的影响，可在输出端加滤波网络改善输出波形。

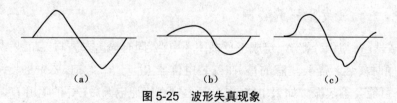

图 5-25 波形失真现象

3. 误差分析

（1）方波输出电压 $U_{P-P} \leqslant 2U_{CC}$，因为运放输出级是由 NPN 型或 PNP 型两种晶体管组成的复合互补对称电路，输出方波时，两管轮流截至与饱和导通，导通时输出电阻的影响使方波输出幅度小于电源电压值。

（2）方波的上升时间 t_r，主要受运放转换速率的限制。如果输出频率较高，则可接入加速电容 C_1（C_1 一般为几十皮法），可用示波器（或脉冲示波器）测量 t_r。

5.7.3　不通电调试

在搭建好图 5-2 所示电路后，首先用万用表测试电源和地之间是否短接，若用模拟万用表，则用欧姆挡测试地和电源之间的阻值来判断，电阻值为无穷大说明没有短接，电阻值为零则说明短接；若用数字万用表，则可以使用测二极管的性能挡，若短路万用表会发出蜂鸣声和二极管点亮指示，若没有短路则不会发出声音，二极管也不会点亮。

5.7.4　通电调试

本电路采用双极性电源供电。同样，如果经过不通电测试电路没有问题，且电源和地之间没有出现短接，则可以给电路通电进行测试。选择电压范围为 0~32 V，电流范围为 0~3 A 的两个电压通道，将两个通道 CH1、CH2 的电压值均设置为 15 V。按照图 5-26 连线，先将 CH1 的负极"−"、CH2 的负极"−"与电源面板上的"地"端连接在一起，再将图 5-2 所示电路中的符号"⏚"（代表电路的地）连接到该端；然后将图 5-2 所示电路中 +15 V 端接通道 CH1 的正极"+"，−15 V 接通道 CH2 的负极"−"，完成电路的供电。

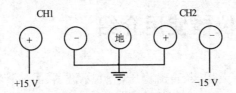

图 5-26　稳压直流电源双电源供电连接图

电路供电后，不要急于测量数据和观察结果，首先要观察电路有无异常现象发生，包括有无冒烟，是否闻到异常气味，手摸元器件是否发烫，电源是否有短路现象等。如果出现异常现象，应立即关断电源，待排除故障后方可重新通电。如果没有观察到异常现象，用万用表测试电路的总电压差是否为 30 V，各电压端到地端的电压差是不是 15 V，再测量各元件引脚的电源电压是否正常。有芯片的电路一定要测量芯片的电源和地之间是否形成所需的电势差，这样才可以保证元器件正常工作。

5.7.5　输出信号的连接

图 5-2 所示电路的三个输出 U_{o1}、U_{o2}、U_{o3} 的波形需要通过示波器来观看。选择任意型

221

号的示波器,选择其中的任一通道,如 CH1,将信号线连接到 CH1 接线端,先进行示波器性能的测试,看示波器是否正常,可以通过示波器自身的测试端子测试,也可以从信号发生器发送标准信号来测试。测试好后,将示波器的红笔分别连接在图 5-2 所示的 U_{o1}、U_{o2}、U_{o3}端,黑笔连接在地端。这样就完成了输出信号的连接。

5.7.6 整体电路调试

连接好电路后,观看输出波形。先测试 U_{o1} 端,如果电路上没有错误,该端输出的是方波信号,通过调整电位器 R_{p1} 可以看到方波的幅度变化;再测试 U_{o2} 端,该端输出的是三角波,通过调整电位器 R_{p1}、R_{p2} 可以看到三角波的频率发生变化,调整电位器 R_{p3} 可以看到三角波的幅度发生变化;测试 U_{o3} 端,该端输出的是正弦波。一般的方波信号和三角波信号都能正常地观察到,而正弦波信号失真比较严重,这是因为采用的差分电路中的晶体管 T_1、T_2 的频率特性不完全相同造成的,通过本电路的测试,可以了解到差分放大模拟电路对差分对管的性能匹配要求比较高,也是本电路的难点。

5.7.7 电路调试注意事项

(1)注意电路的焊接,避免虚焊。

(2)4 只 NPN 型晶体管 9013 要用晶体管特性图示仪测试,使它们的特性相同,这样才能保证正弦信号的输出。

(3)稳压电源提供 ±15 V 电压的连接方法要正确。

【知识拓展】

5.8 项目所需仪器使用介绍

本项目使用的仪器有万用表、直流稳压电源、示波器、晶体管特性图示仪。万用表用来进行元器件的性能检测、电路调试时通断路检测及信号测试等;直流稳压电源为本电路提供 ±15 V 的直流电压;晶体管特性图示仪主要用来匹配本电路中差分放大电路的差分对管;示波器显示本项目输出的三种波形,即方波、三角波、正弦波。万用表和示波器在前面已经介绍,这里不再赘述,这里主要介绍晶体管特性图示仪。

晶体管特性图示仪是一种专用示波器,它能直接观察各种晶体管特性曲线及曲线簇。它可以测试晶体三极管(NPN 型和 PNP 型)的共发射极、共基极电路的输入特性、输出特性;测试各种反向饱和电流和击穿电压,还可以测量场效应管、稳压管、二极管、单结晶体管、可控硅半导体管、集成电路等多种器件的特性和参数。它具有显示直观、读数简便和使用灵活等特点。另外,由于晶体管的一致性差,实际的晶体管特性和手册中给出的特性相差甚远,使用前必须进行测试。因此,晶体管特性图示仪成为制造和使用晶体管的实验室和工厂中最基本的设备之一。

5.8.1　图示仪的基本组成

由上述原理可以看出,晶体管特性图示仪应包括下面几部分,其基本方框图如图 5-27
所示。

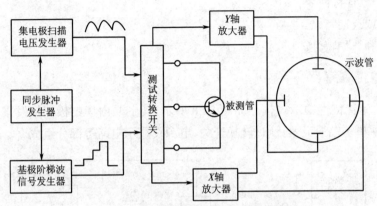

图 5-27　晶体管特性图示仪的基本方框图

（1）基极阶梯波信号发生器:提供必要的基极注入电流。

（2）集电极扫描电压发生器:提供从零开始可变的集电极电源电压。

（3）同步脉冲发生器:用来使基极阶梯信号和集电极扫描电压保持同步,使其正确稳定
地显示图形（特性曲线）。

（4）测试转换开关:当测试不同接法和不同类型的晶体管特性曲线和参数时,用此开关
进行转换。

（5）放大和显示电路:用以显示被测晶体管的特性曲线,其作用原理和电路形式与普通
示波器基本相同,所以也可用普通示波器代替。

（6）电源:为各部分电路提供电源电压。

常用的晶体管特性图示仪有 JT1 和 QT1 两种,其原理和用法基本相同,下面介绍 QT1
的测试原理和使用方法。

5.8.2　QT1 晶体管特性图示仪的测试原理和使用方法

QT1 型晶体管特性图示仪是一种全晶体管化专用仪器,能在荧光屏上直接观察 PNP、
NPN 型晶体管的各种特性曲线,还可通过荧光屏前的标尺刻度直接读测晶体管的各项
参数。

1.QT1 晶体管特性图示仪的功能

1）可测各击穿电压及饱和电流

（1）BU_{EBO}、BU_{CBO}、BU_{CEO}、BU_{CES}、BU_{CER}。

（2）I_{EBO}、I_{CBO}、I_{CEO}、I_{CES}、I_{CER}。

2）可测共射极或共基极特性曲线

（1）输出特性：I_C-U_{CE} 或 I_C-U_{CB}。

（2）输入特性：I_B-U_{BE} 或 I_E-U_{BE}。

（3）电流放大特性：I_C-I_B 或 I_C-I_E。

3）可测二极管特性

（1）正向或反向特性。

（2）稳压和齐纳特性。

2.QT1 整机方框图

QT1 型晶体管特性图示仪框图如图 5-28 所示，其主要由集电极扫描发生器、基极阶梯波发生器、X 轴和 Y 轴放大器、测试转换开关、电源及显示电路等部分组成。

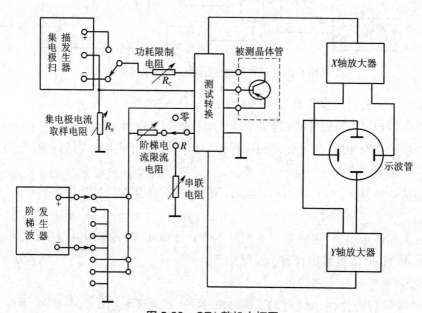

图 5-28　QT1 整机方框图

当选择被测晶体管连接成共发射极或共基极后，通过测试转换开关，从集电极电压、集电极电流、基极（或发射极）电压和基极（或发射极）电流四者中任选两者，分别送到 X 轴放大器和 Y 轴放大器，使相应特性曲线显示在示波管的屏幕上。

3.QT1 的使用

1）晶体管特性和主要参数的测试

现以 3DG6 三极管为例，说明用 QT1 测量晶体管特性和主要参数的方法。

Ⅰ.输出特性的测试

Ⅰ）共发射极的输出特性

$$I_C = f(U_{CE}) \,|\, I_B = C$$

测试原理简图如图 5-29 所示。

开关和旋钮位置如下。

（1）测试选择：I_C-V_{CE}。

（2）极性转换：NPN 共发射极。

（3）扫描量程：0~20 V。

（4）集电极电压：2 V/度。

（5）集电极电流：2 mA/度。

（6）阶梯电流：20 μA/级。

（7）功耗电阻：1 kΩ。

（8）X 倍率、Y 倍率：均为×1，顺时针方向旋转"扫描电压调节"旋钮至一定位置时，屏幕上将显示出输出特性。

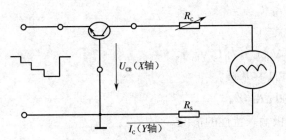

图 5-29　共基极输出特性测试简图

根据共射极直流电流放大系数 $\overline{\beta}$ 和共射极交流电流放大系数 β 的定义，在输出特性上可求出 $\overline{\beta}$ 和 β。

Ⅱ）共基极的输出特性

$$I_C = f\left(U_{CB}\right)\big|I_E = C$$

开关和旋钮的位置如下。

（1）极性转换：NPN 共基极。

（2）扫描量程：0~20 V。

（3）集电极电压：2 V/ 度。

（4）集电极电流：2 mA/ 度。

（5）阶梯电流：1 mA/ 级。

（6）测试选择：I_C-V_{CE}。

（7）功耗电阻：100 Ω。

调节"扫描电压调节"旋钮，在荧光屏上将显示出特性曲线，根据共基极直流电流放大系数 $\overline{\alpha}$ 和共基极交流电流放大系数 α 的定义，在输出特性上可求出 $\overline{\alpha}$ 和 α。

Ⅱ. 输入特性的测试

Ⅰ）共发射极的输入特性

$$I_B = f(U_{BE})\big|U_{CE} = C$$

测试原理简图如图 5-30 所示。

开关和旋钮的位置如下。

（1）测试选择：I_B-V_{BE}。

（2）极性转换：NPN 共发射极。

（3）X 倍率：×0.2 挡。

（4）Y 倍率：×5 挡。

（5）阶梯电流：10 μA/级。

其余均与上述相同，然后再沿顺时针方向旋转"扫描电压调节"，屏幕上出现曲线，如图 5-31 所示。

由图可以求出晶体管的输入电阻 r_{BE}，根据定义，$r_{BE} = \Delta U_{BE}/\Delta I_B$。

Ⅱ）共基极的输入特性

$$I_E = f(U_{BE})|U_{CB} = C$$

开关和旋钮的位置如下。

（1）测试选择：I_B-V_{BE}（实为 I_E-V_{BE}）。

（2）极性转换：NPN 共基极。

（3）阶梯电流：200 μA/级。

其余均同共发射极输入特性的情况。

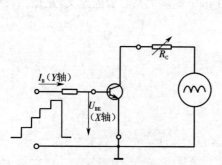

图 5-30　共发射极输出特性测试简图

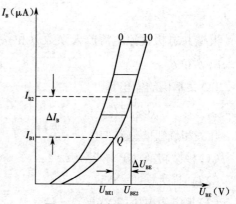

图 5-31　共射极输出特性图

Ⅲ. 电流放大特性

共发射极电流放大特性：

$$I_C = f(I_B)|U_{CE} = C$$

测试原理简图如图 5-32 所示。

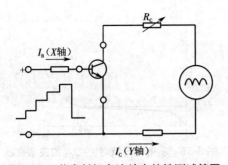

图 5-32 共发射极电流放大特性测试简图

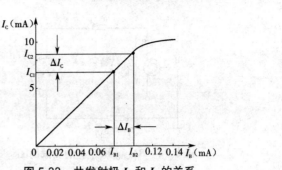

图 5-33 共发射极 I_C 和 I_B 的关系

测试时旋钮和开关的位置如下。

(1)测试选择:$I_C\text{-}I_B$。

(2)极性转换:NPN 共发射极。

(3)X 倍率和 Y 倍率:分别为 ×5 和 ×1。

(4)集电极电流:2 mA/度。

(5)阶梯电流:2 μA/级。

其他与上述相同。测试曲线如图 5-33 所示。由图 5-33 可以确定电流放大系数 $\bar{\beta}$ 和 β,即

$$\bar{\beta} = \frac{I_C}{I_B}$$

$$\beta = \frac{\Delta I_C}{\Delta I_B}$$

用类似的方法可以测出共基极电流放大特性,由图 5-32 可求出共基极电流放大系数。

Ⅳ. I_{CBO} 和 BU_{CBO} 的测试

I_{CBO} 是集电极 - 基极之间的反向饱和电流,表示发射极开路,集电极、基极间加上一定反向电压时的反向电流。

BU_{CBO} 是指发射极开路时,集电极、基极间的反向击穿电压。

I_{CBO} 和 BU_{CBO} 的测试电路如图 5-34 所示。测试时开关和旋钮的位置如下。

(1)测试选择:BV_{CBO}。

(2)极性转换:NPN 共发射极。

(3)集电极电流:0.1 mA/度。

(4)集电极电压:5 V/度。

(5)扫描量程:0~200 V。

(6)X 倍率和 Y 倍率,均为 ×1。

插入晶体管前,一定要把"扫描电压调节"反时针旋到最小,否则会损坏晶体管。然后插入管子进行测试,缓慢顺时针旋转"扫描电压调节",使荧光屏上出现波形,注意观察 BV_{CBO},其图形如图 5-35 所示。

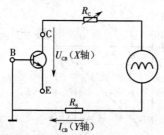

图 5-34　BU_{CBO} 和 I_{CBO} 的测试简图

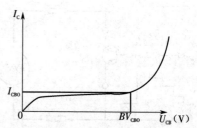

图 5-35　发射极开路时 I_C-U_{CB} 的关系曲线

V. I_{CEO} 和 BU_{CEO} 的测试

I_{CEO} 是集电极和发射极之间的反向饱和电流,表示基极开路,集电极、发射极间加上一定反向电压时的集电极电流。由于该电流是从集电区穿过基区到发射区,所以又称穿透电流。

BU_{CEO} 是指基极开路时,集电极 - 发射极之间的反向击穿电压。

测试时旋钮和开关的位置,除了测试选择应为 BU_{CEO} 外,其余均与测 BU_{CBO} 相同。

VI. 晶体管常见的几种不良特性

由于晶体管特性图示仪可观测管子特性的全貌,因此它不仅可以测量参数,而且可从所示特性曲线全面判断晶体管性能的好坏,下面举一些常见的不良特性,供测试和使用时参考。

I)特性曲线倾斜

如图 5-36 所示,曲线发生整个曲线簇倾斜,而且 I_C 随 U_{CE} 的增大而增大,这说明晶体管反向漏电流大,不能使用。

II)特性曲线分散

如图 5-37 所示,零注入线(I_{B1}=0)平坦,而其他曲线倾斜,这说明晶体管的输出电阻小,并且由于放大系数 β 的不均匀,引起信号的失真。

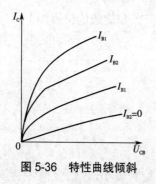

图 5-36　特性曲线倾斜

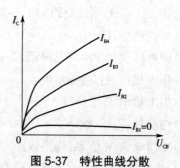

图 5-37　特性曲线分散

III)小电流注入时特性曲线密集

如图 5-38 所示,I_C 较小时,曲线密集,这说明 β 小,晶体管在小电流工作时,放大作用小,容易引起信号的非线性失真。使用时应选择适当的静态工作点和输入信号幅度。

与上述情况正好相反,有时也出现大信号注入时特性曲线密集。使用时同样要注意静

228

态工作点和输入信号幅度的选择。

Ⅳ）曲线上升缓慢

如图 5-39 所示，特性曲线的上升部分不陡，说明饱和压降大，不适合作为开关管用；如用作放大管，也存在工作范围小、噪声大等问题。

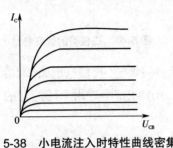

图 5-38　小电流注入时特性曲线密集

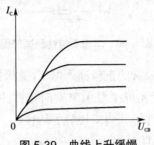

图 5-39　曲线上升缓慢

由上面列举的现象可知，由于晶体管的质量不好，可以从特性上反映出来。因此，在测试晶体管的特性时，应从所测得管子的质量判断是否符合电路要求。

2）二极管和稳压管特性的测试

各种二极管（如整流二极管、开关管、高压二极管）和稳压管等均可在 QT1 图示仪上测试其特性。

Ⅰ．正向特性的测试

测试原理简图如图 5-40 中实线部分所示。测试时开关和旋钮的位置如下。

（1）测试选择：二极管特性。

（2）极性转换：PNP 共发射极。

（3）集电极电压：0.1 V/度。

（4）扫描量程：0~20 V。

（5）X 倍率和 Y 倍率：均置于 ×1 挡。

将二极管的正极插入"E"，负极插入"C"，顺时针方向调节"扫描电压调节"旋钮至一定位置，在荧光屏上就会显示出正向特性曲线，如图 5-41 实线所示。

Ⅱ．反向特性的测试

测试原理简图如图 5-40 中把二极管接成如虚线所示。测试时开关和旋钮的位置如下。

（1）测试选择：二极管特性。

（2）极性转换：PNP 共发射极。

（3）集电极电流：0.1 mA/度。

（4）集电极电压：2 V/度。

（5）扫描量程：0~20 V。

（6）X 倍率和 Y 倍率：均置于 ×1 挡。

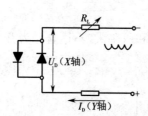

图 5-40　二极管特性测试简图

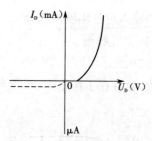

图 5-41　二极管的伏安特性

将二极管的正极插入"C",负极插入"E",顺时针方向调节"扫描电压调节"旋钮到一定位置,在荧光屏上显示出反向特性曲线,如图 5-41 所示虚线部分。用上述同样的方法可以测试稳压管等其他二极管的特性。

Ⅲ. 说明

(1)测试二极管正向特性时,应特别注意扫描电压的极性。极性选择开关置于 PNP 时插座上的 C 为负,NPN 时插座上的 C 为正。

(2)测反向特性时,"集电极电压(V/度)"应置于较大挡级,"集电极电流(mA/度)"置于较小挡级。测正向特性时,刚好相反。

(3)调节"扫描电压调节"旋钮时,应当较为缓慢,特别是正向特性时更要小心,否则会使二极管损坏。当"扫描量程"置于高挡时,测反向特性也要特别小心,否则易使二极管击穿和损坏。

3)几点说明

(1)以上所举实例,为一般小功率 NPN 晶体三极管(如 3DG6),若要测 PNP 型晶体三极管(如 3AX22),只需将其极性(扫描信号极性、阶梯信号极性)做相应变化。

(2)实例中所选各挡位置一般是对小功率 NPN 型晶体管(如 3DG 6)而言。如测其他类型的晶体管,特别是大功率晶体管时,则需根据被测管的具体情况做相应变更。

(3)为了便于比较和选用对管,本机还附有测试盒一只,通过外接测试盒,可对某两个被测晶体管的特性进行比较或挑选。

(4)当测试高频晶体管时,特性曲线可能会出现某些不规则的畸变现象(如顶部下降等),其主要原因是被测晶体管产生了自激。对于频率较低的高频管,手捏被测管外壳,畸变现象即可消失,对于频率更高的管子,则需在三极管基极、发射极间或集电极、发射极间并联一个适当容量(可小到几 pF)的电容器。

4. 使用注意事项

(1)在测试前和测试中,应对仪器进行必要的校正(具体方法可参阅有关仪器说明书)。
①X 轴、Y 轴放大器"零点"和"满度"校正。
②阶梯"零点"校正。
(2)在测试前,应对被测管的性能和极限参数有所了解,在测试中应注意被测管是否过热。必要时应加散热片,且测试时间不应过长,否则不仅会影响测试精度,严重过热时还会

烧坏管子。

（3）在测试中，应特别注意"阶梯电流""功耗限制电阻""扫描量程"三个开关转动的位置。如位置不当，在测试中会造成被测管损坏。当测小功率管时，如不慎将"阶梯电流"开关置于大于 1 mA/级挡，则晶体管基极易损坏。如"功耗限制电阻"开关置于较小的电阻，且"扫描量程"置于较大的范围（如 0~200 V），晶体管也容易损坏。但是如"功耗限制电阻"开关置于较大的位置（如 10 kΩ），即使"扫描量程"置于 0~200 V 也不会损坏。

（4）测试结束后，应将集电极电压"扫描量程"置于 0~20 V，"扫描电压调节"旋钮旋到零，"功耗限制电阻"开关置于较大位置，"阶梯电流"开关置于较小处，并关掉电源，以防下次使用时，因不慎而损坏被测管。

（5）本仪器不适合测试场效应管的特性和参数，主要是基极电流的正负和集电极电压的极性是用一个极性转换开关控制（它是专为测晶体管设置的），不能满足场效应管偏置的要求，若需要测场效应管，可用 JT1 型图示仪测试。其方法与测晶体管特性和参数类似，其管脚的接法与晶体管的对应关系如下：E-S、C-D、B-G。要特别注意，场效应管的栅极输入是电压量，且栅 - 源极之间电阻大的特点。

【项目小结】

本项目从对函数发生器电路的工作原理分析，到设计电路，并在点阵板上布局、焊接，最后调试电路，排除电路故障，得出相应的结论。

1. 函数发生器电路的分析与设计：分析方波产生电路、方波 - 三角波产生电路、三角波 - 正弦波变换电路、三角波 - 方波 - 正弦波函数发生器电路的工作原理，依据电路的工作原理设计电路，并在点阵板上进行布局、焊接。

2. 电路主要元器件的介绍、识别与检测：介绍三极管、双运算放大器 TL062 的特性，讲解它们的识别与检测方法与应用。

3. 电路的调试及故障分析：根据电路原理图焊接好电路后，对电路进行不通电调试、通电调试，找出电路故障、排除故障，直到达到电路要求的性能。

【实验与思考题】

1. 在三角波到正弦波变换电路中，差分对管射极并联电阻 R_{e2} 有何作用？增大 R_{e2} 的值或用导线将 R_{e2} 短接，输出正弦波有何变化？为什么？

2. 三角波的输出幅度是否可以超过方波的幅度？如果正负电源电压不等，输出波形如何？并用实验证明。

3. 采取哪些措施可以改善输出正弦波的波形？

4. 如何将方波 - 三角波发生器电路改变成矩形波 - 锯齿波发生器？画出设计的电路，并用实验证明，绘出波形。

项目 6 综合电路设计案例

前面设计了一些比较简单的项目,在本项目中列举几个综合电路的设计,学有余力的同学可以把前面学习到的电路的设计方法、调试及故障排除方法做进一步实践,以便更好地掌握应用电路的设计,逐步提高独立解决实际问题的能力。

【教学导航】

<table>
<tr><td rowspan="4">教</td><td>知识重点</td><td>1. 红外对射报警器的工作原理分析
2. 串联型稳压电源的工作原理分析
3. 遥控式抢答器的工作原理分析
4. 定时抢答器的工作原理分析
5. 倒计时器的工作原理分析
6. 无线红外光控延时联动防盗报警系统的工作原理分析</td></tr>
<tr><td>知识难点</td><td>1. 电路的设计与制作
2. 电路的调试</td></tr>
<tr><td>推荐教学方式</td><td>教师介绍各个典型电路的功能,引导学生独立思考、独立制作</td></tr>
<tr><td>建议学时</td><td>8 学时</td></tr>
<tr><td rowspan="3">学</td><td>推荐学习方法</td><td>学生自学,学生可以根据所给定的几个典型电路,选择其一进行设计,同组同学讨论设定方案,再在老师的指导下完成</td></tr>
<tr><td>必须掌握的理论知识</td><td>1. 电路的工作原理
2. 布局、焊接的技巧
3. 调试及故障排除能力</td></tr>
<tr><td>必须掌握的技能</td><td>能独立完成整个电路的设计与制作</td></tr>
</table>

6.1 红外对射报警器

随着人们生活水平的提高和电子技术的进步,人们越来越多地将电子技术运用到防盗报警当中,尤其是大型工厂、院校等在解决周界围栏防翻越问题上。大量运用电子技术替代高围墙、铁丝网、人工等传统安防方式。其中,红外对射报警器以其独特的优点被广泛应用。红外线具有隐蔽性,在露天防护的地方设计一束或多束红外线可以方便地检测到是否有人出入。红外对射报警器独到的优点是能有效判断是否有人员进入,能尽可能大地增加防护范围,并且系统工作稳定、可靠,报警可采用声光信号,非常适合解决周界围栏防翻越问题,可大大提高工作效率与安全性。红外对射报警器通常由四大部分组成:电源部分、发射部分、接收部分和报警部分。其基本工作原理是首先发射部分发射红外光线(不可见光)与接收部分连通,当有人翻越围栏时身体阻挡红外线,发射部分与接收部分连接断开,在系统控制下报警器报警,最终在人为复位下,报警停止,以此循环。其中,电源部分采用 LM7805 集成稳压器为主体,为系统提供 5 V 直流电压;发射部分采用 555 元件作为发射振荡器;接收部分以 CD4011 集成模块为核心,控制报警部分报警;报警部分用喇叭提供报警声音。

　　此类设计的要点在于红外线信号的发射与接收部分,由于目前市场上常用的红外线发射器件和接收器件都具有频率选择性,因此要想得到较好的传输距离和稳定的性能,必须将驱动红外线发射管工作的振荡电路频率调整在红外发射器件的工作频率附近,现大部分产品的频率为 38 kHz,在设计该电路时,也是让 555 电路组成的振荡器工作在 38 kHz 附近。至于接收电路,作为报警工作的话,没有像红外线通信那样要精确地还原出发射端发射的每一个数据。因此,相对来说,要求可以放宽一些,设计时可以通过低通滤波、加倍压整流等措施,将发射的红外线信号转变成用于控制的直流控制电压。可以理解为当有红外线信号收到时输出一个高电平信号,如果有人阻断了红外线信号,输出一个低电平信号,后续电路通过这个低电平信号启动报警。

6.1.1　电路工作原理简介

　　经过 555 电路组成的振荡器控制红外发射器件发射出红外线,接收端利用专门的红外接收器件对红外线信号进行接收,经放大电路进行信号放大及整形,以 CD4011 作为逻辑处理器,控制报警电路及复位电路。电路中设有报警信号锁定功能,即使进入现场的入侵人员走开,报警电路也将一直工作,直到人为解除后才能解除报警。

　　红外对射报警电路原理图如图 6-1 至图 6-3 所示。5 V 直流稳压电源由电源变压器、IN4004 组成的整流桥、滤波电容、LM7805 集成稳压器构成。接通电源后,555 组成的振荡器工作,驱动红外发射管 D_5 向布防区域发射红外线信号。在布防区域如果没有物体挡住红外线,这时发射的红外线被红外接收管接收,经 VT_1 和 VT_2 两级放大,D_1、D_2 倍压整流后形成一个直流控制电压,驱动 VT_5 饱和导通,这时输入 CD4011 与非门 8、9 脚的为低电平信号。当红外线被物体挡住时,VT_5 截止,这时输入与非门的信号变为高电平。经逻辑电路处理后,从 3 脚输出高电平,这个信号一方面使 VT_3 导通,报警电路工作;另一方面经 R_5 使 CD4011 与非门电路的 13 脚输入一个高电平信号,锁存报警信号,这样就算重新接收到了红外信号,报警信号也不会停止。只有当重新接收到红外信号,同时按下复位键,将 CD4011 的 13 脚变为高电平,报警信号才会停止。

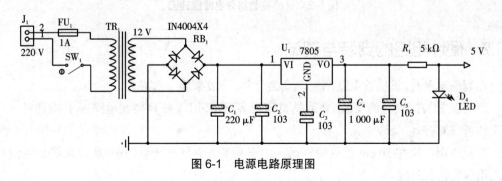

图 6-1　电源电路原理图

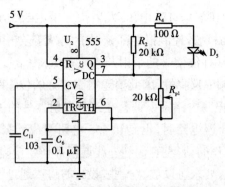

图 6-2　红外发射部分电路原理图

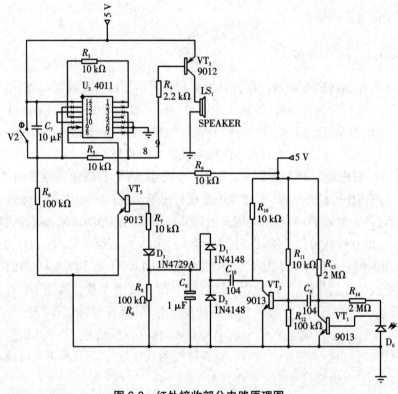

图 6-3　红外接收部分电路原理图

6.1.2　硬件电路的安装与调试

在制作电路时,只要按电路图正确安装元件,一般都能一次成功。

红外发射与接收管的安装,必须是折弯对齐,焊接时不要直接在电路板上插到底,不然就无法折弯对齐。

监控距离一般在 50 cm 以内较合适。由于易受外界红外光波影响,所以最好加滤波片,或选用深紫色红外管。

红外对射管安装时,最好安装在管套中,发射管有条件加装反射镜,可用香烟锡纸卷成漏斗状套上,效果超强。

6.1.3　电路调试

（1）对电源部分进行调试。先将整流、滤波部分元件焊上,然后接上电源变压器,用万用表交流挡测量变压器输出电压为 12.7 V,再用直流挡测整流滤波后的电压约为直流 12 V。正常后,接上三端稳压 7805,为稳定的 5 V。这些数据说明电源部分工作正常。

（2）发射部分的调试。接通发射部分电源,用示波器测量 555 的 3 脚电平,如果有 38 kHz 的信号产生,说明发射部分电路工作正常。

（3）红外接收部分的调试。将红外发射与红外接收部分对齐,测量 CD4011 的 8 脚电压,为 0.4 V,然后用手挡住红外信号,这时电压变为 4.8 V,这说明红外接收部分电路工作正常。

（4）报警电路的调试。测量 3 脚输出电平,如果输出高电平,使 VT_3 导通,报警电路工作。

6.1.4　调试说明

（1）将电源插头插入 220 V 交流市电插座,电源指示灯 D_4 亮。

（2）将发射器与接收器的红外发射与接收管对齐。

（3）确认发射管与接收管对齐后,若还在报警,可按下复位按钮,此时报警停止,系统进入守候状态。

（4）当用手在发射管和接收管间挡住时,马上会响起报警声,此时就算把手拿开也会一直报警,直到人为按下复位按钮。只要发射管与接收管间无遮挡,就不会报警。

6.2　串联型稳压电源

电子设备都离不开电源,许多电子设备要由电力网上的交流电所变换的直流电来供电。根据电子设备的不同,对电源的要求也不一样。例如,有的电子设备消耗功率大些,就要求电源提供较大的功率;有的电子设备的工作性能对电压波动很敏感,就要求电源的输出电压要稳定、纹波系数要小;也有的要求直流电源输出的电压可调。

6.2.1　设计任务和要求

本项目的设计任务就是采用分立元器件设计一台串联型稳压电源。其功能和技术指标如下。

（1）输出电压 U_o 可调:6~12 V。

（2）输出额定电流 I_o=500 mA。

（3）电压调整率 $K_U \leqslant 0.5$。

（4）电源内阻 $R_S \leqslant 0.1\ \Omega$。

（5）纹波电压 $\leqslant 5\ mV$。

（6）过载电流保护：输出电流为 600 mA 时，限流保护电路工作。

1. 直流稳压电源的组成

直流稳压电源一般由变压器、整流电路、滤波电路、稳压电路与负载等组成。图 6-4 所示为把正弦交流电转换为直流电的稳压电源的原理框图。

（1）变压器：将正弦工频交流电源电压变换为符合用电设备所需要的正弦工频交流电压。

（2）整流电路：利用具有单向导电性能的整流元件，将正负交替变化的正弦交流电压变换成单方向的脉动直流电压。

（3）滤波电路：尽可能地将单向脉动直流电压中的脉动部分（交流分量）减小，使输出电压成为比较平滑的直流电压。

（4）稳压电路：采用某些措施，使输出的直流电压在电源发生波动或负载变化时保持稳定。

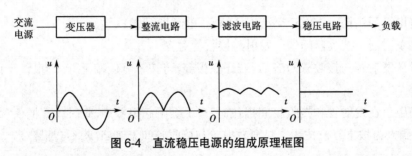

图 6-4 直流稳压电源的组成原理框图

2. 直流稳压电源的技术指标要求

（1）输出电压要符合额定值：

①固定 U_O；

②可调（电压调节范围 $U_{min} \sim U_{max}$）。

（2）输出电压要稳定（电压调整率 K_U）。造成输出电压不稳的原因：

①交流电网的供电电压不稳，整流器的输出电压也按比例变化；

②由于整流器都有一定内阻，当负载电流发生变化时，输出电压就要随之发生变化；

③当整流器的环境温度发生变化时，元器件的特性即发生变化，也导致输出电压的变化。

在实际应用中，常以电网电压变化 ±10% 时输出电压相对变化的百分数来表示。

（3）电源内阻要小（R_S）。电源内阻表示在输入电压 U_i 不变的情况下，当负载电流变化时，引起输出电压变化量的大小。R_S 越大，当负载电流较大时，在内阻上产生的压降也较大，因此输出电压就变小。

（4）输出纹波电压要小。输出纹波电压是指电源输出端的交流电压分量。

（5）要有过流保护、过压保护等保护措施。

6.2.2　设计过程

分立元器件串联型稳压电源电路如图 6-5 所示。下面介绍其电路工作原理。

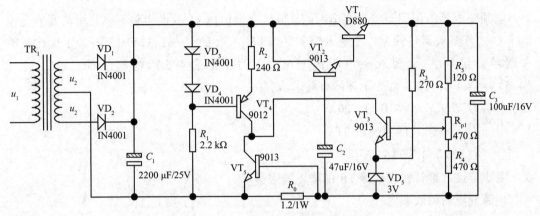

图 6-5　分立元器件串联型稳压电源电路

如图 6-5 所示，220 V 交流电经双 15 V 变压器产生两组 15 V 低压交流电，VD_1、VD_2 和 C_1 构成整流滤波电路，产生 20 V 的直流电压，VT_4、VD_3、VD_4 和 R_2 为恒流源负载，VT_5 和 R_0 为过流保护电路，VT_1 和 VT_2 为电压调整器，VT_3、VD_5、R_3、R_{p1}、R_5 和 R_4 构成输出电压取样比较电路，R_{p1} 调整输出电压大小。

1. 稳压过程

当输出电压 U_O 因某种原因下降时，VT_3 的基极电压 U_B 也下降，VD_5 两端的电压恒定，因此 VT_3 的 U_{BE} 电压随之下降，VT_3 的工作点往截止区靠近，就造成 VT_3 的集电极电压 U_C 上升，即 VT_2 的基极电压上升，从而使调整管 VT_1 的 U_{CE} 电压下降，使输出电压上升。总输出电压 U_O 因某种原因上升时，其过程恰好相反。这样输出电压因某种原因变化时，VT_1 和 VT_2 构成的电压调整器就能够调整输出电压，使其保持恒定。

2. 输出电压调整过程

R_{p1} 用于调整输出电压大小。当 R_{p1} 滑动端向上滑时，VT_3 的基极电压 U_B 就上升，VD_5 两端的电压恒定，因此 VT_3 的 U_{BE} 电压随之上升，集电极电压 U_C 就下降，即 VT_2 的基极电压下降，从而使调整管 VT_1 的 U_{CE} 电压上升，使输出电压变小。若 R_{p1} 滑动端向下滑，输出电压则会变大。

3. 过流保护过程

VT_5 和 R_0 为过流保护电路，R_0 阻值比较小（大约为 1 Ω）。当输出电流 I_O 较小时，在 R_0 上产生的电压较小，不足以使 VT_5 导通，其不起作用。当输出电流 I_O 过大时，在 R_0 上产生的电压增大,使 VT$_5$ 导通,VT$_5$ 的集电极电压下降,即 VT$_2$ 的基极电压下降,电压调整管 VT$_1$ 的 U_{CE} 电压增大,使输出电压下降,起到保护作用。

6.2.3 确定电路参数

1. 电源变压器 TR

电源变压器的作用是将来自电网的 220 V 交流电压 U_1 变换为整流电路所需要的交流电压 U_2。若要求调整管 VT$_1$ 不进入饱和区,则 $U_{imin} \geqslant U_{omax}+(2{\sim}3)V=15\,V$;为了使比较放大器增益足够大,又要求在电阻 R_4 与 VT$_4$ 上的压降有 4~5 V,则 $U_{imin}=U_{omax}+2U_{BE(OM)}+(4{\sim}5)V=14.4{\sim}15.4\,V$。综合上述两点要求,则有

$$U_i = U_{imin} / (1-10\%) = 20\,V$$
$$U_{imax} = U_i / (1+10\%) = 21\,V$$
$$U_2 = U_i / 1.2 = 16.7\,V$$

考虑整流二极管和变压器 TR 的降压等因素,取 U_2=15 V。

电源变压器的效率为

$$\eta = \frac{P_2}{P_1}$$

其中,P_2 是变压器副边的功率,P_1 是变压器原边的功率。一般小型变压器的效率见表 6-1。

表 6-1　小型变压器的效率

副边功率 P_2	< 10 V·A	10~30 V·A	30~80 V·A	80~200 V·A
效率 η	0.6	0.7	0.8	0.85

因此,当算出了副边功率 P_2 后,就可以根据表 6-1 算出原边功率 P_1。

设计要求的电源变压器为双 15 V/25 W,原边输入功率为 P_1=25 W,副边输出功率为 $P_2 \geqslant I_2U_2$=0.8×15=12 W。

因为所选电源变压器为双 15 V/25 W,由表 6-1 中数据可知 η=0.7,则 P_1=P_2/η=12/0.7=17.1 W,所选 25 W 符合要求。

电源变压器的实际效率为

$$\eta = \frac{P_1}{P_2} = \frac{12}{25} \times 100\% = 48\%$$

总之,电源变压器的次级为带中心抽头的双 15 V 绕组,输出功率为 25 W。

2. 整流二极管 VD$_1$ 与 VD$_2$

$$I_{DM} \geqslant 1.5(I_O / 2) = 375\,mA$$
$$U_{RM} \geqslant 2\sqrt{2}U_{2max} = 2\sqrt{2}(1+10\%)U_2 = 51.8\,V$$

整流二极管选 IN4001,其极限参数为 $U_{RM} \geqslant 50\,V$。

3. 滤波电容 C_1

根据电容 C_1 的表达式

$$C_1 = \frac{(3 \sim 5)\dfrac{T}{2}}{R_{\text{Lmin}}}$$

已知输入交流电的周期

$$T = 1/f = 0.02 \text{ s}$$

$$R_{\text{Lmin}} = \frac{U_{\text{imin}}}{1.5 I_{\text{O}}} = 24 \ \Omega$$

因此

$$C_1 = \frac{4 \times \dfrac{T}{2}}{R_{\text{Lmin}}} = 1\,667 \ \mu\text{F}$$

对于耐压,因为 $U_{\text{RM}} \geqslant \sqrt{2} U_{2\text{max}} = \sqrt{2}(1+10\%)U_2 = 25.9 \text{ V}$,所以 C_1 选用 $2\,200 \ \mu\text{F}/25 \text{ V}$ 的铝电解电容。

4. 调整管 VT_1

$$U_{\text{(BR)(CEO)}} > U_{\text{CEimax}} = U_{\text{imax}} - U_{\text{omin}} = U_{\text{imax}} = 22 \text{ V}$$

$$I_{\text{CM1}} > 1.5 I_{\text{O}} = 750 \text{ mA}$$

$$P_{\text{CM1}} > 1.5 I_{\text{O}} U_{\text{CEimax}} = 16.5 \text{ W}$$

因此,调整管 VT_1 选用 D880 三极管,参数为 $U_{\text{(BR)CEO}}=60 \text{ V}$, $I_{\text{CM}}=3 \text{ A}$, $P_{\text{CM}}=30 \text{ W}$,并测得 $\beta=50$, $r_{\text{be1}}=40 \ \Omega$。

5. 其他小功率调整管 VT_2, VT_3, VT_4

$$U_{\text{(BR)(CEO)}} > U_{\text{CEmax}} = 22 \text{ V}$$

$$I_{\text{CM1}} > 1.5 I_{\text{O}} / \beta_1 = 15 \text{ mA}$$

$$P_{\text{CM1}} > 1.5 I_{\text{O}} U_{\text{CEimax}} / \beta_1 = 330 \text{ mW}$$

因此, VT_2, VT_3, VT_4 选用 9013,其 $U_{\text{(BR)CEO}}=30 \text{ V}$, $I_{\text{CM}}=300 \text{ mA}$, $P_{\text{CM}}=700 \text{ mW}$,并测得 $\beta=100$。

6. 基准电路 U_Z 与 R_3

根据 $U_Z \leqslant U_{\text{omin}}=6 \text{ V}$, $I_{\text{zmin}}>5 \text{ mA}$ 和 α_z, r_z 要尽量小的原则,选用 2CW11 稳压管,其参数为 $U_Z=3.2 \sim 4.5 \text{ V}$, $I_{\text{zmin}}=10 \text{ mA}$, $I_{\text{zmax}}=55 \text{ mA}$。

由 $\dfrac{U_{\text{omax}} - U_2}{I_{\text{zmax}}} \leqslant R_3 \leqslant \dfrac{U_{\text{omin}} - U_2}{I_{\text{zmin}}}$,得 $148 \ \Omega \leqslant R_3 \leqslant 215 \ \Omega$,因此, R_3 选取 $200 \ \Omega$ 的电阻。

239

7. 取样电路 R_5, R_{p1}, R_4

当负载开路时,提供调整管 VT_1 的泄流通路,故通过取样电路的最小电流为 $2\% \times I_O = 10$ mA。通过计算,可以选取 $R_4 = 220$ Ω,$R_5 = 130$ Ω,$R_{p1} = 240$ Ω,功率为 1/8 W。

8. 保护电路 R_0

当输出电流为 600 mA 并流过检测电阻 R_0,使 $U_{R0} \geqslant U_{BE(on)}$ 时,VT_5 导通,限流保护电路开始工作。此时

$$R_0 = \frac{U_{BE(on)}}{I_O} = \frac{0.7}{600 \times 10^{-3}} = 1.2 \ \Omega$$

$$P_{R_0} = I_O^2 R_0 = 0.6^2 \times 1.2 = 0.43 \ W$$

因此,R_0 选取 1.2 Ω/1 W 的电阻。

6.2.4 调试要点

安装时要注意,D880 调整管需加散热片,采用长度为 10 cm 的 L 型铝材;R_{p1} 电位器直接安装在电路板上,电源变压器可外接。

安装完毕并检查无误后,方可开始通电调试。调试所需要的仪器设备为自耦变压器、稳压电源、电子毫伏表、滑动变阻器、万用表、电流表和毫伏表。

1. 空载测试

在不加负载的条件下,使用万用表测量稳压电源的最大与最小输出电压,即可测出电压的可调范围,其值应满足技术指标的要求。

2. 带载测试(输出电流 I_O=500 mA)

(1)输出电压的可调范围 $U_{omin} \sim U_{omax}$。

(2)在输出端接上滑动变阻器,使其输出电流在 500 mA,在此条件下测量输出电压的可调范围。

(3)电压调整率 K_u 的测试。使用自耦变压器模拟电网电压的变化,以标准电源作为基准电源来测试稳压电源输出电压的稳定度。

按图 6-6 连接好测试电路,调整自耦变压器,输出 220 V 电压,并使被测电路输出 9 V/500 mA 电压,标准电源 E 也输出 9 V 电压,这时 V_2 表应为 0 V;然后调整自耦变压器,使其输出电压上升 10%,读出 V_2 表的电压即为当输入电网变化 ±10% 时输出电压的变化量 ΔU_O。这样就可以算出电压调移率 $K_u = \Delta U_O / U_O$。

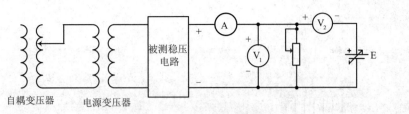

图 6-6　电压调整率测试图

（4）电源内阻 R_s 的测试。同样按图 6-6 连接好测试电路,使被测电路输出 9 V/500 mA 电压,标准电源 E 也输出 9 V 电压,这时 V_2 表应为 0 V,调整负载使输出电流为 0 mA,这时读出 V_2 表的值即为负载电流变化量 ΔI_O=500 mA 时所引起的输出电压的变化量 ΔU_O,这样就可以算出 $R_s=\Delta U_O/\Delta I_O$。

（5）纹波电压的测试。按图 6-7 连接好测试电路,其中 G 为电子毫伏表。使被测电路输出 9 V/500 mA 电压,这时读出电子毫伏表的值就是纹波电压。

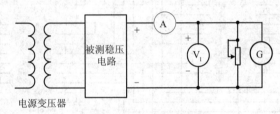

图 6-7　纹波电压测试图

（6）过流保护电流的测试。调节电位器,使输出电压为 9 V,调节负载电阻 R_L 的值从最大逐渐减小,直到输出电压 U_O 减少 0.5 V 时输出电流的值,就是限流保护电路的动作电流值。

6.3　遥控式抢答器

6.3.1　设计目的

通过手持红外遥控器控制选手抢答,主持人能通过手持遥控器按钮控制答题者的抢答。

6.3.2　电路设计

电路主要由三部分组成:一是主持人遥控装置电路,通过发射红外信号来控制抢答者;二是红外接收电路;三是抢答电路,选手能够按下按钮来抢答题目。

6.3.3　电路原理图

遥控抢答电路原理图如图 6-8 所示。

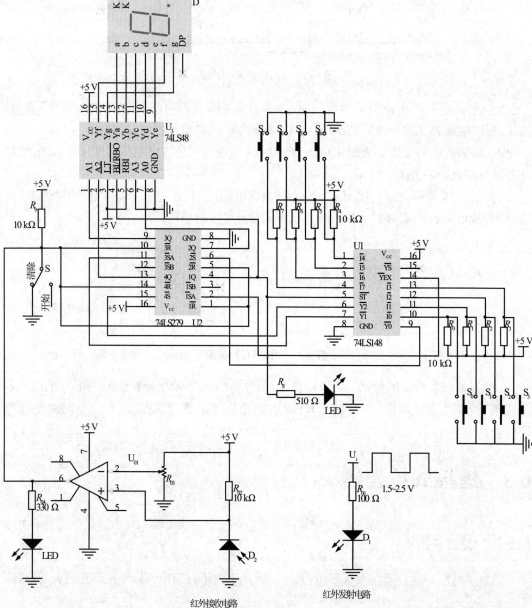

图 6-8 遥控抢答电路原理图

6.3.4 电路工作原理

本电路是通过红外电路与抢答电路的组合达到仅控制红外发射就可以控制整个电路的目的。

1. 红外电路

红外电路作为整个电路的遥控系统,分为发射部分和接收部分。发射部分的主要元件是红外发光二极管 D_1,当在它两端施加一定电压时,它便发出红外线。接收部分是红外接收管 D_2,它是一种光敏型二极管,在实际应用中要给红外接收管施加反向偏压,它才能正常工作,也就是当红外接收管在电路中时是反向的才能获得较高的灵敏度。

当电压达到红外发射管的正向阈值电压(约 $0.8\ V$)电流开始流动,而且是一很陡直的曲线,表明其工作电流要求十分敏感。因此,要求工作电压准确稳定,否则会影响辐射功率的发挥及其可靠性。辐射功率随环境温度的升高(包括自身的发热所产生的环境温度升高)会下降。由于红外发光二极管的发射功率都较小,所以红外接收管接收到的信号比较弱,因此要增加高增益放大电路。

此电路中 uA741 是一款运算放大器,在此作为比较器使用,通过比较同相端和反相端的电压来决定输出值。当红外发射管 D_1 发射红外光,红外接收管 D_2 收到红外光后导通,则 D_2 的负极电位为 0,运算放大器相同端(引脚 3)电位为 0,而反相端(引脚 2)电位大于 0,则 $U_3 < U_2$,运放工作在非线性状态下,输出端(引脚 6)输出低电平,发光二极管 LED 灭;同理,当 D_2 接收到红外光,U_3 为高电平,$U_3 > U_2$,输出端(引脚 6)输出高电平,发光二极管 LED 点亮。因此,可以通过控制 D_1 发射红外光控制引脚 6 输出高电平或者低电平,通过这里的高低电平可以控制抢答电路的清除和开始。

2. 抢答电路

抢答电路有两个功能能:一是分辨出选手按按钮的先后,并锁存先抢答者的编号,供译码器显示电路使用;二是一旦有人抢答要使其他选手的按按钮操作无效。选用优先编码器 74LS148 和 RS 锁存器 74LS279 可以完成上述功能。

编码器 74LS148 是 8 线输入 3 线输出的二进制编码器,其编码功能见表 6-2。

表 6-2　优先编码器 74LS148 功能表

输入									输出				
$\overline{ST}$	$\overline{I}_0$	$\overline{I}_1$	$\overline{I}_2$	$\overline{I}_3$	$\overline{I}_4$	$\overline{I}_5$	$\overline{I}_6$	$\overline{I}_7$	$\overline{Y}_2$	$\overline{Y}_1$	$\overline{Y}_0$	$\overline{Y}_{EX}$	$\overline{Y}_S$
1	×	×	×	×	×	×	×	×	1	1	1	1	1
0	1	1	1	1	1	1	1	1	1	1	1	1	0
0	0	1	1	1	1	1	1	1	1	1	1	0	1
0	×	0	1	1	1	1	1	1	1	1	0	0	1
0	×	×	0	1	1	1	1	1	1	0	1	0	1
0	×	×	×	0	1	1	1	1	1	0	0	0	1
0	×	×	×	×	0	1	1	1	0	1	1	0	1
0	×	×	×	×	×	0	1	1	0	1	0	0	1
0	×	×	×	×	×	×	0	1	0	0	1	0	1
0	×	×	×	×	×	×	×	0	0	0	0	0	1

其作用是将输入 $\overline{I}_0 \sim \overline{I}_7$ 这 8 个二进制码输出,它的输入为低电平有效,优先级别从 $\overline{I}_7$ 至 $\overline{I}_0$ 递降。另外,它有输入使能 $\overline{ST}$,输出使能 $\overline{Y}_S$ 和 $\overline{Y}_{EX}$。$\overline{ST}$ =0 允许编码,$\overline{ST}$ =1 禁止编码,输出 $\overline{Y}_2\overline{Y}_1\overline{Y}_0$ =111。$\overline{Y}_S$ 主要用于多个编码器电路的级联控制,即 $\overline{Y}_S$ 总是接在优先级低的相邻编码器的 $\overline{ST}$ 端,当优先级别高的编码器允许编码,而无输入申请时,$\overline{Y}_S$ =0,从而允许优先级别低的相邻编码器工作;反之,当优先级别高的编码器有编码时,$\overline{Y}_S$ =1,禁止相邻级别低的编码器工作。$\overline{Y}_{EX}$ =0 表示 $\overline{Y}_2\overline{Y}_1\overline{Y}_0$ 是编码输出,$\overline{Y}_{EX}$ =1 表示 $\overline{Y}_2\overline{Y}_1\overline{Y}_0$ 不是编码输出,$\overline{Y}_{EX}$ 为输出标志位。

当主持人控制开关处于"清零"位置时,RS 触发器的 R 端为低电平,输出端(4Q~1Q)全部为低电平。于是 74LS48 的 $\overline{BI}$ =0,显示器灭灯;74LS148 的选通输入端 $\overline{ST}$ =0,74LS148 处于工作状态,此时锁存器电路不工作。当主持人控制开关拨到"开始"位置时,优先编码器电路和锁存电路同时处于工作状态,即抢答器处于等待工作状态,等待输入端 $\overline{I}_0 \sim \overline{I}_7$ 输入信号,当有选手将按钮按下时,74LS148 的输出 $\overline{Y}_2\overline{Y}_1\overline{Y}_0$ =010,$\overline{Y}_{EX}$ =0,经 RS 锁存器后,1Q=1,$\overline{BI}$ =1,74LS279 处于工作状态,4Q3Q2Q=101,经 74LS48 译码后,显示器上显示出"5"。此外,1Q=1,使 74LS148 的 $\overline{Y}_{EX}$ 为高电平,但是由于 1Q 维持高电平不变,所以 74LS148 处于禁止工作状态,锁存不变,74LS148 仍处于禁止工作状态,其他的按钮输入信号不会被接受。这就保证了抢答者的优先性以及抢答电路的准确性。当优先抢答者回答完问题后,由主持人操作控制开关 S,使抢答电路复位,以便进行下一轮抢答。

三个电路组合起来后,就可以使主持人通过遥控设备经由遥控电路控制抢答电路的清除和开始。

6.4 定时抢答器

6.4.1 设计内容及要求

实际进行智力竞赛时,一般分为若干组,各组对主持人提出的问题分必答和抢答两种,必答有时间限制,到时要告警。回答问题正确与否,由主持人判别加分还是减分,成绩评定结果要用电子显示装置显示。抢答时,要判定哪组优先,并予以指示和鸣叫。因此,要完成以上智力竞赛抢答器逻辑功能的数字逻辑功能控制系统,至少应包括以下几个部分:

(1)记分、显示部分;

(2)判别选组控制部分;

(3)定时电路和音响部分。

1. 基本功能

(1)抢答器同时供 8 名选手或 8 个代表队比赛,分别用 8 个按钮 $S_0 \sim S_7$ 表示。

(2)设置一个系统清除和抢答控制开关 S,该开关由主持人控制,用来控制系统清零

（编号显示数码管灭灯）和抢答的开始。

（3）抢答器具有锁存与显示功能。即抢答开始后,选手按动按钮,锁存相应的编号,并在编号显示器上显示该编号。同时,封锁输入编码电路,禁止其他选手抢答。优先抢答选手的编号一直保持到主持人将系统清除为止。

（4）根据回答问题正确与否,由主持人判别加分还是减分,步进为 5 分,即每次增（减）5分,成绩评定结果由数码管来显示。

（5）抢答者犯规或违章（主持人未说"开始抢答"时,参赛者抢先按）时,应自动发出警告信号,以指示灯光闪为标志。

（6）参赛选手在设定时间 30 s 内抢答,抢答有效。

2. 智力竞赛抢答器组成

智力竞赛抢答器要完成以下四项工作。

（1）优先编码电路立即分辨出抢答者的编号,并由锁存器进行锁存,然后由译码显示电路显示编号。

（2）扬声器发出短暂声响,提醒节目主持人注意。

（3）控制电路要对输入编码电路进行封锁,避免其他选手再次进行抢答。

（4）控制电路要使定时器停止工作,时间显示器上显示剩余的抢答时间,并保持到主持人将系统清零为止。当选手将问题回答完毕,主持人操作控制开关,使系统恢复到禁止工作状态,以便进行下一轮抢答。

定时抢答器由主体电路和扩展电路两部分组成。主体电路完成基本的抢答功能,即开始抢答,当选手按动抢答键时,能显示选手的编号,同时能封锁输入电路,禁止其他选手抢答。扩展电路完成定时抢答的功能。

图 6-9 所示定时抢答器的工作过程是接通电源时,节目主持人将控制开关置于"清除"位置,抢答器处于禁止工作状态,编号显示器灭灯,定时显示器显示设定的时间,当节目主持人宣布抢答题目后,说一声"抢答开始",同时将控制开关拨到"开始"位置,扬声器给出声响提示,抢答器处于工作状态,定时器倒计时。当定时时间到,却没有选手抢答时,系统报警,并封锁输入电路,禁止选手超时后抢答。

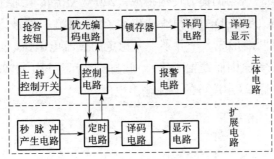

图 6-9　智力竞赛抢答器组成框图

3. 智力抢答器的方案流程

接通电源后,主持人将控制开关拨到"清零"状态,抢答器处于禁止状态,编号显示器灭灯,定时器显示设定时间;主持人将开关控制置"开始"状态,宣布"开始"抢答器工作。定时器倒计时,扬声器给出声响提示。当定时时间到,却没有选手抢答时,系统报警,并封锁输入电路,禁止选手超时后抢答。

选手在定时时间内抢答时,抢答器完成,进行优先判断、编号锁存、编号显示、扬声器提示。当一轮抢答之后,定时器停止,禁止二次抢答,定时器显示剩余时间。如果再次抢答,必须由主持人再次操作"清除"和"开始"状态开关。555 定时器和三极管组成犯规电路,通过控制振荡器工作、停止,发出报警信号,判断犯规与否。2 个 74LS192 组成计分电路,自动加分、减分,奖惩功能则是由加分、减分体现,如图 6-10 所示。

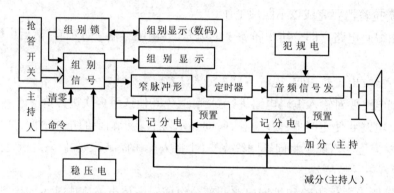

图 6-10　数字智力竞赛抢答器(自动记分)原理框图

6.4.2　电路设计

1. 稳压电路

如图 6-11 所示电路为输出电压 +5 V、输出电流 1.5 A 的稳压电源转换电路原理图,其稳定原理图如图 6-12 所示。它由电源变压器,桥式整流电路 D_1~D_4,滤波电容 C_1、C_2 和一个固定式三端稳压器(7805)极为简捷方便地搭成。220 V 交流市电通过电源变压器变换成交流低压,再经过桥式整流电路 D_1~D_4 和滤波电容 C_1 的整流和滤波,在固定式三端稳压器 LM7805 的 V_{in} 和 GND 两端形成一个并不十分稳定的直流电压(该电压常常会因为市电电压的波动或负载的变化等原因而发生变化)。此直流电压经过 LM7805 的稳压便能在稳压电源的输出端产生精度高、稳定度好的直流输出电压。

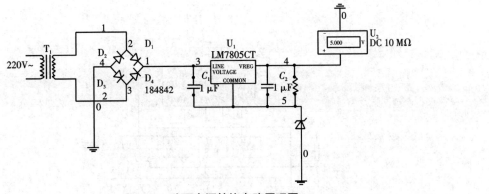

图 6-11   稳压电源转换电路原理图

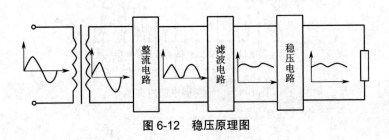

图 6-12   稳压原理图

2. 抢答器电路

抢答器电路主要完成两个功能：一是分辨选手按键的先后，并锁存优先抢答者的编号，同时译码显示电路显示编号；二是禁止其他选手按键操作无效。选用优先编码器 74LS148 和 RS 锁存器可以完成上述功能，所组成的电路如图 6-13 所示。这个电路的工作原理过程：当主持人控制开关 S 置于"清零"端时，RS 触发器的 $\overline{R}$ 端均为 0，4 个触发器输出（Q4~Q1）全部置 0，使 74LS148 的 $\overline{BI}$ =0，显示器灯灭；74LS148 的选通输入端 $\overline{ST}$ =0，使之处于工作状态，此时锁存电路不工作。当主持人把控制开关 S 置于"开始"时，优先编码器和锁存电路同时处于工作状态，即抢答器处于等待工作状态，等待输入端的信号，当有选手将键按下时（如按下 S_5），74LS148 的输出 $\overline{Y_2}\ \overline{Y_1}\ \overline{Y_0}$ =010，$\overline{Y}_{EX}$ =0，经 RS 锁存后，CTR=1，BI=1，经 74LS148 译码后，显示器显示为"5"。此外，CRT=1，使 74LS148 的 $\overline{ST}$ 为高电平，封锁其他按键的输入。如果再次抢答需有主持人将 S 开关重新"清除"，电路复位。抢答器电路原理图如图 6-13 所示。

3. 定时电路

由主持人根据抢答题的难易程度，设定一次抢答的时间，通过预置时间电路对计数器进行预置，计数器的时钟脉冲由秒脉冲电路提供。可预置时间的电路选用十进制同步加减计数器 74LS192 进行设计。定时电路原理图如图 6-13 所示。

247

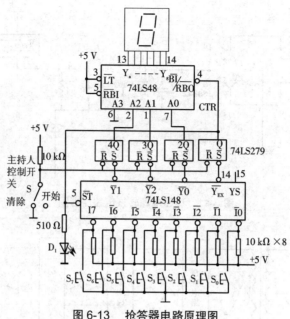

图 6-13　抢答器电路原理图

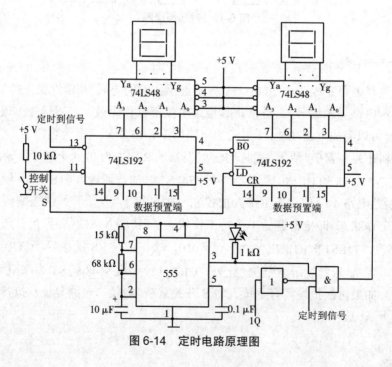

图 6-14　定时电路原理图

4. 报警电路

由 555 定时器和三极管构成的报警电路如图 6-15 所示。其中,555 构成多谐振荡器,振荡频率 $f_o=1.43/[(R_1+2R_2)C]$,其输出信号经三极管驱动扬声器;PR 为控制信号,当 PR 为高电平时,多谐振荡器工作;反之,电路停振。

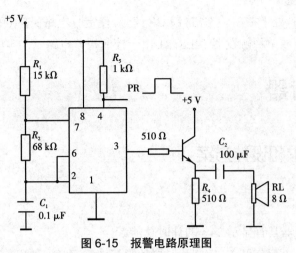

图 6-15 报警电路原理图

5. 时序控制(超时报警)电路

时序控制电路是抢答器设计的关键,它要完成以下三项功能:

(1)主持人将控制开关拨到"开始"位置时,扬声器发声,抢答电路和定时电路进入正常抢答工作状态。

(2)当参赛选手按动抢答键时,扬声器发声,抢答电路和定时电路停止工作。

(3)当设定的抢答时间到,无人抢答时,扬声器发声,同时抢答电路和定时电路停止工作。

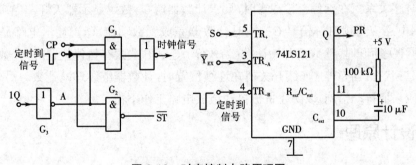

图 6-16 时序控制电路原理图

时序控制电路原理图如图 6-16 所示。其中,门 G_1 的作用是控制时钟信号 CP 的放行与禁止,门 G2 的作用是控制 74LS148 的输入使能端。其工作原理是主持人控制开关从"清除"位置拨到"开始"位置时,来自 74LS279 的输出 1Q=0,经 G_3 反相,A=1,则时钟信号 CP 能够加到 74LS192 的 CPD 时钟输入端,定时电路进行递减计时。同时,在定时时间未到时,则"定时到信号"为 1,门 G_2 的输出 =0,使 74LS148 处于正常工作状态,从而实现功能(1)的要求。当选手在定时时间内按动抢答键时,1Q=1,经 G_3 反相,A=0,封锁 CP 信号,定时器处于保持工作状态;同时,门 G_2 的输出 =1,74LS148 处于禁止工作状态,从而实现功能(2)的要求。当定时时间到时,则"定时到信号"为 0,74LS148 处于禁止工作状态,禁止选手进行抢答。同时，门 G_1 处于关门状态，封锁 CP 信号，使定时电路保持 00 状态不变，从而实现功能(3)的要求。集成单稳触发器 74LS121 用于控制报警电路及发声的时间。

6.5 倒计时器

6.5.1 设计要求和设计方案

1.设计要求

(1)24 s 倒计时器具有显示 24 s 的计时功能。
(2)系统设置外部操作开关,控制计时器的直接清零、启动、暂停/连续功能。
(3)倒计时器为 24 s 递减时时,其计时间隔为 1 s。
(4)当倒计时器递减到零时,数码显示器不能灭灯,应发出光电报警信号。

2.设计方案

分析设计任务,该系统包括脉冲发生器、计数器、译码显示电路、辅助时序控制电路(简称控制电路)和报警电路等 5 个部分。其中,计数器和控制电路是系统的主要部分。计数器完成 24 s 计时功能,而控制电路有直接控制计数器的启动计数、暂停/连续计数、译码显示电路的显示和灭灯功能。为了满足系统的设计要求,在设计控制电路时,应正确处理各个信号间的时序关系。在操作直接清零时,要求计数器清零,数码显示器灭灯。当启动开关闭合时,控制电路应封锁时钟信号 CP,同时计数器完成置数功能,译码显示电路显示 24 s 字样;当启动开关断开时,计数器开始计数;当暂停/连续开关拨在暂停位置时,计数器停止计数,处于保持状态;当暂停/连续开关拨在连续位置时,计数器继续递减计数。另外,外部操作开关都应采取抖动措施,以防止机械抖动造成电路工作不稳定。

6.5.2 设计原理

1.电路组成

电路由秒脉冲发生器、计数器、译码器、显示电路、报警电路和辅助控制电路五部分组成,如图 6-17 所示。

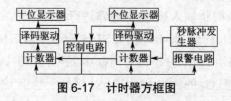

图 6-17 计时器方框图

2. 工作原理

由 555 定时器输出秒脉冲经过 R_3 进入到计数器 IC$_4$ 的 CD 端,作为减计数脉冲。当计数器计数计到 0 时,IC$_4$ 的(13)脚输出借位脉冲使十位计数器 IC$_3$ 开始计数。当计数器计数到"00"时应使计数器复位并置数"24"。但这时将不会显示"00",而计数器从"01"直接复位。由于"00"是一个过渡时期,不会显示出来,所以本电路采用"99"作为计数器复位脉冲。当计数器由"00"跳变到"99"时,利用个位和十位的"9"即"1001"通过与非门 IC$_5$ 去触发 RS 触发器使电路翻转,从 11 脚输出低电平使计数器置数,并保持为"24",同时 D 发光二极管亮,蜂鸣器发出报警声,即声光报警。按下 K$_1$ 时,RS 触发器翻转 11 脚输出高电平,计数器开始计数。若按下 K$_2$,计数器立即复位,松开 K$_2$ 计数器又开始计数。若需要暂停时,按下 K$_3$ 振荡器停止振荡,使计数器保持不变,断开 K$_3$ 后,计数器继续计数。

3. 译码显示电路

用发光二极管(LED)组成字型来显示数字。这个数码管的每个线段都是一个发光二极管,因此也称 LED 数码管或 LED 七段显示器。因为计算机输出的是 BCD 码,要想在数码管上显示十进数,就必须先把 BCD 码转换成 7 段型数码管显示出十进制数的电路称为七段字型译码器。因此,在本次设计中采用了常用的 74LS48。数字显示电路通常由译码器、驱动器和显示器等部分组成,如图 6-18 所示。

图 6-18　译码显示电路框图

数码显示器是用来显示数字、文字或符号的器件,现在已有多种不同类型的产品,广泛应用于各种数字设备中,目前数码显示器正朝着小型、低功耗、平面化方向发展。数码的显示方式一般有三种:第一种是字形重叠式,它是将不同字符的电极重叠起来,要显示某字符,只需使相应的电极发亮即可,如辉光放电管、边光显示等;第二种是分段式,它由分布在同一平面上若干段发光的笔画组成,如荧光数码管等;第三种是点阵式,它由一些按一定规律排列的可发光的点阵所组成,利用光点的不同组合便可显示不同的数码,如场致发光记分牌。数码显示方式目前以分段式应用最普遍,如图 6-19 所示七段式数字显示器利用不同发光段组合方式,显示 0~15 等阿拉伯数字。在实际使用中,10~15 并不采用,而是用 2 位数字显示器进行显示,由译码驱动 74LS148 和七段共阴数码管组成。74LS148 译码驱动器具有以下特点:内部有上拉输出驱动,有效高电平输出,内部有升压电阻而无须外接电阻。

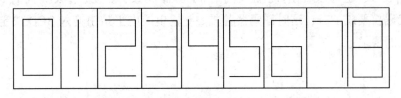

图 6-19　七段数码管显示数字段码组合图

按发光物质不同,数码显示器可分为下列几类:

(1)半导体显示器,亦称发光二极管显示;

(2)荧光数码管、场致发光数字板等;

(3)液体数字显示器,如液晶显示器等;

(4)气体放电显示器,如辉光数码管、等离子显示板等。

如前所述,分段式数码管是利用不同发光段组合的方式显示不同数码的。因此,为了使数码管能将数码显示出来,必须将数码经译码器译出,然后经驱动器点亮对应的段。例如,对于 8421 码的 0011 状态,对应的十进制数为 3,则译码驱动器应使 a、b、c、d、g 各段点亮。即对应于某一组数码,译码器应有确定的几个输出端有信号输出,这是分段式数码管电路的主要特点。

七段显示译码器(图 6-20)输出高电平有效,用以驱动共阴极显示器。该集成显示译码设有多个辅助控制端,以增强器件的功能。它有 3 个辅助控制端 LT、RBI、BI/RBO,现简要说明如下。

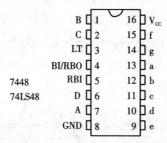

图 6-20 74LS48 的引脚结构图

灭灯输入 BI/RBO:特殊控制端,有时作为输入,有时作为输出。当 BI/RBO 作为输入使用且 BI=0 时,无论其他输入端是什么电平,所有各段输入 a~g 均为 0,所以字形熄灭。

试灯输入 LT:当 LT=0 时,BI/RBO 是输出端,且此时无论其他输入端是什么状态,所有各段输出 a~g 均为 1,显示字型 8。该输入端常用于检查 7488 本身及显示器的好坏。

动态灭零输入 RBI:当 LT=1,RBI=0 且输入代码 DCBA=0000 时,各段输出 a~g 均为低电平,与 BCD 码相应的字形 0 熄灭,故称"灭零"。利用 LT=0 与 RBI=0 可以实现某一位的"消隐"。此时,BI/RBO 是输出端,且 RBO=0。

动态灭零输出 RBO:BI/RBO 作为输出使用时,受控于 LT=1 且 RBI=0,输入代码 DCBA=0000 时,RBO=0;若 LT=0 或者 LT=1 且 RBI=1,则 RBO=1。该端主要用于显示多位数字时,多个译码器间的连接。

从功能表 6-3 还可以看出,对输入代码 0000,译码条件是 LT 和 RBI 同时等于 1,面对其他输入代码仅要求 LT=1,这时译码器各段 a~g 输出的电平是由输入 BCD 决定的,并且满足显示字形的要求。

表 6-3　74LS48 功能表

功能或数字	$\overline{LT}$	$\overline{RBI}$	A₃	A₂	A₁	A₀	$\overline{BI}/RBO$	a	b	c	d	e	f	g	显示字形
	输入							输出							显示字形
灭灯	×	×	×	×	×	×	0（输入）	0	0	0	0	0	0	0	灭灯
试灯	0	×	×	×	×	×	1	1	1	1	1	1	1	1	8
动态灭零	1	0	0	0	0	0	0	0	0	0	0	0	0	0	灭灯
0	1	1	0	0	0	0	1	1	1	1	1	1	1	0	0
1	1	×	0	0	0	1	1	0	1	1	0	0	0	0	1
2	1	×	0	0	1	0	1	1	1	0	1	1	0	1	2
3	1	×	0	0	1	1	1	1	1	1	1	0	0	1	3
4	1	×	0	1	0	0	1	0	1	1	0	0	1	1	4
5	1	×	0	1	0	1	1	1	0	1	1	0	1	1	5
6	1	×	0	1	1	0	1	0	0	1	1	1	1	1	6
7	1	×	0	1	1	1	1	1	1	1	0	0	0	0	7
8	1	×	1	0	0	0	1	1	1	1	1	1	1	1	8
9	1	×	1	0	0	1	1	1	1	1	1	0	1	1	9
10	1	×	1	0	1	0	1	0	0	0	1	1	0	1	无效
11	1	×	1	0	1	1	1	0	0	1	1	0	0	1	无效
12	1	×	1	1	0	0	1	0	1	0	0	0	1	1	无效
13	1	×	1	1	0	1	1	1	0	0	1	0	1	1	无效
14	1	×	1	1	1	0	1	0	0	0	1	1	1	1	无效
15	1	×	1	1	1	1	1	0	0	0	0	0	0	0	全暗

注：$\overline{BI}/RBO$ 是一个特殊端，有时用作输入，有时用作输出。

4. 计数电路

计数器是一个用以实现计数功能的时序部件，它不仅可用于计脉冲数，还常用作数字系统的定时、分频和执行数字运算以及其他特定的逻辑功能。计数器种类很多，按构成计数器中的各触发器是否使用一个时钟脉冲源来分，有同步计数器和异步计数器；根据计数制的不同，分为二进制计数器、十进制计数器和任意进制计数器；根据计数的增减趋势，又分为加法、减法和可逆计数器；还有可预置数和可编程序功能计数器等。

74LS192 是同步十进制可逆计数器，具有双时钟输入，并具有清除和置数等功能，其引脚排列如图 6-21 所示。

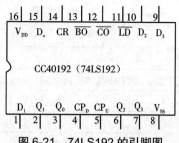

图 6-21　74LS192 的引脚图

其中,LD 为置数端;CPU 为加计数端;CPD 为减计数端;CO 为非同步进位输出端;BO 为非同步借位输出端;D_0、D_1、D_2、D_3 为计数器输入端;Q_0、Q_1、Q_2、Q_3 为数据输出端;CR 为清除端。

74LS192 功能表见表 6-4。

表 6-4　74LS192 功能表

输入								输出			
CR	LD	CP_U	CP_D	D_3	D_2	D_1	D_0	Q_3	Q_2	Q_1	Q_0
1	×	×	×	×	×	×	×	0	0	0	0
0	0	×	×	d	c	b	a	d	c	b	a
0	1	↑	↑	×	×	×	×	加计数			
0	1	1						减计数			
0	1	1	1	×	×	×	×	保持			

当清除端 CR 为高电平"1"时,计数器直接清零;CR 置低电平,则执行其他功能;当 CR 为低电平,置数端 LD 也为低电平时,数据直接从置数端 D_0、D_1、D_2、D_3 置入计数器;当 CR 为低电平,LD 为高电平时,执行计数功能。执行加计数时,减计数端 CP_D 接高电平,计数脉冲由 CP_U 输入;在计数脉冲上升沿进行 8421 码十进制加法计数。执行减计数时,加计数端 CP_U 接高电平,计数脉冲由减计数端 CP_D 输入,在计数脉冲上升沿进行 8421 码十进制减计数,当减计数到 0 时,BO 借位输出端发出借位负跳变脉冲。

根据设计要求,本电路用两片 74LS192 设计成 24 s 十进制减法计数器,由 74LS48 译码,七段数码管显示器显示计时时间。计数器与译码器显示电路如图 6-22 所示。计数器个位连接成十进制,计数器输入端 D_0、D_1、D_2、D_3 设置为 0100,计数器十位设置成二进制,D_0、D_1 两输入端接高电平,D_2、D_3 两输入端接低电平。计数脉冲信号接入个位计数器的 CP_D 减脉冲输入端(CP_U 端接高电平)。利用预置数 LD 端实现异步置数,即当 CR=0,且 LD=0 时,不管 CP_U 和 CP_D 时钟输入端的状态如何,将使计数器的输出等于并行输入数据,即 $Q_3Q_2Q_1Q_0=D_3D_2D_1D_0$ 完成计数器的置位功能;当 CR=0,LD=1,CP_U=1,计数脉冲信号接入个位计数器的 CP_D 减脉冲输入端,来实现计数器按 8421 码递减进行减计数。利用借位输出端 BO 与下一级的 CP_D 连接,实现计数器之间的级联。

另外,按照设计要求,计数器计数到零时应停止计数,因此将十位计数器的借位端 BO 与脉冲信号源通过与门连接,当计数器计数到零时,设置个位计数器的 BO=0,封锁脉冲 CP 信号,计数器保持零状态不变,控制电路发出报警信号,使报警电路工作,信号灯亮。

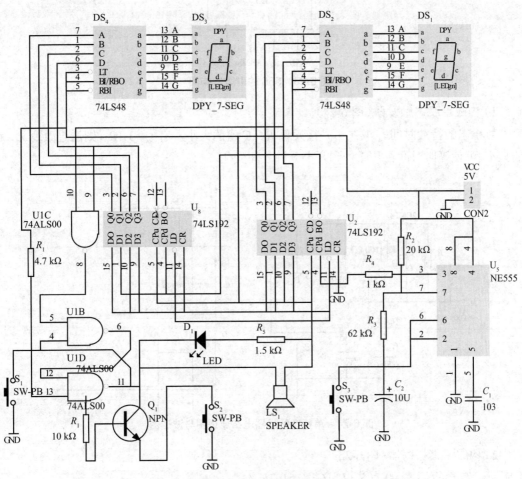

图 6-22　总体电路原理图

5. 振荡电路

集成时基电路又称为集成定时器或 555 电路,是一种数字、模拟混合型的中规模集成电路,应用十分广泛。它是一种产生时间延迟和多种脉冲信号的电路,由于内部电压标准使用了三个 5 kΩ 电阻,故取名 555 电路。其电路类型有双极型和 CMOS 型两大类,二者的结构与工作原理类似。几乎所有的双极型产品型号最后的三位数码都是 555 或 556;所有的 CMOS 产品型号最后四位数码都是 7555 或 7556,二者的逻辑功能和引脚排列完全相同,易于互换。555 和 7555 是单定时器,556 和 7556 是双定时器。双极型的电源电压 V_{CC}=+5~+15 V,输出的最大电流可达 200 mA,CMOS 型的电源电压为 +3~+18 V,555 的管脚如图 6-23 所示。

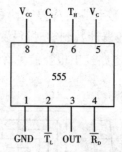

图 6-23　555 的引脚结构图

1）构成单稳态触发器（图 6-24）

暂稳态的持续时间 t_w 取决于外接元件 R、C 值的大小。有 $t_w=1.1R_C$，则通过改变 R、C 的大小，可使延时时间在几微秒到几十分钟之间变化。

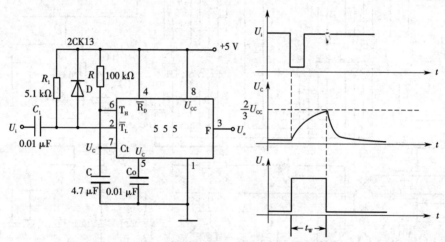

图 6-24　单稳态触发器电路原理图与波形图

2）构成多谐振荡器（图 6-25）

$$T=t_{w1}+t_{w2},\ t_{w1}=0.7(R_1+R_2)C,\ t_{w2}=0.7R_2C$$

555 电路要求 R_1 与 R_2 均应大于或等于 $1\,k\Omega$，但 R_1+R_2 应小于或等于 $3.3\,M\Omega$。

3）施密特触发器

施密特触发器电路原理图与波形图如图 6-26 所示。

秒脉冲的产生由 555 定时器所组成的多谐振荡电路完成。当开关断开时，555 定时器产生周期为 1 s 的脉冲；当开关闭合时，电路不能输出信号，于是没有脉冲输入 74LS192 中，故 74LS192 在保持状态，即实现暂停功能。为了实现秒脉冲，在图 6-22 中选择 $R_5=62\,k\Omega$，$C_2=10\,\mu F$，即可输出 1 Hz 方波信号，达到电路要求。

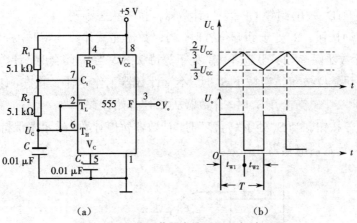

图 6-25　多谐振荡器电路原理图与波形图

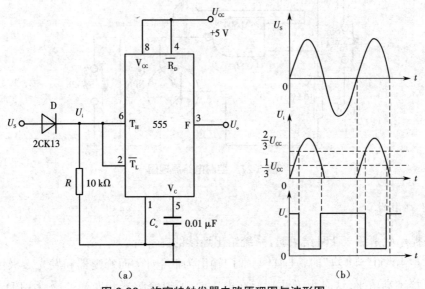

图 6-26　施密特触发器电路原理图与波形图

6. 时序控制电路

时序控制电路完成计数器的复位、启动、暂停 / 继续计数、声光报警等功能。控制电路由 74LS00 组成，如图 6-27 所示。U1B 受计数器的控制，U1C、U1D 组成 RS 触发器，实现计数器的复位、计数和保持"24"，以及声、光报警的功能。操作"清零"开关时，计数器清零。闭合"启动"开关时，计数器完成置数，显示器显示"24"，断开"启动"开关，计数器开始进行递计数。当开关 S_1 合上时，74LS192 进行置数；当 S_1 断开时，74LS192 处于计数工作状态。开关 S_3 是时钟脉冲信号 CP 的控制电路。当定时时间未到时，74LS192 的借位输出信号 BO=1，则 CP 信号受"暂停 / 连续"开关 S_3 的控制，当 S_3 处于"暂停"位置时，与门 U1B 输出为 0，与门 U1D 关闭，封锁 CP 信号，计数器暂停计数；当 S_3 处于连续位置时，与门 U1B 输出为 1，与门 U1D 打开，放行 CP 信号，计数器在 CP 作用下，继续累计计数。当定时时间到

257

时,BO=0,与门 U1D 关闭,封锁 CP 信号,计数器保持零状态不变。

(1)S₁:启动按钮。S₁ 处于断开位置时,当计数器递减计数到零时,控制电路发出声、光报警信号,计数器保持"24"状态不变,处于等待状态。当 S₁ 闭合时,计数器开始计数。

(2)S₂:手动复位按钮。当按下 S₂ 时,不管计数器工作于什么状态,计数器立即复位到预置数值,即"24"。当松开 S₂ 时,计数器从"24"开始计数。

(3)S₃:暂停按钮。当 S₃ 处于"暂停"时,计数器暂停计数,显示器保持不变。当 S₃ 处于"连续"开关,计数器继续累计计数。

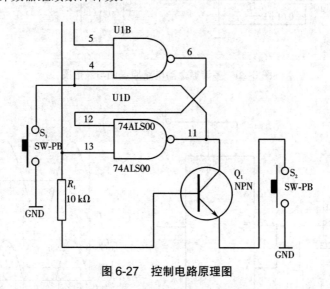

图 6-27　控制电路原理图

7. 报警电路

报警提示就是任一计时结束时,系统给出连续的提示音。

当电路由"00"到"24"时,U1D 与非门输出为低电平,而蜂鸣器和发光二极管 LED 的正极已经接了高电平,这时由于两端存在电压差,所以蜂鸣器和发光二极管 LED 均能正常工作,而发出报警信号。报警电路如图 6-28 所示。

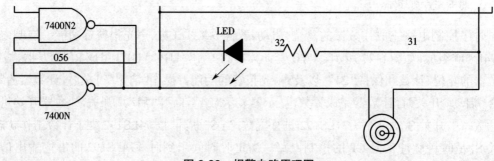

图 6-28　报警电路原理图

6.5.3　调试

1. 静态测试与调整

1) 供电电源静态电压测试

电源电压是测试各级电路静态工作是否正常的前提,若电源电压偏高或偏低都不能测量出准确的静态工作点。若电源有较大起伏,最好先不要接入电路,应先测量其安全空载和接入假负载时的电压,待电源、电压输出正常后再接入电路。

2) 测试单元电路静态工作总电流

通过测量分块电路静态工作电流,可以及早知道单元电路工作状态。若电流偏大,就说明有短路或漏电。若电流偏小,则电路供电有可能出现开路。只有及早测量该电流,才能减少元件损坏。此时的电流只能作为参考,单元电路各静态工作点都测试完成后,还要再测量一次,对比前次的测量,保证数据没有太大偏差。

3) 三极管静态电压、电流测试

首先要测量三极管三极地电压,来判断三极管是否在规定的状态(放大、饱和、截止)内工作。例如,测出 U_c=0 V,U_b=0.68 V,U_e=0 V,则说明三极管处于饱和导通状态,查看该状态是否与设计相同,若不相同,则要细心分析这些数据,并对基极偏置进行适当的调整。其次再测量三极管集电极静态电流,测量方法方法有以下两种。

(1) 直接测量法,即把集电极焊接铜断开,然后串入万用表,用电流挡测量电流。

(2) 间接测量法,即通过测量三极管集电极电阻或发射极电阻的电压,根据欧姆定律,计算出集电极静态电流。

4) 集成电路静态工作点的测试

(1) 集成电路各引脚静态对地电压的测量。集成电路内的晶体管、电阻、电容都封装在一起,无法进行调整。一般情况下,集成电路各脚对地电压基本上反映了内部工作状态是否正常。在排除外围元件损坏(或插错元件、短路)的情况下,只要将所测得电压与正常电压进行比较,即可做出正确判断。

(2) 集成电路静态工作电流的测量。有时集成电路虽然正常工作,但发热严重说明功耗偏大,是静态工作电流还正常的表现,所以要测量静态工作电流。测量时可断开集成电路供电引脚铜,串入万用表,使用电流挡来测量。若是双电源供电,则必须分别测量。

5) 数字电路静态逻辑电平的测量

一般情况下,数字电路只有两种电平,0.8 V 以下为低电平,1.8 V 以上为高电平,电压在0.8~1.8 V 电路状态是不稳定的,所以该电压范围是不允许的。不同数字电路高低电平界限有所不同,但相差不远。在测量数字电路的静态逻辑电平时,先在输入端加入高电平或低电平,然后再测量各输出端的电压是高电平还是低电平,并做好记录。测量完毕后分析其状态电平,判断是否符合该数字电路的逻辑关系。若不符合,则要对电路引线做一次详细检查,或者更换该集成电路。

2. 电路调整方法

进行测试后,可能需要对某些元件的参数进行调整,调整的方法一般有以下两种。

(1)选择法,即通过替换元件来选择合适的电路参数(性能或技术指标)。在电路原理图中,元件的参数旁边通常标注有"*"号,表示需要再调整才能准确地选定。因为反复替换元件很不方便,一般总是先接入可调元件,待调整确定了合适的元件参数后,再换上与选定参数值相同的固定元件。

(2)调节可调元件法,即在电路中已经装有可调元件,如电位器、微调电容或微调电感等。其优点是调节方便,而且电路工作一段时间后,如果状态发生变化,也可以随时调整,但可调元件的可靠性差,体积也比固定元件大。

上述两种方法都适用于静态调整和动态调整。静态测试与调整的内容较多,适用于产品研制阶段或初学者试制电路在生产阶段的测试,为了提高生产速率,往往只做简单针对性的测试,主要以调节可调元件为主。对于不合格电路,也只做简单检查,如观察有无短路或断线等。若不能发现故障,则应立即在底板上标明故障现象,再转向维修生产线进行维修,这样才不会耽误调试生产线的运行。

3. 动态测试与调整

1)测试电路动态工作电压

测试内容包括三极管各极和集成电路各引脚对地的动态工作电压。动态电压与静态电压一样,是判断电路是否正常工作的重要依据,例如有些振荡电路,当电路起振时测量 U_{bc} 直流电压,万用表指针会出现反偏现象,利用这一点可以判断振荡电路是否起振。

2)测量电路重要波形及其幅度和频率

无论是在测试还是在排除故障的过程中,波形的测试与调整都是一个相当重要的技术。各种整机电路都可能有波形产生或波形处理变换的电路。为了判断电路各过程是否正常,是否符合技术要求,常需要观测各被测电路的输入、输出波形,并加以分析。对不符合技术要求的,则要通过调整电路元器件的参数,使之达到预定的技术要求。在脉冲电路的波形变换中,这种测试更为重要。

大多数情况下观察的波形都是电压波形,有时为了观察电流波形,则可通过测量其限流电阻的电压,再转成电流的方法来测量。用示波器观测波形时,示波器上线频率应高于测试波形的频率。对于脉冲波形,示波器的上升时间还必须满足要求观测波形的时候可能会出现不正常的情况,只要细心分析波形,总会找出排除的方法。如测量点没有波形,应重点检查电源、静态工作点、测试电路的连线等。

4. 频率特性的测试与调整

频率特性是电子电路中的一项技术指标,主要取决于高频调谐器及中放通道频率特性。所谓频率特性,是指一个电路对于不同频率的输入信号(通常是电压)在输出端产生的响应。测试电路频率特性的方法一般有两种,即信号源与电压表测量法和扫频测量法。

信号源与电压表测量法是在电路输入端加入按一定频率间隔的等幅正弦波,并且每加一个正弦波就测量一次输出电压。功率放大器常用这种方法测量频率特性。

扫频测量该是把扫频仪输入端和输出端分别与被测电路的输出端和输入端连接,在扫频仪的显示屏上就可以看出电路对各点频率的响应幅度波形。采用扫频仪测试频率特性具有测试简便、迅速、直观、易于调整等特点,常用于各种中频特性调试、带通调试等。如收音机的调幅 465 kHz 和高频 10.7 MHz 常用扫频仪来调试。

5. 整机测试与调整

整机调试是把所有经过静态调试的各个部件组装在一起进行的有关调试,它的主要目的是让电子产品达到原设计的技术指标和要求。由于较多内容已在分块调试中完成了调试,故整机调试只要检测整机技术指标是否达到原设计要求即可,若不能达到,则再做适当调整。整机调试流程一般有以下几个步骤。

(1)整机外观的检查。整机外观的查检主要是检查其外观部件是否齐全,外观调节部件和活动部件是否灵活。

(2)整机内部结构的检查。整机内部结构的检查主要是检查内部边线的分布是否合理、整齐,内部传动部件是否灵活、可靠,各单元电路板或别的部件与机座是否坚固,以及它们间的连接线、接插件有没有漏插、错插、插紧等。

(3)对单元电路性能指标进行复检。各单元电路性能指标是否有改变,若有改变,则须调整有关元器件。

(4)整机技术指标的测试。对已调整好的整机必须进行技术测定,以判断它是否达到原设计的技术要求。如飞机的整机功耗、灵敏度、频率覆盖等技术参数的测定,不同类型的整机有各自的参数,并规定了相应措施的测试方法

首先检查电源的连接和所有地的连接,用万用表测试,如是电路中出现短路或者不连接时再一步一步检查,直至所有的地都连在一起,当检查完这一步以后,再加上电源,测试出电路中所有芯片的电源是否连通,测出 74LS192、74LS48 和 NE555 的电源是 5 V,然后用示波器测出每个芯片输出的波形和芯片资料所给的波形是否吻合,当不吻合时,仔细阅读芯片资料,再检查每个管脚内部的工作原理,直到完成这个过程。集成电路生产过程中,主要有两次测试。第一次测试是在硅片加工完成后,测试仪通过探针与管芯的焊盘相连,测试程序在输入端加入测试量,同时检查输出端的响应。如果响应与预计的相同则为合格,否则判定为测试失败。第二次测试是在封装完成后,与第一次测试类似,测试仪通过测试程序完成对芯片的最后测试。

6.6 无线红外光控延时联动防盗报警系统

6.6.1 设计内容

在一些重要及敏感的场合,如仓库、商店、银行、图书馆、博物馆、实验楼等地方都已经开始应用视频现场录像监控,白天在多台摄像机或固定摄像头的监控下,可以自动、清晰地记录下监控范围内一切活动物体及设备的影像,能够有效防范一些现场的盗情隐患,并且为以后的工作提供资料和证据。但是在黑夜由于光照度不足,摄像机不能正常记录摄像。保卫值班人员可凭借夜间开启的路灯,在辅助光源的帮助下,完成监控盗情和录制影像,操作完毕后,再手动关闭辅助光源。

6.6.2 设计要求

(1)防盗监控范围为 7 m×40 m,防盗线路数可根据需要任意设定。

(2)配合视频现场监控网络,实现白天和黑夜 24 h 全自动监控。

(3)在同一地点(值班室)可监视多处安全情况,一旦发生盗情,用指示灯显示相应的地点代码,并通过扬声器发出报警声响。

(4)设置不间断电源,当电网停电时,备用电源自动切换供电。

6.6.3 设计思想

无线红外光控延时联动电路的原理框图如图 6-29 所示,一旦由活动物体,首先由 4"与"输入电路拾取无线红外检测信号,经光电检测设定和光电检测电压比较器后输出脉冲,然后经脉冲整形、延时电路延时,最后经驱动电路接通辅助照明光源,开启视频监控网络进行现场监控录像。当活动物体离开监控区域后,辅助照明光源延时几分钟后关闭,如此循环。该组合防盗报警系统的主要优点如下。

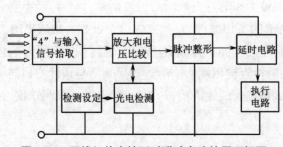

图 6-29 无线红外光控延时联动电路的原理框图

(1)利用无线红外检测的高灵敏度特性,在光控延时联动电路的配合下,在几毫秒内自动开启辅助光源,实施区域内的现场监控并录像。

（2）在辅助光源点亮以后，可以延时断电，有效节省电能。

（3）白天光控电路能自动关闭辅助光源，无须人员操作。

（4）电路工作可靠，不会漏掉监控目标，排除人为因素，可避免盗情的误报、漏报情况。

（5）可以组成范围最大为 7 m×40 m 的固定区域的联动监控，实现区域内安全防护。

6.6.4　电路设计

无线红外光控延时联动防盗报警系统参考电路如图 6-30 所示。其中，$D_1 \sim D_4$ 组成 4"与"输入电路，一旦有移动物体在被控区域的信号被与 DX_1 正极相连接的无线红外检测探头检测到，则发光二极管 DX_1 导通发光，经过 D_1、R_1 将检测到的电压信号送到三极管 VT_1 进行放大，这时 VT_1 管的 C 极（即 A 点）电位下降输出负脉冲。夜晚光敏三极管 VT_3 截止，导致三极管 VT_2 截止，其中电位器 R_3 用来调节光敏三极管 VT_3 的导通点，这时 B 点的电位由 R_4、R_5 串联分压确定。夜晚 VT_3 截止时，B 点为高电平；白天 VT_3 导通时，导致 VT_2 导通，B 点为低电平。运放 G_3 为电压比较器，当 A 点输出低电平时，C 点输出高电平，反之 C 点输出低电平。双 D 触发器（CD4013）G_4 的 1/2 将脉冲整形加宽，可避免脉冲出现抖动现象。C_1、R_6 完成延时，D_6 能够将 C_1 上的电荷反向释放，以保证下一次脉冲来到时工作正常。G_4 的另外 1/2 完成延时输出，它与前面的 1/2 部分工作原理一样，调节 C_2 或 R_7 能够实现 $0.7R_7C_2=3$ min 延时。驱动电路由功放管 VT_4 和固态继电器 G_5 组成，D_5 用来防止电源接反时损坏固态继电器，R_9 用来限制固态继电器工作电流，延长其使用寿命。由于光控延时联动电路的工作电流只有 10 mA 左右，它可以直接接入无线红外检测传感器的电源，固态继电器的功率选择是根据联动电路的辅助光源的功率来决定的，可装在光控延时联动电路的外壳上，并做好相应的绝缘和散热处理。

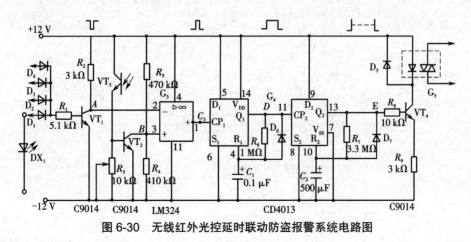

图 6-30　无线红外光控延时联动防盗报警系统电路图

263

【项目小结】

本项目列举了红外对射报警器、串联型稳压电源、遥控式抢答器、定时抢答器、倒计时器、无线红外光控延时联动防盗报警系统六个典型的应用案例，让学有余力的同学有更多的实践机会,以便更好地掌握应用电路的设计,以提高独立解决实际问题的能力。

【实验与思考题】

1. 红外对射报警电路中,如果红外发射部分和接收部分被挡住,但是电路没有报警,可能有哪些原因?

2. 串联型稳压电源电路中,如果输入电压升高,输出电压也随之升高,可能是电路中的哪个部分有问题?如何进行调整?

附录1　部分集成电路引脚排列图

1.555 定时器和 TTL 数字集成电路

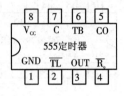

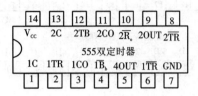

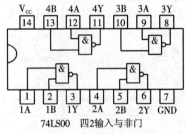

74LS00　四2输入与非门

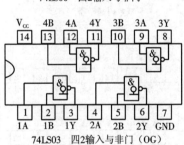

74LS03　四2输入与非门（OG）

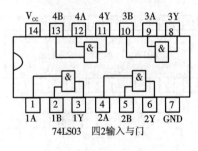

74LS03　四2输入与门

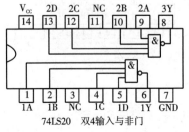

74LS20　双4输入与非门

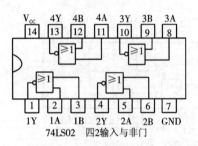

74LS02　四2输入与非门

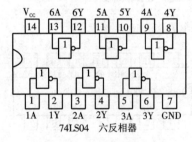

74LS04　六反相器

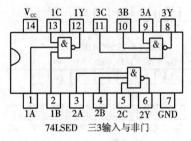

74LSED　三3输入与非门

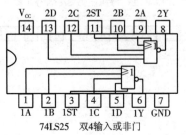

74LS25　双4输入或非门

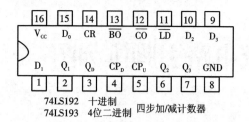

74LS192 十进制
74LS193 4位二进制 四步加/减计数器

74LS273 八D锁存器

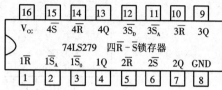

74LS279 四R-S锁存器

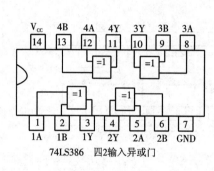

74LS386 四2输入异或门

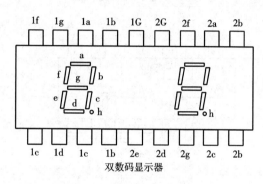

双数码显示器

2.CMOS 集成电路

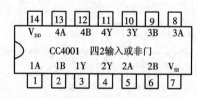

CC4001 四2输入或非门

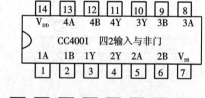

CC4001 四2输入与非门

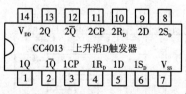

CC4013 上升沿D触发器

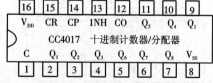

CC4017 十进制计数器/分配器

CC401

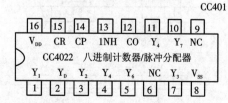

CC4022 八进制计数器/脉冲分配器

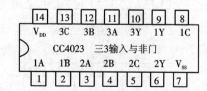

CC4023 三3输入与非门

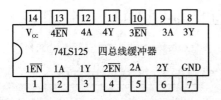

74LS125　四总线缓冲器

74LS138　3-8线译码器

74LS139　双2-4线译码器

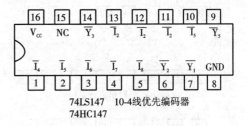

74LS147　10-4线优先编码器
74HC147

74LS148　8-3线优先码器

74LS150　16选1数据选择器

74LS151　8选1数据选择器

74LS153　双4选1数据选择器

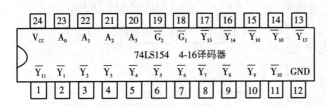

74LS154　4-16译码器

74LS157　四2选1数码选择器

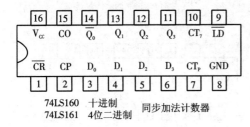

74LS160　十进制　　同步加法计数器
74LS161　4位二进制

74LS190　十进制　　同步加法计数器
74LS191　4位二进制

267

CC4027 双上升沿J-K触发器

16	15	14	13	12	11	10	9
V_{CC}	2Q	$2\bar{Q}$	2CP	$2R_D$	2K	2J	$2S_D$
1Q	$1\bar{Q}$	1CP	$1R_D$	1K	1J	$1S_D$	V_{SS}
1	2	3	4	5	6	7	8

CC4028 4-10线译码器

16	15	14	13	12	11	10	9
V_{DD}	Y_1	Y_1	A_1	A_2	A_3	A_4	Y_5
Y_4	Y_2	Y_3	Y_7	Y_8	Y_9	Y_9	V_{SS}
1	2	3	4	5	6	7	8

CC4051 8选1模拟开关

16	15	14	13	12	11	10	9
V_{DD}	I_2/O_2	I_1/O_1	I_0/O_0	I_1/O_1	A_0	A_1	A_2
I_4/O_4	I_5/O_5	O/I	I_5/O_5	I_3/O_3	INH	V_{EE}	V_{SS}
1	2	3	4	5	6	7	8

CC4052 双4选1模拟开关

16	15	14	13	12	11	10	9
V_{DD}	$1I_3/O_3$	$1I_1/O_1$	IO/I	$1I_1/O_3$	$1I_3/O_3$	A_0	A_1
$2I_1/O_0$	$2I_2/O_2$	$2O/I$	$2I_3/O_3$	$2I_3/O_3$	INH	V_{EE}	V_{SS}
1	2	3	4	5	6	7	8

CC4055 4-7译码器

16	15	14	13	12	11	10	9
V_{DD}	Y_1	Y_0	Y_4	Y_4	Y_e	Y_b	Y_a
f_{D0}	A_0	A_1	A_2	A_3	Q_H	V_{DD}	V_{SS}
1	2	3	4	5	6	7	8

CC4060 14位二进制串行计数器

16	15	14	13	12	11	10	9
V_{DD}	Q_{10}	Q_8	Q_7	CR	$\overline{CP_1}$	$\overline{CP_0}$	CP_0
Q_{12}	Q_{13}	Q_{14}	Q_6	Q_5	Q_7	Q_4	V_{SS}
1	2	3	4	5	6	7	8

CC4066 四双向模拟开关

14	13	12	11	10	9	8
V_{DD}	1C	4C	4I/O	4O/I	3O/I	3I/O
1I/O	1O/I	2O/I	2I/O	2C	3C	V_{SS}
1	2	3	4	5	6	7

CC4069 六反相器

14	13	12	11	10	9	8
V_{DD}	6A	6Y	5A	5Y	4A	4Y
1A	1Y	2A	2Y	3A	3Y	V_{SS}
1	2	3	4	5	6	7

CC4070 四异或门

14	13	12	11	10	9	8
V_{DD}	4B	4A	4Y	3Y	3B	3A
1A	1B	1Y	2Y	2A	2B	V_{SS}
1	2	3	4	5	6	7

CC4073 三3输入与门

14	13	12	11	10	9	8
V_{DD}	3A	3B	3C	3Y	1A	1Y
1A	1Y	2A	2B	3A	3Y	V_{SS}
1	2	3	4	5	6	7

CC40147 10-4线优先编码器

16	15	14	13	12	11	10	9
V_{DD}	I_0	Y_3	I_3	I_2	I_1	I_0	Y_0
I_4	I_5	I_6	I_7	I_8	Y_3	Y_1	V_{SS}
1	2	3	4	5	6	7	8

CC40161 CC40163 4位二进制同步计数器

16	15	14	13	12	11	10	9
V_{DD}	CO	Q_0	Q_1	Q_2	Q_3	CT_T	$\overline{LD}$
$\overline{CR}$	CP	D_0	D_1	D_2	D_3	CT_P	V_{SS}
1	2	3	4	5	6	7	8

CC40192 十进制同步加/减计数器

16	15	14	13	12	11	10	9
V_{DD}	D_0	CR	$\overline{BO}$	$\overline{CO}$	$\overline{LD}$	D_2	D_3
D_1	Q_1	Q_0	CP_D	CP_D	Q_2	Q_3	V_{SS}
1	2	3	4	5	6	7	8

CC4511 4-7段锁存译码器/驱动器

16	15	14	13	12	11	10	9
V_{DD}	Y_f	Y_g	Y_a	Y_b	Y_c	Y_d	Y_e
A_1	A_2	$\overline{LT}$	$\overline{BI}$	LE	A_1	A_0	V_{SS}
1	2	3	4	5	6	7	8

附录 2 常用 74 系列芯片介绍

下面介绍常用的 74 芯片，以便查询。

型号	内容	型号	内容
74LS00	2 输入四与非门	74LS31	8 输入与非门
74LS01	2 输入四与非门（oc）	74LS32	延迟电路
74LS02	2 输入四或非门	74LS33	2 输入四或门
74LS03	2 输入四与非门（oc）	74LS34	2 输入四或非缓冲器（集电极开路输出）
74LS04	六倒相器	74LS35	六缓冲器
74LS05	六倒相器（oc）	74LS36	六缓冲器（oc）
74LS06	六高压输出反相缓冲器 / 驱动器（oc,30 V）	74LS37	2 输入四或非门（有选通）
74LS07	六高压输出缓冲器 / 驱动器（oc,30 V）	74LS38	2 输入四与非缓冲器
74LS08	2 输入四与门	74LS39	2 输入四或非缓冲器（集电极开路输出）
74LS09	2 输入四与门（oc）	74LS40	2 输入四与非缓冲器（集电极开路输出）
74LS10	3 输入三与非门	74LS41	4 输入双与非缓冲器
74LS11	3 输入三与门	74LS42	bcd- 十进制计数器
74LS12	3 输入三与非门（oc）	74LS43	4 线 -10 线译码器（bcd 输入）
74LS13	4 输入双与非门	74LS44	4 线 -10 线译码器（余 3 码输入）
74LS14	六倒相器（斯密特触发）	74LS45	4 线 -10 线译码器（余 3 葛莱码输入）
74LS15	六倒相器（斯密特触发）	74LS46	bcd- 十进制译码器 / 驱动器
74LS16	3 输入三与门（oc）	74LS47	bcd- 七段译码器 / 驱动器
74LS17	六高压输出反相缓冲器 / 驱动器（oc,15 V）	74LS48	bcd- 七段译码器 / 驱动器
74LS18	六高压输出缓冲器 / 驱动器（oc,15 V）	74LS49	bcd- 七段译码器 / 驱动器
74LS19	4 输入双与非门（斯密特触发）	74LS50	bcd- 七段译码器 / 驱动器（oc）
74LS20	六倒相器（斯密特触发）	74LS51	双二路 2-2 输入与或非门（一门可扩展）
74LS21	4 输入双与非门	74LS52	双二路 2-2 输入与或非门
74LS22	4 输入双与门	74LS53	二路 3-3 输入，二路 2-2 输入与或非门
74LS23	4 输入双与非门（oc）	74LS54	四路 2-3-2-2 输入与或门（可扩展）
74LS24	双可扩展的输入或非门	74LS55	四路 2-2-2-2 输入与或门（可扩展）
74LS25	2 输入四与非门（斯密特触发）	74LS56	四路 2-2-3-2 输入与或门（可扩展）
74LS26	4 输入双或门（有选通）	74LS57	四路 2-2-2-2 输入与或非门
74LS27	2 输入四高电平接口与非缓冲器（oc,15 V）	74LS58	四路 2-3-3-2 输入与或非门
74LS28	3 输入三或门	74LS59	四路 2-2-3-2 输入与或非门
74LS30	2 输入四或非缓冲器	74LS60	二路 4-4 输入与或非门（可扩展）

269

型号	内容	型号	内容
74LS61	双四输入与扩展	74LS107	负沿触发双 J-K 主从触发器（带预置、清除、时钟）
74LS62	三 3 输入与扩展	74LS108	双 J-K 主从触发器（带清除端）
74LS63	四路 2-3-3-2 输入与或扩展器	74LS109	双 J-K 主从触发器（带预置、清除、时钟）
74LS64	六电流读出接口门	74LS110	双 J-K 触发器（带置位、清除、正触发）
74LS65	四路 4-2-3-2 输入与或非门	74LS111	与门输入 J-K 主从触发器（带锁定）
74LS70	四路 4-2-3-2 输入与或非门（oc）	74LS112	负沿触发双 J-K 触发器（带预置端和清除端）
74LS71	与门输入上升沿 JK 触发器	74LS113	负沿触发双 J-K 触发器（带预置端）
74LS72	与输入 R-S 主从触发器	74LS114	双 J-K 触发器（带预置端、共清除端和时钟端）
74LS73	与门输入主从 JK 触发器	74LS116	双四位锁存器
74LS74	双 J-K 触发器（带清除端）	74LS120	双脉冲同步器 / 驱动器
74LS75	正沿触发双 D 型触发器（带预置端和清除端）	74LS121	单稳态触发器（施密特触发）
74LS76	4 位双稳锁存器	74LS122	可再触发单稳态多谐振荡器（带清除端）
74LS77	双 J-K 触发器（带预置端和清除端）	74LS123	可再触发双单稳多谐振荡器
74LS78	4 位双稳态锁存器	74LS125	四总线缓冲门（三态输出）
74LS80	双 J-K 触发器（带预置端、公共清除端和公共时钟端）	74LS126	四总线缓冲门（三态输出）
74LS81	门控全加器	74LS128	2 输入四或非线驱动器
74LS82	16 位随机存取存储器	74LS131	3-8 译码器
74LS83	2 位二进制全加器（快速进位）	74LS132	2 输入四与非门（斯密特触发）
74LS84	4 位二进制全加器（快速进位）	74LS133	13 输入端与非门
74LS85	16 位随机存取存储器	74LS134	12 输入端与门（三态输出）
74LS86	4 位数字比较器	74LS135	四异或 / 异或非门
74LS87	2 输入四异或门	74LS136	2 输入四异或门（oc）
74LS89	四位二进制原码 / 反码 /oi 单元	74LS137	八选 1 锁存译码器 / 多路转换器
74LS90	64 位读 / 写存储器	74LS138	3-8 线译码器 / 多路转换器
74LS91	十进制计数器	74LS139	双 2-4 线译码器 / 多路转换器
74LS92	八位移位寄存器	74LS140	双 4 输入与非线驱动器
74LS93	12 分频计数器（2 分频和 6 分频）	74LS141	bcd- 十进制译码器 / 驱动器
74LS94	4 位二进制计数器	74LS142	计数器 / 锁存器 / 译码器 / 驱动器
74LS95	4 位移位寄存器（异步）	74LS145	4-10 译码器 / 驱动器
74LS96	4 位移位寄存器（并行 io）	74LS147	10 线 -4 线优先编码器
74LS97	5 位移位寄存器	74LS148	8 线 -3 线八进制优先编码器
74LS100	六位同步二进制比率乘法器	74LS150	16 选 1 数据选择器（反补输出）
74LS103	八位双稳锁存器	74LS151	8 选 1 数据选择器（互补输出）
74LS106	负沿触发双 J-K 主从触发器（带清除端）	74LS152	8 选 1 数据选择器多路开关

型号	内容	型号	内容
74LS153	双 4 选 1 数据选择器 / 多路选择器	74LS193	同步可逆计数器（bcd，二进制）
74LS154	4 线 -16 线译码器	74LS194	四位双向通用移位寄存器
74LS155	双 2-4 译码器 / 分配器（图腾柱输出）	74LS195	四位通用移位寄存器
74LS156	双 2-4 译码器 / 分配器（集电极开路输出）	74LS196	可预置计数器 / 锁存器
74LS157	四 2 选 1 数据选择器 / 多路选择器	74LS197	可预置计数器 / 锁存器（二进制）
74LS158	四 2 选 1 数据选择器（反相输出）	74LS198	八位双向移位寄存器
74LS160	可预置 bcd 计数器（异步清除）	74LS199	八位移位寄存器
74LS161	可预置四位二进制计数器（并清除异步）	74LS210	2-5-10 进制计数器
74LS162	可预置 bcd 计数器（异步清除）	74LS213	2-n-10 可变进制计数器
74LS163	可预置四位二进制计数器（并清除异步）	74LS221	双单稳触发器
74LS164	8 位并行输出串行移位寄存器	74LS230	八 3 态总线驱动器
74LS165	并行输入 8 位移位寄存器（补码输出）	74LS231	八 3 态总线反向驱动器
74LS166	8 位移位寄存器	74LS240	八缓冲器 / 线驱动器 / 线接收器（反码三态输出）
74LS167	同步十进制比率乘法器	74LS241	八缓冲器 / 线驱动器 / 线接收器（原码三态输出）
74LS168	4 位加 / 减同步计数器（十进制）	74LS242	八缓冲器 / 线驱动器 / 线接收器
74LS169	同步二进制可逆计数器	74LS243	4 同相三态总线收发器
74LS170	4×4 寄存器堆	74LS244	八缓冲器 / 线驱动器 / 线接收器
74LS171	四 D 触发器（带清除端）	74LS245	八双向总线收发器
74LS172	16 位寄存器堆	74LS246	4 线 - 七段译码 / 驱动器（30 V）
74LS173	4 位 D 型寄存器（带清除端）	74LS247	4 线 - 七段译码 / 驱动器（15 V）
74LS174	六 D 触发器	74LS248	4 线 - 七段译码 / 驱动器
74LS175	四 D 触发器	74LS249	4 线 - 七段译码 / 驱动器
74LS176	十进制可预置计数器	74LS251	8 选 1 数据选择器（三态输出）
74LS177	2-8-16 进制可预置计数器	74LS253	双四选 1 数据选择器（三态输出）
74LS178	四位通用移位寄存器	74LS256	双四位可寻址锁存器
74LS179	四位通用移位寄存器	74LS257	四 2 选 1 数据选择器（三态输出）
74LS180	九位奇偶产生 / 校验器	74LS258	四 2 选 1 数据选择器（反码三态输出）
74LS181	算术逻辑单元 / 功能发生器	74LS259	8 位可寻址锁存器
74LS182	先行进位发生器	74LS260	双 5 输入或非门
74LS183	双保留进位全加器	74LS261	4×2 并行二进制乘法器
74LS184	bcd- 二进制转换器	74LS265	四互补输出元件
74LS185	二进制 -bcd 转换器	74LS266	2 输入四异或非门（oc）
74LS190	同步可逆计数器（bcd，二进制）	74LS270	2048 位 ROM（512 位四字节，oc）
74LS191	同步可逆计数器（bcd，二进制）	74LS271	2048 位 ROM（256 位八字节，oc）
74LS192	同步可逆计数器（bcd，二进制）	74LS273	八 D 触发器

型号	内容	型号	内容
74LS274	4×4 并行二进制乘法器	74LS382	算术逻辑单元 / 函数发生器
74LS275	七位片式华莱士树乘法器	74LS384	8 位 ×1 位补码乘法器
74LS276	四 JK 触发器	74LS385	四串行加法器 / 乘法器
74LS278	四位可级联优先寄存器	74LS386	2 输入四异或门
74LS279	四 S-R 锁存器	74LS390	双十进制计数器
74LS280	9 位奇数 / 偶数奇偶发生器 / 校验器	74LS391	双四位二进制计数器
74LS283	4 位二进制全加器	74LS395	4 位通用移位寄存器
74LS290	十进制计数器	74LS396	八位存储寄存器
74LS291	32 位可编程模	74LS398	四 -2 输入端多路开关（双路输出）
74LS293	4 位二进制计数器	74LS399	四 -2 输入多路转换器（带选通）
74LS294	16 位可编程模	74LS422	单稳态触发器
74LS295	四位双向通用移位寄存器	74LS423	双单稳态触发器
74LS298	四 -2 输入多路转换器（带选通）	74LS440	四 3 方向总线收发器，集电极开路
74LS299	八位通用移位寄存器（三态输出）	74LS441	四 3 方向总线收发器，集电极开路
74LS348	8-3 线优先编码器（三态输出）	74LS442	四 3 方向总线收发器，三态输出
74LS352	双四选 1 数据选择器 / 多路转换器	74LS443	四 3 方向总线收发器，三态输出
74LS353	双 4-1 线数据选择器（三态输出）	74LS444	四 3 方向总线收发器，三态输出
74LS354	8 输入端多路转换器 / 数据选择器 / 寄存器，三态补码输出	74LS445	bcd- 十进制译码器 / 驱动器，三态输出
74LS355	8 输入端多路转换器 / 数据选择器 / 寄存器，三态补码输出	74LS446	有方向控制的双总线收发器
74LS356	8 输入端多路转换器 / 数据选择器 / 寄存器，三态补码输出	74LS448	四 3 方向总线收发器，三态输出
74LS357	8 输入端多路转换器 / 数据选择器 / 寄存器，三态补码输出	74LS449	有方向控制的双总线收发器
74LS365	6 总线驱动器	74LS465	八三态线缓冲器
74LS366	六反向三态缓冲器 / 线驱动器	74LS466	八三态线反向缓冲器
74LS367	六同向三态缓冲器 / 线驱动器	74LS467	八三态线缓冲器
74LS368	六反向三态缓冲器 / 线驱动器	74LS468	八三态线反向缓冲器
74LS373	八 D 锁存器	74LS490	双十进制计数器
74LS374	八 D 触发器（三态同相）	74LS540	八位三态总线缓冲器（反向）
74LS375	4 位双稳态锁存器	74LS541	八位三态总线缓冲器
74LS377	带使能的八 D 触发器	74LS589	有输入锁存的并入串出移位寄存器
74LS378	六 D 触发器	74LS590	带输出寄存器的 8 位二进制计数器
74LS379	四 D 触发器	74LS591	带输出寄存器的 8 位二进制计数器
74LS381	算术逻辑单元 / 函数发生器	74LS592	带输出寄存器的 8 位二进制计数器

型号	内容	型号	内容
74LS593	带输出寄存器的 8 位二进制计数器	74LS652	三态反相 8 总线收发器
74LS594	带输出锁存的 8 位串入并出移位寄存器	74LS653	反相 8 总线收发器，集电极开路
74LS595	8 位输出锁存移位寄存器	74LS654	同相 8 总线收发器，集电极开路
74LS596	带输出锁存的 8 位串入并出移位寄存器	74LS668	4 位同步加 / 减十进制计数器
74LS597	8 位输出锁存移位寄存器	74LS669	带先行进位的 4 位同步二进制可逆计数器
74LS598	带输入锁存的并入串出移位寄存器	74LS670	4×4 寄存器堆（三态）
74LS599	带输出锁存的 8 位串入并出移位寄存器	74LS671	带输出寄存的四位并入并出移位寄存器
74LS604	双 8 位锁存器	74LS672	带输出寄存的四位并入并出移位寄存器
74LS605	双 8 位锁存器	74LS673	16 位并行输出存储器，16 位串入串出移位寄存器
74LS606	双 8 位锁存器	74LS674	16 位并行输入串行输出移位寄存器
74LS607	双 8 位锁存器	74LS681	4 位并行二进制累加器
74LS620	8 位三态总线发送接收器（反相）	74LS682	8 位数值比较器（图腾柱输出）
74LS621	8 位总线收发器	74LS683	8 位数值比较器（集电极开路）
74LS622	8 位总线收发器	74LS688	8 位数字比较器（oc 输出）
74LS623	8 位总线收发器	74LS689	8 位数字比较器
74LS640	反相总线收发器（三态输出）	74LS690	同步十进制计数器 / 寄存器（带数选、三态输出、直接清除）
74LS641	同相 8 总线收发器，集电极开路	74LS691	计数器 / 寄存器（带多转换、三态输出）
74LS642	同相 8 总线收发器，集电极开路	74LS692	同步十进制计数器（带预置输入、同步清除）
74LS643	8 位三态总线发送接收器	74LS693	计数器 / 寄存器（带多转换、三态输出）
74LS644	真值反相 8 总线收发器，集电极开路	74LS696	同步加 / 减十进制计数器 / 寄存器（带数选、三态输出、直接清除）
74LS645	三态同相 8 总线收发器	74LS697	计数器 / 寄存器（带多转换、三态输出）
74LS646	八位总线收发器，寄存器	74LS698	计数器 / 寄存器（带多转换、三态输出）
74LS647	八位总线收发器，寄存器	74LS699	计数器 / 寄存器（带多转换、三态输出）
74LS648	八位总线收发器，寄存器	74LS716	可编程模 n 十进制计数器
74LS649	八位总线收发器，寄存器	74LS718	可编程模 n 十进制计数器
74LS651	三态反相 8 总线收发器		

附录 3　常用集成芯片封装图

金属圆形封装		
	TO-99	最初的芯片封装形式,引脚数8~12,散热好,价格高,屏蔽性能良好,主要用于高档产品。
PZIP(Plastic Zigzag In-line Package) 塑料 ZIP 型封装		
		引脚数 3~16,散热性能好,多用于大功率器件。
SIP(Single In-line Package) 单列直插式封装		
		引脚中心距通常为 2.54 mm,引脚数 2~23,多数为定制产品,造价低且安装便宜,广泛用于民品。
DIP(Dual In-line Package) 双列直插式封装		
		绝大多数中小规模 IC 均采用这种封装形式,其引脚数一般不超过 100 个,适合在 PCB 板上插孔焊接,操作方便,塑封 DIP 应用最广泛。
SOPa(Small Out-Line Package) 双列表面安装式封装		

	引脚有 J 形和 L 形两种形式,中心距一般有 1.27 mm 和 0.8 mm 两种,引脚数 8~32,体积小,是最普及的表面贴片封装。
PQFP(Plastic Quad Flat Package)塑料方形扁平式封装	
	芯片引脚之间距离很小,管脚很细,一般大规模或超大型集成电路都采用这种封装形式,其引脚数一般在 100 个以上,适用于高频线路,一般采用 SMT 技术在 PCB 板上安装。
PGA(Pin Grid Array Package) 插针网格阵列封装	
	插装型封装之一,其底面的垂直引脚呈阵列状排列,一般要通过插座与 PCB 板连接,引脚中心距通常为 2.54 mm,引脚数为 64~447,插拔操作方便,可靠性高,可适应更高的频率。
BGA(Ball Grid Array Package) 球栅阵列封装	
	表面贴装型封装之一,其底面按阵列方式制作出球形凸点用以代替引脚,适应频率超过 100 MHz,I/O 引脚数大于 208,电热性能好,信号传输延迟小,可靠性高。
PLCC(Plastic Leaded Chip Carrier) 塑料有引线芯片载体	
	引脚从封装的四个侧面引出,呈 J 字形,引脚中心距为 1.27 mm,引脚数 18~84,J 形引脚不易变形,但焊接后的外观检查较为困难。
CLCC(Ceramic Leaded Chip Carrier) 陶瓷有引线芯片载体	
	陶瓷封装,其他同 PLCC。

275

LCCC(Leaded Ceramic Chip Carrier) 陶瓷无引线芯片载体	
	芯片封装在陶瓷载体中,无引脚的电极焊端排列在底面的四边,引脚中心距1.27 mm,引脚数18~156,高频特性好,造价高,一般用于军品。

COB(Chip On Board) 板上芯片封装	
	裸芯片贴装技术之一,俗称"软封装",IC芯片直接黏结在PCB板上,引脚焊在铜箔上并用黑塑胶包封,形成"帮定"板,该封装成本最低,主要用于民品。

SIMM(Single In-line Memory Module) 单列存储器组件	
	通常指插入插座的组件,只在印刷基板的一个侧面附近配有电极的存储器组件,有中心距为2.54 mm (30 Pin)和1.27 mm (72 Pin)两种规格。

FP(Flat Package) 扁平封装	LQFP(Low Profile Quad Flat Package) 薄型 QFP	
		封装本体厚度为1.4 mm。

HSOP 带散热器的 SOP	CSP (Chip Scale Package) 芯片缩放式封装	
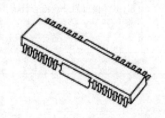		芯片面积与封装面积之比超过1:1.14。

276

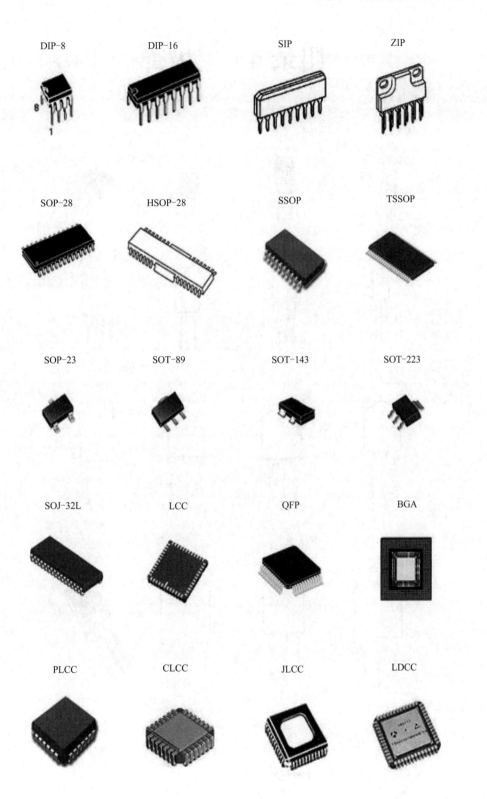

附录4 三极管

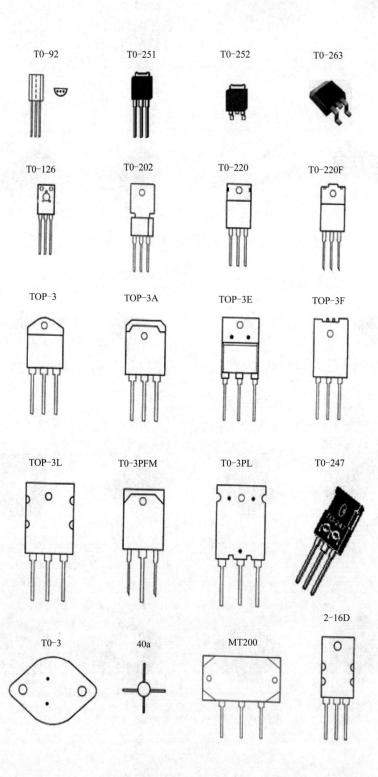

参考文献

[1]　杨海祥. 电子电路故障查找技巧 [M]. 3 版. 北京：机械工业出版社，2016.

[2]　王卫平. 数字万用表的原理与组装 [M]. 大连：大连理工大学出版社，2011.

[3]　黎爱琼，刘嵩. 电子电路设计与实践 [M]. 天津：天津大学出版社，2015.

[4]　黄洁. 数字电子技术应用基础 [M]. 武汉：华中科技大学出版社，2008.

[5]　徐洁. 电子测量技术与应用项目 [M]. 大连：大连理工大学出版社，2009.

[6]　叶华杰. 电子产品测试技术 [M]. 北京：电子工业出版社，2012.

[7]　赵文宣. 电子测量与仪器应用 [M]. 北京：电子工业出版社，2012.

[8]　张大彪. 电子测量技术与仪器 [M]. 北京：电子工业出版社，2010.

[9]　万少华. 电子产品结构与工艺 [M]. 北京：北京邮电大学出版社，2008.

[10]　高平. 电子线路设计基础 [M]. 北京：化学工业出版社，2007.

[11]　康华光. 电子技术基础 数字部分 [M]. 5 版. 北京：高等教育出版社，2006.

[12]　谢沅清. 现代电子电路与技术 [M]. 北京：中央广播电视大学出版社，1996.

[13]　王川. 电子测量技术与仪器 [M]. 北京：北京理工大学出版社，2014.

[14]　谢自美. 电子线路 设计·实验·测试 [M]. 3 版. 武汉：华中科技大学出版社，2006.

[15]　万能板的选用与焊接技巧 [EB/OL]. [2021-10-15]. https://www.renrendoc.com/paper/131004129.html.

[16]　热风枪吹芯片加强版 [EB/OL]. [2021-10-15]. http://www.chuera.com/news/445.html.

[17]　万能洞洞板手工焊接说明 [EB/OL]. [2021-10-15]. https://wenku.baidu.com/view/69302b9ed4d8d15abe234e54.html.

[18]　数字万用表使用方法图解 - 电工仪器仪表 _ 电工学习网（diangon.com）